Karle
**Elektromobilität**

 **Bleiben Sie auf dem Laufenden!**

Hanser Newsletter informieren Sie regelmäßig über neue Bücher und Termine aus den verschiedenen Bereichen der Technik. Profitieren Sie auch von Gewinnspielen und exklusiven Leseproben. Gleich anmelden unter
**www.hanser-fachbuch.de/newsletter**

Anton Karle

# Elektromobilität
Grundlagen und Praxis

2., aktualisierte Auflage

Mit 141 Bildern und 21 Tabellen

Fachbuchverlag Leipzig
im Carl Hanser Verlag

**Prof. Dr.-Ing. Anton Karle**
Hochschule Furtwangen

Alle in diesem Buch enthaltenen Programme, Verfahren und elektronischen Schaltungen wurden nach bestem Wissen erstellt und mit Sorgfalt getestet. Dennoch sind Fehler nicht ganz auszuschließen. Aus diesem Grund ist das im vorliegenden Buch enthaltene Programm-Material mit keiner Verpflichtung oder Garantie irgendeiner Art verbunden. Autor und Verlag übernehmen infolgedessen keine Verantwortung und werden keine daraus folgende oder sonstige Haftung übernehmen, die auf irgendeine Art aus der Benutzung dieses Programm-Materials oder Teilen davon entsteht.

Die Wiedergabe von Gebrauchsnamen, Handelsnamen, Warenbezeichnungen usw. in diesem Werk berechtigt auch ohne besondere Kennzeichnung nicht zu der Annahme, dass solche Namen im Sinne der Warenzeichen- und Markenschutz-Gesetzgebung als frei zu betrachten wären und daher von jedermann benutzt werden dürften.

Bibliografische Information der Deutschen Nationalbibliothek
Die Deutsche Nationalbibliothek verzeichnet diese Publikation in der Deutschen Nationalbibliografie; detaillierte bibliografische Daten sind im Internet über http://dnb.d-nb.de abrufbar.

ISBN: 978-3-446-45099-8
E-Book-ISBN: 978-3-446-45113-1

Dieses Werk ist urheberrechtlich geschützt.
Alle Rechte, auch die der Übersetzung, des Nachdruckes und der Vervielfältigung des Buches, oder Teilen daraus, vorbehalten. Kein Teil des Werkes darf ohne schriftliche Genehmigung des Verlages in irgendeiner Form (Fotokopie, Mikrofilm oder ein anderes Verfahren), auch nicht für Zwecke der Unterrichtsgestaltung – mit Ausnahme der in den §§ 53, 54 URG genannten Sonderfälle –, reproduziert oder unter Verwendung elektronischer Systeme verarbeitet, vervielfältigt oder verbreitet werden.

© 2017 Carl Hanser Verlag München
Internet: http://www.hanser-fachbuch.de

Lektorat: Franziska Jacob, M.A.
Herstellung: Dipl.-Ing. (FH) Franziska Kaufmann
Satz: Kösel Media GmbH, Krugzell
Coverconcept: Marc Müller-Bremer, www.rebranding.de, München
Coverrealisierung: Stephan Rönigk
Druck und Bindung: Pustet, Regensburg
Printed in Germany

# Vorwort

Das Jahr 2013 markiert einen Wendepunkt bei der Elektromobilität – zumindest was die öffentliche Wahrnehmung in Deutschland betrifft. Zwar hat die Bundesregierung bereits 2009 das Ziel formuliert, im Jahr 2020 sollen 1 Million Elektrofahrzeuge in Deutschland fahren. Aber erst die bei der **Internationalen Automobil-Ausstellung** im Jahr 2013 vorgestellten bzw. angekündigten Elektrofahrzeuge u. a. von BMW und VW machten deutlich, dass Elektrofahrzeuge keine Nischenprodukte mehr sind, sondern in der Mobilität eine zunehmend wichtige Rolle spielen werden.

Ob das ehrgeizige Ziel, 1 Million Elektrofahrzeuge auf Deutschlands Straßen im Jahr 2020 erreicht wird, ist derzeit noch offen. Welche Gründe hauptsächlich für oder gegen solche Fahrzeuge sprechen, lässt sich in wenigen Worten zusammenfassen:

Wesentliche Vorteile sind: Elektroautos sind vor Ort emissionsfrei, haben einen geringen Verbrauch und sind leise. Dem stehen die Nachteile einer derzeit zu geringen Reichweite und eines hohen Anschaffungspreises entgegen. Allerdings lässt sich aus diesen schlaglichtartigen Argumenten noch nicht ableiten, ob Elektromobilität sinnvoll und zukunftsfähig ist, oder ob es sich – mal wieder – nur um eine Modeerscheinung handelt.

Um das beantworten zu können, ist eine differenziertere Betrachtung erforderlich. Natürlich ist es wichtig, die Antriebstechnik und die derzeitigen Verkaufskosten zu beachten. Jedoch haben weitere Felder einen gravierenden Einfluss auf die künftigen Entwicklungen: Dazu gehört beispielsweise die Frage, woher der Strom für das Aufladen der Akkus kommt. Damit ist man bei einem weiteren Großthema, das eng mit Elektromobilität verbunden ist, der sogenannten Energiewende. Denn erst wenn man die Gesamtenergiebilanz, in Fachkreisen **Well-to-Wheel** (von der Quelle bis zum Rad) betrachtet, kann man fundierte Aussagen über die tatsächliche Umweltfreundlichkeit der Technik machen. Weiter ist zu überlegen, wie es mit der Infrastruktur der „Strom"-Tankstellen derzeit bestellt ist und wie sie sich entwickeln wird.

Wie anfangs angedeutet, spielt auch die Politik eine entscheidende Rolle für die künftige Entwicklung. Nicht nur wegen der erwähnten Zielvorgabe, die begleitet wird von entsprechenden Fördermaßnahmen. Viel einflussreicher wirken sich entsprechende gesetzliche Vorgaben und Verordnungen aus. Hier wären zu nennen die Bestimmungen zum Flottenverbrauch und dem dazugehörenden zulässigen $CO_2$-Ausstoß der Fahrzeugflotten der Hersteller. Fachleute sagen, dass die dort festgelegten Grenzwerte ohne eine verbreitete Elektrifizierung des Antriebsstrangs wohl nicht erreicht werden können. Solche Vorgaben werden nicht mehr nur national bestimmt, sondern von der EU europaweit festgelegt. Vergleichbare Vorschriften gibt es auch in den meisten Nicht-EU-Ländern, in welche die Fahrzeuge der wichtigsten Hersteller verkauft werden. Hier zeigt sich sehr deutlich eine internationale Verflechtung von Politik, Industrie und dem Marktgeschehen.

Und gleichzeitig wandelt sich das gesamte Umfeld in der Autoindustrie. Google – um nur einen Namen beispielhaft für die zunehmende Vernetzung des Autos mit dem Internet zu nennen, hält Einzug in unsere Autos. Dies ist sowohl Chance als auch Herausforderung für die etablierten Fahrzeughersteller.

Diese erste Übersicht der unterschiedlichen Einflussfelder macht deutlich: Man kann mögliche Entwicklungen nur sachgerecht einschätzen, wenn man nicht allein Einzelkomponenten betrachtet, vielmehr muss das gesamte System in seiner Komplexität fundiert analysiert werden.

Die Grundlagen für eine solche Analyse sollen in diesem Buch aufbereitet werden. Neben einem Überblick über die Fahrzeuge, die unter den Begriff „Elektromobilität" fallen, und den technischen Grundlagen des elektrifizierten Antriebsstrangs wird der Berechnung der zu erwartenden Verbrauchsvorteile ein Abschnitt gewidmet. Das Laden von Elektrofahrzeugen, einschließlich der notwendigen Infrastruktur, wird ebenso beleuchtet wie die Herkunft und Bereitstellung des Stromes für Elektromobilität. Natürlich werden die Kosten beachtet, wie auch das Marktgeschehen insgesamt. Die politischen Randbedingungen und der Einfluss auf die Umwelt werden dargestellt.

- Auf Basis der Grundlagen und aktueller Forschungsarbeiten werden künftige Entwicklungen abgeschätzt. Damit bietet dieses Buch die Möglichkeit, sich einen fundierten Gesamteindruck zu verschaffen. Zudem kann es als Einstiegswerk für die Ausbildung im Bereich E-Mobilität genutzt werden.

Furtwangen, März 2015 Anton Karle

# ■ Vorwort zur 2. Auflage

Im Bereich Mobilität waren die zweite Hälfte des Jahres 2015 und das Jahr 2016 geprägt von besonders dynamischen und weitreichenden Änderungen. Sie lassen sich durch folgende Schlagzeilen ins Gedächtnis rufen:

- Dieselpreis lange Zeit unter 1 €/l
- Diesel-/Abgasskandal
- Verstärkte Entwicklung hin zum autonomen Fahren
- Apple und Google planen eigene Elektrofahrzeuge
- Starke Zunahme der Elektrofahrzeuge in China
- Änderung der Firmenstrategie bei VW: Verstärkter Ausbau der Elektromobilität – Elektrofahrzeuge sollen im Jahr 2025 „rund 20 bis 25 %" vom Gesamtabsatz ausmachen.

Auch andere Hersteller verstärken ihre Aktivitäten in diese Richtung. So hat BOSCH den Einstieg in Batteriezellen-Herstellung der nächsten Generation angekündigt. Bei VW gibt es ebenfalls Überlegungen zu einer Batterie-Zellfertigung in Deutschland. Hinzu kommt das starke Wachstum von Unternehmen im Bereich Mobilitätslösungen wie Uber und Car2go. Zusammenfassend lässt sich daraus eine deutlich verstärkte Hinwendung zur Elektromobilität und zur „Digitalisierung und Vernetzung" der Fahrzeuge erkennen. Aber auch eine Verschiebung der Fokussierung von isolierten Fahrzeuglösungen hin zu ganzheitlichen Mobilitätslösungen.

Furtwangen, September 2016                                                                                         Anton Karle

# Inhalt

**1** Einführung .................................................... 15

**2** Überblick Elektrofahrzeuge .................................... 19

    2.1    Geschichte und grundsätzliche Bedeutung ...................... 19
    2.2    Konstruktive Unterschiede zwischen Elektrofahrzeug und
            herkömmlichem Kraftfahrzeug .................................. 20
    2.3    Die Vorteile des Elektroantriebs .............................. 23
    2.4    Die Nachteile des Elektroantriebs ............................. 25
    2.5    Vorgaben zur $CO_2$-Reduktion als Treiber für die Elektromobilität ...... 26

**3** Ausführungsformen von Elektrofahrzeugen in der Praxis ..... 28

    3.1    Elektro-Pkw .................................................. 28
            3.1.1   Reine Elektrofahrzeuge, Batterieelektrische Fahrzeuge ........ 28
            3.1.2   Elektrofahrzeuge mit Range Extender, Range Extended
                      Electric Vehicle (REEV) ..................................... 30
            3.1.3   Hybridfahrzeuge, Hybrid Electric Vehicle (HEV) ............. 31
                      3.1.3.1   Mikrohybrid ........................................ 33
                      3.1.3.2   Mildhybrid ......................................... 33
                      3.1.3.3   Vollhybrid ......................................... 33
                      3.1.3.4   Plug-In-Hybride .................................... 34
                      3.1.3.5   Antriebsstruktur der Hybride ....................... 35
                      3.1.3.6   Hybridsysteme in der Formel 1 ..................... 37
                      3.1.3.7   Brennstoffzellenfahrzeug ........................... 38
                      3.1.3.8   Funktion der Brennstoffzelle ....................... 39
                      3.1.3.9   Speicherung des Wasserstoffs im Fahrzeug .......... 39
                      3.1.3.10  Wasserstoffversorgung ............................. 40
                      3.1.3.11  Wie wird der Wasserstoff produziert? .............. 40
                      3.1.3.12  Beispiele Brennstoffzellenfahrzeuge ................ 41
    3.2    Elektrobusse ................................................. 42
    3.3    Elektro-Nutzfahrzeuge ....................................... 42
    3.4    Elektrofahrräder ............................................. 43
            3.4.1   Bauformen von Elektrofahrrädern ............................ 44
            3.4.2   Reichweite von Elektrofahrrädern ............................ 46

| | | | |
|---|---|---|---|
| 3.5 | Weitere Elektrofahrzeuge | | 47 |
| | 3.5.1 Segway | | 47 |
| | 3.5.2 Elektromotorräder | | 49 |
| | 3.5.3 Elektroflugzeuge | | 50 |

## 4 Grundlagen Kfz-Antriebe ............................................. 51

| | | | |
|---|---|---|---|
| 4.1 | Übersicht Antriebe | | 51 |
| 4.2 | Verbrennungsmotor | | 51 |
| | 4.2.1 Funktion Viertaktmotor | | 52 |
| | 4.2.2 Leistung, Drehmoment und Verbrauch des Verbrennungsmotors | | 54 |
| | | 4.2.2.1 Energiebilanz und Berechnung des Wirkungsgrads aus dem spezifischen Verbrauch | 56 |
| | | 4.2.2.2 Lastanhebung bei Hybridfahrzeugen | 57 |
| | | 4.2.2.3 Berechnung der Motorleistung im Verbrauchskennfeld | 59 |

## 5 Elektrifizierter Antriebsstrang ....................................... 60

| | | | |
|---|---|---|---|
| 5.1 | Elektromotor | | 60 |
| | 5.1.1 Anforderungen | | 61 |
| | 5.1.2 Kurzbeschreibung Elektromotoren | | 61 |
| | 5.1.3 Gleichstrommotor | | 61 |
| | 5.1.4 Drehstrommotor | | 63 |
| | 5.1.5 Betrieb von Drehstrommotoren in Elektrokraftfahrzeugen | | 67 |
| | 5.1.6 Leistung und Drehzahl-Drehmomentverhalten der Elektroantriebe | | 68 |
| | 5.1.7 Berechnungsgrundlagen für den Pkw-Elektroantrieb | | 70 |
| | | 5.1.7.1 Leistung des Antriebs und Leistung des Gesamtfahrzeugs | 71 |
| | | 5.1.7.2 Zusammenhang Fahrzeuggeschwindigkeit und Motordrehzahl | 72 |
| | | 5.1.7.3 Ermittlung der notwendigen Getriebeübersetzung | 73 |
| | | 5.1.7.4 Berechnung der Antriebskraft des Fahrzeugs aus dem Drehmoment des Motors | 74 |
| | | 5.1.7.5 Berechnung der Beschleunigung aus der Antriebskraft | 77 |
| 5.2 | Energiespeicher Akku | | 78 |
| | 5.2.1 Grundlagen und Begriffe | | 78 |
| | 5.2.2 Basiszelle Lithium-Ionen-Akku | | 79 |
| | 5.2.3 Li-Ionen-Akku als Fahrzeugakku | | 81 |
| | | 5.2.3.1 Akkukapazität und Reichweite von Elektrofahrzeugen | 83 |
| | | 5.2.3.2 Die Lebensdauer von Fahrzeugakkus | 85 |
| | | 5.2.3.3 Das Batterie-Management-System (BMS) | 85 |
| | | 5.2.3.4 Sicherheit der Fahrzeugakkus | 86 |
| | 5.2.4 Hersteller | | 87 |
| | 5.2.5 Ausblick Weiterentwicklung Akkus | | 88 |
| 5.3 | Leistungselektronik, Inverter | | 89 |

## 6 Laden und Ladeinfrastruktur ... 91

- 6.1 Grundlagen Akkuladen ... 91
  - 6.1.1 Die Laderate ... 92
  - 6.1.2 Kapazität des Akkus ... 92
    - 6.1.2.1 Kapazität in Amperestunden (Ah) ... 92
    - 6.1.2.2 Kapazität in Wattstunden (Wh) und Wirkungsgrad ... 92
  - 6.1.3 Anforderungen beim Laden von Lithium-Ionen-Basiszellen ... 93
  - 6.1.4 Laden von Li-Ionen-Fahrzeugakkus ... 94
- 6.2 Das Laden von Elektrofahrzeugen ... 95
  - 6.2.1 Ladearten und Lademodi ... 96
  - 6.2.2 Zusammenhang Ladeleistung/Ladedauer ... 99
  - 6.2.3 Anschlüsse zum Laden: Steckverbindungen ... 100
  - 6.2.4 Sicherheit beim Laden ... 102
- 6.3 Entwicklung der Ladeinfrastruktur ... 102
- 6.4 Weiterentwicklung von Ladekonzepten ... 105
  - 6.4.1 Induktives Laden ... 105
  - 6.4.2 Wechselakku ... 106
  - 6.4.3 Intelligentes Laden, Vehicle to Grid ... 107
  - 6.4.4 Dichte von Ladestationen ... 108

## 7 Verbrauch und Reichweite von E-Fahrzeugen ... 109

- 7.1 Physikalische Grundlagen ... 109
  - 7.1.1 Berechnungsgrößen ... 109
  - 7.1.2 Berechnungsgleichungen für die Beschreibung der Fahrzeugbewegung ... 110
  - 7.1.3 Energie und Verbrauch ... 112
  - 7.1.4 Antriebskraft und Fahrwiderstände ... 113
- 7.2 Verbrauchssimulationen ... 116
  - 7.2.1 Einflussgrößen ... 116
  - 7.2.2 Leistung und Antriebskraft in Abhängigkeit von der Geschwindigkeit ... 116
  - 7.2.3 Fahrwiderstände und Verbrauch ... 117
  - 7.2.4 Einfluss der Rekuperation auf den Verbrauch ... 120
- 7.3 Verbrauch Elektrofahrzeuge im NEFZ ... 124
  - 7.3.1 Der NEFZ-Fahrzyklus ... 124
  - 7.3.2 NEFZ-Verbrauchssimulationen ... 127
  - 7.3.3 Einfluss von Änderungen ausgewählter Konstruktionsparameter ... 131
  - 7.3.4 NEFZ-Verbrauch bei Plug-In-Hybriden ... 133
  - 7.3.5 Elektrische Reichweite (NEFZ) ... 136
  - 7.3.6 Einfluss von Zusatzverbrauchern auf die Reichweite ... 137
    - 7.3.6.1 Reichweitenverluste durch Heizen und Kühlen ... 138
    - 7.3.6.2 Verbesserungsansätze für Heizung und Klimatisierung ... 139
  - 7.3.7 Alternative Messzyklen und Übertragbarkeit der NEFZ-Messwerte auf reale Fahrsituationen ... 140
- 7.4 Schlussfolgerungen aus den Verbrauchsermittlungen ... 142

| 8 | Strom für die Elektrofahrzeuge | 143 |

- 8.1 Energieerzeugung ... 143
  - 8.1.1 Primärenergiequellen ... 143
  - 8.1.2 Der Strommix Deutschland ... 144
  - 8.1.3 Erneuerbare Energien ... 147
    - 8.1.3.1 Strom aus Photovoltaik-Anlagen ... 149
    - 8.1.3.2 Windenergie ... 151
    - 8.1.3.3 Strom aus Biomasse ... 152
    - 8.1.3.4 Wasserkraft ... 155
- 8.2 Speicherung von Strom ... 156
  - 8.2.1 Speichertechnologien ... 157
  - 8.2.2 Beschreibung wichtiger Stromspeicher ... 158
    - 8.2.2.1 Akkumulatoren ... 158
    - 8.2.2.2 Pumpspeicherwerke ... 159
    - 8.2.2.3 Erdgasspeicher ... 160
    - 8.2.2.4 Power-to-Gas ... 161

| 9 | Umweltbilanz von Elektrofahrzeugen | 165 |

- 9.1 Beurteilungsmöglichkeiten für eine Umweltbilanz ... 165
- 9.2 Herstellungs- und Verwertungsphase der E-Fahrzeuge ... 167
- 9.3 Nutzungsphase ... 167
  - 9.3.1 Lärm ... 168
  - 9.3.2 Luftschadstoffe ... 168
  - 9.3.3 $CO_2$-Ausstoß als Maß für die Klimaschädlichkeit des Autoverkehrs ... 169
- 9.4 Ökobilanz der Mercedes-Benz-B-Klasse Electric Drive ... 171

| 10 | Markt | 173 |

- 10.1 Kostenvergleich Elektroautos – konventionelle Fahrzeuge ... 173
  - 10.1.1 Anzusetzende Kosten ... 173
  - 10.1.2 Vergleichsrechnung Elektrofahrzeug/Verbrennungsmotor-Fahrzeug ... 174
- 10.2 Angebot an Elektrofahrzeugen und Verbreitung ... 177
  - 10.2.1 Verbreitung von Elektrofahrzeugen ... 177
  - 10.2.2 Angebote Elektrofahrzeuge ... 180
    - 10.2.2.1 Reine Elektro-Pkw ... 181
    - 10.2.2.2 Plug-In-Hybride ... 189
    - 10.2.2.3 Nutzfahrzeuge ... 191
    - 10.2.2.4 Brennstoffzellenfahrzeuge ... 192
- 10.3 Staatliche Förderung ... 193
- 10.4 Schlussfolgerungen Markt ... 194

| 11 | Mobilitätskonzepte mit Elektrofahrzeugen | 195 |

- 11.1 Carsharing ... 195

|  |  | 11.1.1 car2go | 195 |
|---|---|---|---|
|  |  | 11.1.2 DriveNow | 197 |
|  |  | 11.1.3 Carsharing im ländlichen Raum | 198 |
|  | 11.2 | E-Taxis | 198 |
|  | 11.3 | Elektrobusse | 199 |
|  | 11.4 | Güterverkehr | 200 |
|  |  | 11.4.1 Paketzustellung mit Elektrofahrzeugen | 200 |
|  |  | 11.4.2 Elektro-Lkw | 202 |

## 12 Förderung der Elektromobilität in Deutschland ... 203

| 12.1 | Förderbereiche der Bundesministerien und Leuchtturmprojekte | 203 |
|---|---|---|
| 12.2 | Schaufenster für Elektromobilität | 204 |
| 12.3 | NPE-Fortschrittsbericht 2014 | 205 |

## 13 Schlussfolgerungen und Gesamtbeurteilung ... 207

## 14 Workshop Simulation ... 209

## Glossar ... 215

## Verzeichnis Bildquellen ... 219

## Literatur ... 221

## Index ... 226

# 1 Einführung

**Was ist Elektromobilität, was sind Elektrofahrzeuge?**

Unter Elektromobilität versteht man den Personen- und Güterverkehr mittels Fahrzeugen, die mit elektrischer Energie angetrieben werden. Strenggenommen zählt dazu auch die Eisenbahn, die in dieser Arbeit nur eine untergeordnete Rolle spielt. Schwerpunktmäßig befasst sich das Buch mit Elektrofahrzeugen/Elektroautos/Elektromobilen/E-Fahrzeugen, wie sie häufig etwas uneinheitlich bezeichnet werden. Aber auch Elektrofahrräder und -motorräder sowie Elektrobusse gehören dazu, sie werden kurz beschrieben.

Zur genauen Definition der Elektrofahrzeuge wird eine Aufteilung angeführt, die im *Nationalen Entwicklungsplan zur Elektromobilität* der Bundesregierung von 2009 festgelegt ist. Es sind danach folgende Fahrzeuge, die von (mindestens) einem Elektromotor angetrieben werden:

Tabelle 1.1 Typen von Elektrofahrzeugen

| Fahrzeugtyp | Englische Bezeichnung | Beschreibung |
|---|---|---|
| (Reines) Elektrofahrzeug | Battery Electric Vehicle (BEV) | Antrieb mit Elektromotor und mit am Netz aufladbarem Akku (Batterie) |
| Elektrofahrzeug mit Reichweitenverlängerung (= mit Range Extender, REX) | Range Extended Electric Vehicle (REEV) | Elektrofahrzeug mit zusätzlichem Verbrennungsmotor oder Brennstoffzelle zur mobilen Aufladung des Akkus |
| Plug-In-Hybridfahrzeug | Plug-In Hybrid Electric Vehicle (PHEV) | Kombination Elektroantrieb und Verbrennungsmotor, Akku am Netz aufladbar |
| Hybridfahrzeug | Hybrid Electric Vehicle (HEV) | Verbrennungsmotor plus Elektromotor, Akku nicht am Netz aufladbar |
| Brennstoffzellenfahrzeug | Fuel Cell Hybrid Electric Vehicle (FCHEV) | Elektromotor plus Brennstoffzelle zur Energieerzeugung |

Bild 1.1 Studie eines Elektrofahrzeugs. Quelle: Robert Bosch GmbH

**Warum und wie unterstützt die Bundesregierung Elektromobilität?**

Nach Ansicht der Bundesregierung ist die Elektrifizierung der Antriebe ein ganz wesentlicher Baustein für eine zukunftsfähige Mobilität. Sie bietet die Chance, die Abhängigkeit vom Öl zu reduzieren, die Emissionen zu minimieren und die Fahrzeuge besser in ein multimodales Verkehrssystem zu integrieren.

Dazu wurde gemeinsam mit Fachleuten der bereits erwähnte *Nationale Entwicklungsplan Elektromobilität* ausgearbeitet. Sein Ziel war und ist es, die Forschung und Entwicklung, die Marktvorbereitung und die Markteinführung von batterieelektrisch betriebenen Fahrzeugen in Deutschland voranzubringen. Der Plan ist im Einklang mit ähnlichen Umsetzungsplänen unserer europäischen Nachbarländer sowie der USA, Japan und China.

Gegenstand des *Nationalen Entwicklungsplans* sind die reinen Elektrofahrzeuge, Elektrofahrzeuge mit Reichweitenverlängerung und die Plug-In-Hybridfahrzeuge. Hybridfahrzeuge und Brennstoffzellenfahrzeuge sind zwar nicht direkt Gegenstand des Nationalen Entwicklungsplans, allerdings entsteht auch für sie ein Nutzen durch entsprechende Synergieeffekte.

Zur Unterstützung der Umsetzung des Entwicklungsplans wurde 2010 als Beratungsgremium der Bundesregierung die *Nationale Plattform Elektromobilität,* NPE, gegründet. Das Gremium beobachtet und analysiert die Entwicklungen im Bereich Elektromobilität. Daraus werden Empfehlungen abgeleitet, wie die Ziele des *Nationalen Entwicklungsplans Elektromobilität* erreicht werden können. Zusammengefasst werden die Erkenntnisse in Fortschrittsberichten an die Bundesregierung, zuletzt im Juni 2012 und im Dezember 2014.

Mitglieder sind etwa 20 hochrangige Experten, die in Arbeitsgruppen folgende wichtige Themen bearbeiten:

- Antriebstechnologie
- Batterietechnologie
- Ladeinfrastruktur und Netzintegration
- Normung, Standardisierung und Zertifizierung
- Materialien und Recycling
- Nachwuchs und Qualifizierung
- Rahmenbedingungen

### Gibt es auf dem Markt alltagstaugliche Elektrofahrzeuge?

Bezogen auf reine Elektrofahrzeuge ist diese Frage eindeutig mit „Ja" zu beantworten.

Seit der **Internationalen Automobil-Ausstellung 2013**, auf der BMW mit dem *i3*, VW mit dem *e-up* und dem für 2014 angekündigten *e-Golf* reine Elektrofahrzeuge präsentiert haben, gilt die Aussage, dass nahezu alle namhaften Automobilhersteller serientaugliche Elektrofahrzeuge im Programm haben.

Die Alltagstauglichkeit solcher Fahrzeuge wurde durch zahlreiche Flottenversuche belegt und durch Serienfahrzeuge (z. B. dem *smart electric drive* und dem *Nissan Leaf*, seit 2010 auf dem Markt) im täglichen Betrieb getestet.

Diese Fahrzeuge haben durchzugsstarke Motoren, sind wie herkömmliche Fahrzeuge hervorragend ausgestattet und erreichen inzwischen Reichweiten, die für die meisten Alltagsfahrten ausreichend sind.

Neben dem Angebot an reinen Elektrofahrzeugen gibt es ein steigendes Angebot an sogenannten Plug-In-Hybriden, die sowohl mit einem herkömmlichen Verbrennungsmotor ausgestattet sind als auch mit Elektroantrieb und Akku. Mit diesen Fahrzeugen können Kurzstrecken bis typischerweise 50 km rein elektrisch gefahren werden. Für größere Reichweiten kommt dann der konventionelle Antrieb zum Einsatz.

### Woher kommt der Strom für Elektrofahrzeuge?

Elektrofahrzeuge haben bezüglich dieser Frage einen grundsätzlichen Vorteil: Sie können im Prinzip an jeder Steckdose geladen werden und können damit auf eine vorhandene Infrastruktur zurückgreifen. Auch Strom ist ausreichend verfügbar. Die von der Bundesregierung angestrebten 1 Million Elektrofahrzeuge, die 2020 auf deutschen Straßen fahren sollen, benötigen nach Angaben des Bundesministeriums für Umwelt nur 0,3 % des derzeitigen deutschen Strombedarfs. Das entspricht weniger als der Hälfte des derzeitigen (2014) jährlichen Zuwachses an regenerativem Strom.

Weil Elektrofahrzeuge dann besonders umweltfreundlich sind, wenn sie mit regenerativ erzeugtem Strom geladen werden, hat die Politik im *Nationalen Entwicklungsplan* die Kopplung der Elektromobilität an die Nutzung von Strom aus erneuerbaren Energien festgeschrieben.

### Welche Eigenschaften haben Elektrofahrzeuge und wie kommen sie beim Käufer an?

Die Eigenschaften der reinen E-Fahrzeuge, wie sie derzeit breit diskutiert werden und welche die Kaufentscheidungen der Kunden maßgeblich beeinflussen, lassen sich kompakt zusammenfassen:

Elektromobile sind leise, haben einen geringen Energieverbrauch und sind vor Ort emissionsfrei. Sie sind, selbst wenn man die zur Ladung notwendige Erzeugung des Stroms mit dem sogenannten „Strommix Deutschland" berücksichtigt, tendenziell umweltfreundlicher als herkömmliche Kraftfahrzeuge mit Verbrennungsmotoren.

Dem stehen aber zwei gravierende Nachteile entgegen: (Reine) Elektromobile haben eine geringe Reichweite. Zwar kommen sie derzeit schon auf Werte um die 150 km, ein Bereich, der für die meisten Nutzer mehr als 90 % der Tagesfahrten abdeckt. Gleichwohl bleiben die restlichen, längeren Fahrten, die mit dem Fahrzeug nur schwer zu realisieren sind. Deshalb wird derzeit eine Infrastruktur aufgebaut, die bei längeren Fahrten ein Zwischenladen an öffentlichen Stromladesäulen in vertretbarer Zeit ermöglichen soll.

Ein weiterer Nachteil: Elektroautos sind teuer! Die Mehrkosten – im Jahr 2014 mehr als 10 000 Euro im Vergleich zum herkömmlichen Fahrzeug – sind hauptsächlich durch den teuren Akku bedingt. Das ist auch mit geringen Betriebskosten schwer aufzufangen. Daher läuft der Verkauf noch eher schleppend.

### Wie wird sich die Situation weiterentwickeln?

Es gibt viele Untersuchungen, die vorhersagen, dass die Begrenztheit des Erdölangebots drastisch zunehmen wird. Wenn in Ländern wie Indien und China die Motorisierung ansteigt, wie es heute ja schon zu beobachten ist, wird dies neben einem steigenden $CO_2$-Ausstoß zu einer weiteren Verknappung der Ressourcen führen. Und somit zu steigenden Benzinpreisen. Gleichzeitig ist heute aber auch schon abzusehen, dass die Kosten für die teuren Akkus in den nächsten Jahren deutlich sinken werden, so dass sich die Wirtschaftlichkeit von Fahrzeugen zu Gunsten des E-Mobils verbessert.

Verbessern wird sich durch die weitere technische Entwicklung auch die Reichweite. Aber sie wird, soweit das heute abschätzbar ist, auch in den nächsten ein bis zwei Jahrzehnten nicht in den Bereich heutiger Benzin- oder Dieselautos kommen. Diesbezüglich wird ein E-Fahrzeug ein herkömmliches Fahrzeug nicht ersetzen können. Aber es gibt inzwischen (und es wird mehr geben) viele Ansätze zu einem Verkehrssystem, wie man mit diesem Nachteil umgeht, ohne die Gesamtmobilität zu beeinträchtigen.

### Was ist die Zielrichtung dieses Buchs?

Schon der erste Überblick dieses Kapitels zeigt, dass die Einführung der Elektromobilität eine komplexe Angelegenheit ist. In den folgenden Darstellungen werden die technischen Sachverhalte fundiert analysiert, Berechnungsmethoden zur Abschätzung der Leistungsfähigkeit dieser Antriebe vorgestellt und Modellrechnungen/Simulationen durchgeführt. Weiter werden der Stand der Technik des Elektromobils erarbeitet und realistische Kostenberechnungen erstellt.

Mit diesen Grundlagen kann ein Vergleich der zwei Systeme, Elektrofahrzeuge und Otto- bzw. Dieselfahrzeuge, sachgerecht durchgeführt werden. Auf dieser Basis lassen sich dann fundierte Aussagen treffen, mit welchen Verkehrskonzepten, welchen notwendigen Randbedingungen (einschließlich der Energieerzeugung) und ggf. mit welchen Fördermaßnahmen das E-Mobil einen sinnvollen und wirksamen Beitrag zur nachhaltigen Mobilität liefern kann.

Das Buch kann somit als Sach-, aber auch als Lehrbuch für die Grundlagen der Elektromobilität genutzt werden.

# 2 Überblick Elektrofahrzeuge

Versuche, Elektromotoren als effektiven Antrieb für Kraftfahrzeuge zu nutzen, gab es im Prinzip seit Erfindung des Automobils. Allerdings haben es erst die in den letzten Jahren erzielten technologischen Fortschritte in der Akkutechnik erlaubt, alltagstaugliche Fahrzeuge als Konkurrenz zu den herkömmlichen Verbrennungsmotor-Kraftfahrzeugen mit auf den Markt zu bringen.

## ■ 2.1 Geschichte und grundsätzliche Bedeutung

Das Automobil wurde bereits Ende des 19. Jahrhunderts entwickelt. Damals wurde nicht nur der Ottomotor erfunden und bis zur Nutzungsreife entwickelt. Es wurde auch erfolgreich an Elektrofahrzeugen gearbeitet. 1882 stellte Werner Siemens seinen elektrischen Kutschenwagen in Berlin vor. Auf der Weltausstellung im Jahr 1900 in Paris wurde dann ein praxistaugliches Elektroauto der Weltöffentlichkeit präsentiert, der „Lohner-Porsche" (siehe Bild 2.1). Der wurde vom damals 25-jährigen Ferdinand Porsche in der k. u. k.-Hofwagen-Fabrik Jacob Lohner & Co., Wien, entwickelt. Das Fahrzeug hatte als Antrieb zwei Radnabenmotoren an den Vorderrädern, war 50 km/h schnell und hatte mit einem 400 kg schweren Bleiakku eine Reichweite von beachtlichen 50 km.

Bild 2.1 Ferdinand Porsche (Fahrer) und Ludwig Lohner (Beifahrer) im Lohner-Porsche. Quelle: Archiv Familie Lohner

Da die Reichweite der Benzinmotoren deutlich größer war, setzten sich diese – wie hinlänglich bekannt – überaus erfolgreich durch.

Ende des 20. Jahrhunderts gab es immer wieder Versuche, die möglichen Vorteile des Elektroantriebs im Kraftfahrzeug zu nutzen. Allerdings immer noch mit bescheidenem Erfolg. Das lag maßgeblich an den zu dieser Zeit verfügbaren Akkus, die den Anforderungen des Kfz-Betriebs nur bedingt genügten. Ein Durchbruch bahnte sich dann aber mit der Erfindung des Li-Ionen-Akkus an. Diese Akkus wurden 1991 von Sony für Videokameras eingesetzt und sind heute Standard in Smartphones, Tablets, Notebooks usw. Die Vorteile der Akkus: Sie haben eine hohe Speicherdichte, keinen Memoryeffekt und geringe Selbstentladung. Der Nachteil ist der höhere Preis, der sich aber bei vielen der genannten mobilen Anwendungen durch die Vorteile rechtfertigt.

In den vergangenen Jahren wurden nun solche Akkus zu größeren Paketen zusammengepackt, so dass sie sowohl von der elektrischen Leistung als auch von der Kapazität für Kraftfahrzeuganwendungen geeignet sind. Eine der ersten, die diese Technik im Fahrzeugbereich zur Serienreife brachte, war die Firma TESLA. Diese baut anerkanntermaßen respektable Elektrofahrzeuge, obwohl die Firma bis dahin kein etablierter Fahrzeughersteller war. Das aktuelle Modell, TESLA Model S, siehe Bild 2.2, beeindruckt mit Reichweiten von mehreren hundert Kilometern. Die dafür notwendigen Fahrzeugakkus mit entsprechend großer Kapazität bedingen aber einen entsprechend hohen Preis.

Bild 2.2 Tesla Model S.
Quelle: Tesla Motors

## ■ 2.2 Konstruktive Unterschiede zwischen Elektrofahrzeug und herkömmlichem Kraftfahrzeug

Aus einem konventionellen Kraftfahrzeug wird ein Elektrofahrzeug, wenn der mechanische Antriebsstrang mit Verbrennungsmotor durch einen Antriebsstrang mit Elektromotor ersetzt wird. Dabei gehen die Automobilfirmen in der Konstruktion der Elektrofahrzeuge unterschiedliche Wege: Beim **Purpose-Design** wird um diesen neuen Antriebsstrang ein eigenständig neues Fahrzeug entwickelt. Beispiele hierzu sind der *Nissan Leaf* oder der *BMW i3*, siehe Bilder 2.3 und Bild 2.4.

Bild 2.3 Purpose Design: Nissan Leaf

Bild 2.4 BMW i3, Elektrofahrzeug mit innovativem Design. Quelle: BMW Group.

Wird dagegen eine vorhandene Plattform als Basis für die Entwicklung genutzt, spricht man von **Conversion Design**. Diesen Weg gehen beispielsweise Daimler Benz und VW. Hier werden beim *smart electric drive*, der B-Klasse, (siehe Bild 2.5), dem *e-up* und dem *e-Golf* jeweils vorhandene Plattformen genutzt. Damit sind in der Herstellung zwar entsprechende Synergien nutzbar, aber die konstruktiven Freiheiten werden deutlich eingeschränkt. Dennoch gibt es ein wichtiges Argument für das Conversion Design: Die genutzte Plattform ist so auch für die parallele Entwicklung und Fertigung entsprechender Plug-In-Hybride einfacher nutzbar.

Bild 2.5 Beispiel für Conversion Design: Daimler B-Klasse Electric Drive

Langfristig allerdings, bei großen Stückzahlen, hat das Purpose-System Vorteile, bietet doch die Elektrifizierung eine Menge neuer Freiheitsgrade, die zur Optimierung des Gesamtfahrzeuges genutzt werden können.

Neben dem angesprochenen Antriebsstrang mit Elektromotor muss noch der Energiespeicher ausgetauscht werden. Das heißt, der konventionelle Kraftstofftank wird ersetzt durch den Akku. Dieser nimmt zwar nicht wesentlich mehr Volumen ein, ist aber deutlich schwerer (etwa 250 kg Mehrgewicht). Man nutzt dieses Gewicht, indem man den Akku im Fahrzeugboden anordnet und so für einen tieferen Schwerpunkt und damit mehr Fahrstabilität sorgt, wie in Bild 2.6 dargestellt.

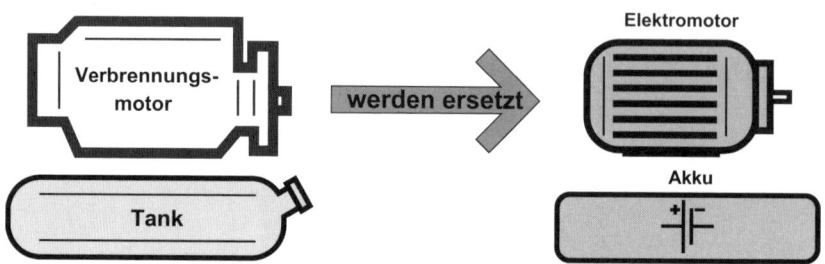

Bild 2.6 Beim Elektrofahrzeug wird der Verbrennungsmotor durch einen Elektromotor ersetzt.

Für ein ausgeführtes Fahrzeug, den smart *electric drive*, zeigt sich damit der in Bild 2.7 dargestellte konstruktive Aufbau:

**Bild 2.7** smart electric drive. Phantomgrafik mit dem im Unterboden eingebauten Li-Ionen-Akku. Quelle: Daimler AG

## ■ 2.3 Die Vorteile des Elektroantriebs

### Der Elektroantrieb ist energieeffizient

Elektromotoren, wie sie in Elektrofahrzeugen verwendet werden, wandeln elektrische Energie sehr effektiv in mechanische Antriebsenergie um. Sie weisen Wirkungsgrade im nahezu gesamten Arbeitsbereich von mehr als 90 % auf. Verbrennungsmotoren dagegen kommen nur auf maximal 40 %. Und das auch nur in einem sehr eingeschränkten Drehmoment-Drehzahlbereich. In den anderen Betriebsbereichen sinkt der Wirkungsgrad beträchtlich. Weiterhin können Elektromotoren beim Bremsen des Fahrzeugs elektronisch in einen Generatorbetrieb geschaltet werden, so dass die entstehende Bremsenergie genutzt werden kann, um den Akkumulator aufzuladen. Diese sogenannte **„Rekuperation"** bedingt in Verbindung mit den hohen Wirkungsgraden einen deutlich geringeren Energieverbrauch der Elektroautos im Vergleich zu den konventionellen Fahrzeugen. Was entsprechend geringe Betriebskosten zur Folge hat. Außerdem ist der Elektromotor wegen seines im Vergleich zum Otto- oder Dieselmotor relativ einfachen konstruktiven Aufbaus weitgehend verschleiß- und wartungsfrei.

### Der Elektroantrieb ist vor Ort emissionsfrei

Im Fahrbetrieb emittiert das Elektroauto vor Ort keine nennenswerten Schadstoffe. Reine Elektrofahrzeuge werden daher als **„Zero Emission Vehicle"** (ZEV) eingestuft, gemäß dem strengen Abgasstandard der **CARB**-Gesetzgebung des US-amerikanischen Bundesstaates Kaliforniens. CARB, California Air Resources Board, ist eine Regierungskommission des Bundesstaates Kalifornien. Dieses Beratungsgremium ist bekannt für seine besonders strengen Gesetzesvorschläge zur Luftreinhaltung. Auch nach den Richtlinien der Europäischen Union tragen Elektrofahrzeuge nicht zum $CO_2$-Ausstoß der Fahrzeugflotte bei.

Allerdings gilt diese Emissionsfreiheit nur bei örtlicher Betrachtung. Grundsätzlich muss aber bei der Schadstoffbelastung die **Stromerzeugung** für die Fahrzeuge in die Beurteilung miteinbezogen werden. Aber auch bei Betrachtung der gesamten Energiekette (von Erzeugung bis Verbraucher = „Well-to-Wheel" Betrachtung) produzieren die E-Fahrzeuge weniger Schadstoffe als herkömmliche Fahrzeuge. Im Idealfall, wenn zum Aufladen regenerativ erzeugter Strom verwendet wird, hat das E-Fahrzeug auch bei der Gesamtbetrachtung keine nennenswerten Emissionen.

Die Betrachtung der örtlichen Emissionen eines Fahrzeugs wird als „**Tank-to-Wheel**" (vom „Tank zum Rad")-Beurteilung bezeichnet. Auch wenn E-Fahrzeuge keinen Tank im eigentlichen Sinne haben, hat sich diese Bezeichnung für die örtliche Betrachtung durchgesetzt.

Wird auch die Energieerzeugung mit einbezogen, spricht man von „**Well-to-Wheel**" (von der „Quelle zum Rad")-Beurteilung.

### Elektroantriebe haben ab den ersten Umdrehungen ein hohes Drehmoment und überdecken einen großen Drehzahlbereich

Durch diese Eigenschaften werden ein herkömmliches Schaltgetriebe und eine Schaltkupplung überflüssig. Lediglich ein einstufiges Untersetzungsgetriebe zur Drehzahlanpassung ist erforderlich. Im Fahrbetrieb folgt daraus ein absolut ruckfreies Fahren über den gesamten Geschwindigkeitsbereich. Durch das hohe Drehmoment der Elektromotoren schon bei kleinster Drehzahl lassen sich Elektrofahrzeuge aus dem Stand heraus mit hohen Beschleunigungswerten anfahren. Das bisher gewohnte notwendige Schleifenlassen der Kupplung und das mehrmalige Schalten entfallen vollständig. Elektrofahrzeuge zeichnen sich daher durch das Potential für eine sehr dynamische Fahrweise aus. Und durch einen Fahrkomfort, der bei heutigen Fahrzeugen selbst mit Automatikgetriebe so nicht gegeben ist.

### Elektroantriebe sind leise

Die im Vergleich zum Verbrennungsmotor sehr niedrige Lautstärke der Elektromotoren führt im Fahrzeug, selbst beim Fahren mit höheren Geschwindigkeiten, zu einer angenehm ruhigen Geräuschkulisse für Fahrer und Insassen. Auch außerhalb des Fahrzeugs tragen die niederen Fahrgeräusche, insbesondere bei kleinen und mittleren Geschwindigkeiten, zu einer Verbesserung der Lebensqualität von Anwohnern und anderen Straßennutzern bei. Bei hohen Geschwindigkeiten ist der Effekt wegen der zunehmenden Abrollgeräusche noch gegeben, aber nicht mehr so durchschlagend.

Innerorts, bei den vorherrschenden geringen Geschwindigkeiten, kann das niedrige Geräuschniveau sogar dazu führen, dass diese Fahrzeuge nicht oder zu spät von Fußgängern und Radfahrern wahrgenommen werden, so dass kritische Situationen entstehen können. Hier wird an Lösungen gearbeitet, bei denen beispielsweise elektronisch generierte Warngeräusche eingesetzt werden.

### Reine Elektrofahrzeuge haben einen einfachen Aufbau und lassen sich leichter regeln

Im Vergleich zu Verbrennungsmotor-Fahrzeugen haben Elektroautos einen deutlich einfacheren Aufbau. Bei vergleichbarer Leistung ist ein Elektromotor leichter und kompakter, und er ist weitgehend wartungsfrei. Elektromotoren lassen sich elektrisch leichter regeln, selbst das Umschalten von Vorwärts- in Rückwärtsbewegung erfolgt ohne Schaltgetriebe allein auf elektronischem Wege.

Im Gegensatz dazu erfordern bei Verbrennungsmotoren allein schon die Regelung von Kraftstoffmenge und Zündzeitpunkt unter Beachtung einer sauberen Verbrennung die ganze Ingenieurkunst der Autohersteller. Allerdings darf nicht übersehen werden, dass Elektroantriebe wegen der zu steuernden hohen Spannungen und Ströme eine aufwendigere Steuerungselektronik benötigen, als dies bei herkömmlichen Fahrzeugen der Fall ist.

Dafür entfallen bei den reinen Elektrofahrzeugen neben dem erwähnten Schaltgetriebe und der Kupplung noch eine Reihe weiterer Zusatzbaugruppen, wie

- Tank, Benzinpumpe
- Öltank, Öl
- Katalysator
- Auspuffsystem
- Anlasser, Lichtmaschine, Starterbatterie

Andere Bauteile, beispielsweise die Bremsen, werden durch die Bremsunterstützung, der Rekuperation, deutlich weniger beansprucht, was sich durch eine längere Lebensdauer der Bremsbeläge positiv bemerkbar macht. In der Summe dieser Unterschiede verringern sich der Service-Aufwand und die Service-Kosten deutlich. Und zuletzt bedingt der einfachere Aufbau eine verbesserte Recyclingmöglichkeit des Fahrzeuges am Ende seiner Lebensdauer.

Elektrofahrzeuge bieten einen hohen Fahrkomfort und haben günstige Betriebskosten. Sie sind vor Ort emissionsfrei und $CO_2$-neutral, wenn regenerativ erzeugter Strom zum „Tanken" genutzt wird.

## ■ 2.4 Die Nachteile des Elektroantriebs

### Elektrofahrzeuge haben einen hohen Anschaffungspreis

Während sich für die wesentlichen Antriebskomponenten, den Elektromotor einschließlich der Leistungselektronik vergleichbare Kosten ergeben wie beim Verbrennungsmotor und dessen Steuerungselektronik, muss für die notwendigen Li-Ionen-Akkus ein erheblicher Mehrpreis in Kauf genommen werden. Für die heute in Elektroautos üblichen Akkus mit einer Kapazität von etwa 20 kWh ist mit einem höheren Anschaffungspreis von mehr als 10 000 Euro zu rechnen (Stand 2014). Zukünftig ist zu erwarten, dass die Stromspeicher kostengünstiger werden, und sich die Kosten bis zum Jahr 2020 halbieren könnten.

Allerdings dürfen für eine Kostenbetrachtung nicht allein die Anschaffungskosten herangezogen werden. Für Elektrofahrzeuge gibt es auch Kostenvorteile, besonders durch deutlich geringere Betriebskosten infolge des geringen Energieverbrauchs. Im Abschnitt 10.1 „Kostenvergleich" wird eine detaillierte Wirtschaftlichkeitsbetrachtung durchgeführt.

### Elektrofahrzeuge haben eine eingeschränkte Reichweite und eine lange Ladedauer

Bei den heute üblichen und noch bezahlbaren Akkukapazitäten weisen die Elektroautos nominelle (d. h. unter den „Labor-Bedingungen" gemäß den Vorschriften der Europäischen Union) ermittelte Reichweiten von 150 bis 200 km auf. In der Praxis verringern sich diese Reichweiten teilweise deutlich. So kann der Betrieb einer Klimaanlage oder der Fahrzeugheizung zu Reichweitenverlusten um ein Drittel führen. In der Regel reichen solche Reichweiten für die meisten Tagesfahrten aus. Im Standardfall wird dann über Nacht nachgeladen. Dies kann grundsätzlich an jeder Haushalts- bzw. Garagensteckdose erfolgen, allerdings mit Ladedauern von mehreren Stunden.

Muss aber bei längeren Fahrten während der Fahrt nachgeladen werden, sind diese langen Ladedauern untragbar. Deshalb wird dann an öffentlichen Ladesäulen mit hohen Ladeleistungen und verkürzten Ladezeiten geladen. Solche Ladesäulen entstehen derzeit an vielen Stellen. Zunehmend bieten sie die Möglichkeit einer Gleichstrom-Schnellladung mit sehr hohen Leistungen an. Das reduziert die Ladedauer auf etwa 30 Minuten.

Für Autofahrer, denen das zu unsicher ist, und die trotzdem elektrisch fahren möchten, bieten die Hersteller Hybridfahrzeuge an, ab 2014 vermehrt Plug-In-Hybride. Bei vielen Auslegungen können damit die meisten Fahrten (bis 50 km) rein elektrisch durchgeführt werden. Bei längeren Fahrten kommt der Verbrennungsmotor zum Einsatz.

 Elektrofahrzeuge sind wegen der derzeit hohen Akkukosten teuer. Die Reichweite ist eingeschränkt, reicht aber für die meisten Tagesfahrten aus. Das Nachladen dauert lang, selbst mit Schnellladung mindestens eine halbe Stunde.

## ■ 2.5 Vorgaben zur $CO_2$-Reduktion als Treiber für die Elektromobilität

Kohlendioxid ($CO_2$) ist ein sogenanntes Treibhausgas. Das in die Atmosphäre eingebrachte Gas trägt zur schädlichen Klimaerwärmung bei. Da die Emissionen des Kraftfahrzeugverkehrs einen wesentlichen Beitrag zur Steigerung der $CO_2$-Konzentration in der Atmosphäre liefern, hat die Europäische Union Maßnahmen ergriffen, um diese Emissionen in Zukunft zu verringern.

Im Dezember 2008 haben sich Rat und Parlament auf eine Verordnung zur Minderung der $CO_2$-Emissionen bei neuen Pkw geeinigt; am 23. April 2009 wurde die Verordnung auch formell verabschiedet. Die Verordnung schafft einen verbindlichen Rechtsrahmen (EU).

Diese Verordnung, die 2013 fortgeschrieben wurde, bedeutet für die Fahrzeughersteller, dass der Grenzwert für den $CO_2$-Ausstoß von 95 g $CO_2$/km als Flottenzielwert für alle verkauften Neuwagen ab 2020 verbindlich festgelegt wird. Der $CO_2$-Ausstoß hängt chemisch mit dem Kraftstoffverbrauch zusammen. 95 g $CO_2$ auf 100 km entsprechen etwa einem Benzinverbrauch von 4,1 l/100 km (Diesel: 3,6 l/100 km)!

Mit herkömmlichen Mitteln ist eine solche Reduktion nach Ansicht von Fachleuten nicht zu erreichen. Helfen können da die verkauften Elektrofahrzeuge. Die EU hat nämlich festgelegt, dass reine E-Autos mit 0 g $CO_2$ in die Berechnung des Flottenwerts eingehen. Auch Plug-In-Hybride haben diesbezüglich deutliche Vorteile, da auch bei ihnen, abhängig von der elektrischen Reichweite, die $CO_2$-Emission deutlich vermindert wird.

Das bedeutet, je höher der Absatz eines Automobilherstellers an reinen Elektrofahrzeugen und Plug-In-Hybriden ist, desto leichter werden die vorgegebenen $CO_2$-Grenzwerte erreicht. Die EU-Grenzwerte sind dabei weltweit die strengsten. In Japan ist der Grenzwert bei 105, in China bei 117 und in den USA 121 g $CO_2$ pro km.

# 3 Ausführungsformen von Elektrofahrzeugen in der Praxis

In diesem Kapitel werden die Ausführungsformen von Elektrofahrzeugen im Überblick beschrieben. Der Schwerpunkt liegt dabei auf Elektro-Pkw. Zudem werden Nutzfahrzeuge, Busse und Elektrofahrräder angesprochen. Einzelheiten zu den zentralen Baugruppen, wie Elektromotor, Leistungselektronik und Akku, folgen im nächsten Kapitel.

## ■ 3.1 Elektro-Pkw

Hierzu zählen Fahrzeuge, deren Antriebsaggregat aus einem oder mehreren Elektromotoren besteht, einschließlich der Antriebskonzepte, bei denen neben dem Elektromotor noch ein Verbrennungsmotor zum Einsatz kommt. Es sind folgende:

- (Reine) Elektrofahrzeuge, angetrieben allein mit (Akku-)Strom; englische Bezeichnung Battery Electric Vehicle (BEV), auch „Batterieelektrische Fahrzeuge" genannt
- Fahrzeuge mit Elektroantrieb und Range-Extender (REX)
- Hybridfahrzeuge; Hybrid Electric Vehicle (HEV)
- Plug-In-Hybride; Plug-In Hybrid Elelectric Vehicle (PHEV)
- Brennstoffzellenfahrzeuge; Fuel Cell Vehicle (FCV)

### 3.1.1 Reine Elektrofahrzeuge, Batterieelektrische Fahrzeuge

Der Antrieb eines Batterieelektrischen Fahrzeugs besteht aus einem Elektromotor, der Leistungselektrik/-elektronik und dem Akkumulator, abgekürzt Akku (siehe Bild 3.1).

Als Elektromotoren haben sich Drehstrommotoren bewährt, wie sie in ähnlicher Form seit Langem in der industriellen Antriebstechnik eingesetzt werden. Um das Leistungspotential der Motoren optimal zu nutzen, werden sie mit vergleichbaren Spannungen versorgt, wie sie im stationären Drehstromnetz vorhanden sind. Das bedeutet Spannungen in der Größenordnung von 400 V. Für den Fahrbetrieb im Kraftfahrzeug muss der Drehstrom zur Regelung von Drehmoment und Drehzahl sowohl in seiner Stromstärke als auch in seiner Frequenz veränderlich sein. Über die veränderliche Spannung wird dabei die Größe des Drehmoments angepasst, über die Frequenz wird die Drehzahl gesteuert. Diese Steuerungsaufgaben werden mit elektronischen Umrichtern realisiert, der Antrieb heißt dann **„umrichtergespeister Drehstrommotor"**.

Solche Antriebe haben Wirkungsgrade von über 90 % und sind damit der Grundstein für die gute Energieausnutzung der Elektroautos. Ihre Drehzahl lässt sich über einen so großen Bereich steuern, dass der gesamte Geschwindigkeitsbereich der Elektrofahrzeuge ohne ein herkömmliches Schaltgetriebe abgedeckt werden kann. Lediglich zur Drehzahlanpassung der Motordrehzahl an die geringere Raddrehzahl werden ein einstufiges Untersetzungsgetriebe und ein Differentialgetriebe zur Verteilung der Antriebskraft auf die Räder benötigt. Die Motoren weisen schon bei kleinsten Drehzahlen ein hohes Drehmoment auf, so dass aus dem Stillstand ohne eine Schaltkupplung angefahren werden kann. Die gesamte Drehmoment-/Drehzahlsteuerung erfolgt allein über das „Gas"-pedal. Daraus resultiert ein Fahrbetrieb mit hohem Fahrkomfort ohne Kuppeln und Schalten. Das gilt selbst für das Rückwärtsfahren, da sich Elektromotoren einfach, elektronisch gesteuert, umpolen lassen. Ein automatisierter Einparkvorgang ist damit deutlich leichter zu realisieren, sind doch feinste Drehzahlregelung bis Geschwindigkeit null problemlos zu realisieren, und ein Eingriff in Schaltvorgänge eines Getriebes ist ebenfalls nicht erforderlich.

Neben den erwähnten hohen Wirkungsgraden von Elektromotoren trägt eine weitere Möglichkeit zur hohen Energieausnutzung und den daraus resultierenden geringen Verbrauchswerten der Elektrofahrzeuge bei: Elektromotoren werden, wenn sie aktiv mechanisch angetrieben werden, zu Generatoren, die diese mechanische Antriebsenergie in elektrische Energie umwandeln können. Man nutzt daher beim Verzögern des Fahrzeugs die freiwerdende kinetische Energie, treibt damit mechanisch den Elektromotor an, der so auf der einen Seite als Bremse funktioniert und auf der anderen Seite als **Generator** Strom zum Aufladen des Akkus erzeugt. So wird die mechanische Energie zur weiteren Nutzung gespeichert, man nennt diesen Vorgang **Rekuperation**.

Elektromotoren als Antriebe von Fahrzeugen bewirken einen hohen Fahrkomfort und führen zu einem geringen Energieverbrauch durch ihren hohen Wirkungsgrad und der Möglichkeit zur Rekuperation.

Elektroautos mit reinem Strombetrieb beziehen ihren Fahrstrom aus Lithium-Ionen-Akkus, die in ihrer Spannung den oben beschriebenen Elektromotoren angepasst sind. Sie weisen daher Spannungen im Bereich von 400 V auf, man spricht dann von Hochvoltbatterien (oder Hochvoltakku). Akkus liefern Gleichstrom, die Motoren benötigen aber Wechsel-/Drehstrom. Die Umsetzung von Gleich- in Wechselstrom erfolgt durch eine entsprechende Leistungselektronik, den sogenannten Wechselrichter, auch als Umrichter oder Inverter bezeichnet.

Weiter ist für das Laden des Akkus ein Ladegerät erforderlich. Dieses stellt sicher, dass die Lithium-Ionen-Akkus entsprechend ihren Anforderungen geladen werden. Nur so kann die Kapazität des Akkus voll ausgeschöpft werden und die erforderliche Lebensdauer, sowohl was die Anzahl der Ladezyklen als auch die Länge der Verwendungszeit betrifft, sichergestellt werden. In den heutigen Elektroautos sind die Ladegeräte im Fahrzeug selbst untergebracht. Wie diese Akkus geladen werden und welche Stecker dazu verwendet werden, ist inzwischen in weiten Teilen vereinheitlicht und genormt, so dass beispielsweise die bereitgestellte Ladeinfrastruktur von einer Vielzahl von Fahrzeugen unterschiedlicher Hersteller genutzt werden kann.

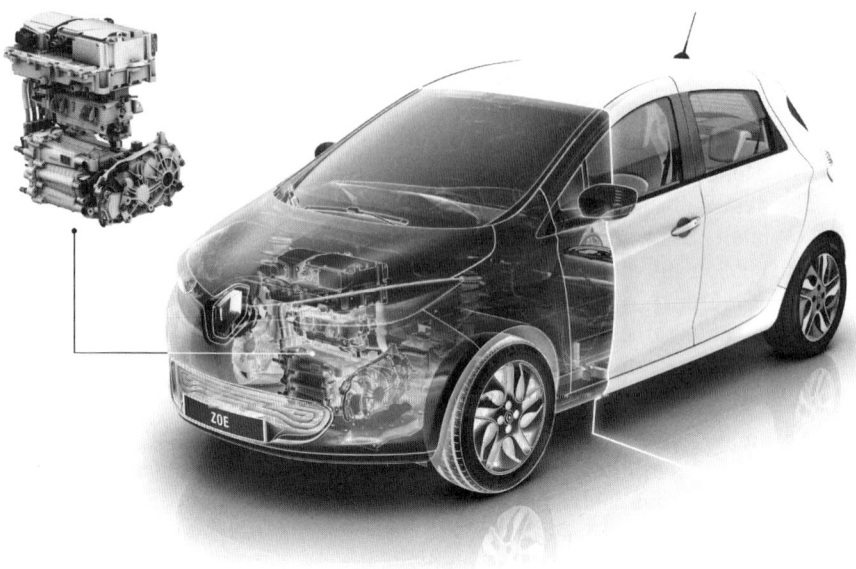

**Bild 3.1** Elektrofahrzeug mit herausgezeichnetem Elektromotor und Ansteuerelektronik.
Quelle: Renault Deutschland AG

Eine Vereinheitlichung der Akkus selbst war zwischenzeitlich angedacht, findet in der Realität aber nicht statt. Damit gibt es derzeit auch keine realistische Chance, die Reichweite der Elektrofahrzeuge mittels Wechselakkus zu verbessern.

### 3.1.2 Elektrofahrzeuge mit Range Extender, Range Extended Electric Vehicle (REEV)

Range Extender (REX), deutsch Reichweitenverlängerer, werden zusätzlich in Elektrofahrzeugen eingebaut, um die Reichweite zu vergrößern. Genutzt wird dazu ein (in der Regel) kleiner Verbrennungsmotor, der während der Fahrt im Bedarfsfall eingeschaltet wird und über einen Generator Strom zum Nachladen des Akkus erzeugt. Fahrzeuge mit Range Extender gehören daher strenggenommen zu den Hybriden, da sie mit zwei unterschiedlichen Energiequellen ausgerüstet sind. Sie werden aber auf dem Markt als Elektrofahrzeuge mit dem eigenständigen Zusatz „Range Extender" angeboten. Dieser zusätzliche Verbrennungsmotor wird allein zur **Stromerzeugung** genutzt. Der Antrieb des Fahrzeugs erfolgt, wie beim Batterieelektrischen Fahrzeug, allein durch den Elektromotor.

Da der Range-Extender-Motor dazu in einem stationären Betriebszustand in seinem Arbeitsbereich mit optimalem Energieverbrauch betrieben wird, ist der Wirkungsgrad für diese Energieerzeugung annehmbar gut, der Benzin-Verbrauch relativ gering. Nachteil der

Technik: Man benötigt ein Zweitsystem mit Verbrennungsmotor plus Zusatzbauteile (Tank usw.). Es erhöht sich das Gewicht, was sich nachteilig auf Bauraum, Leistung und Verbrauch auswirkt. Daher werden eben kleine REX-Motoren eingesetzt.

In der Praxis lässt sich damit eine Reichweitenverlängerung um (typisch) Faktor 2 realisieren. Eingesetzt wird diese Technik beispielsweise beim BMW i3-Range Extender. Mit dem verwendeten 2-Zylindermotor und einem 9-l-Tank vergrößert sich die Reichweite nach Herstellerangabe um 120–150 km.

 Der als Range Extender eingesetzte Verbrennungsmotor wird mithilfe eines Generators nur zur Stromerzeugung für das Laden des Fahrzeug-Akkus genutzt, nicht für den Antrieb des Fahrzeugs.

Eine Variante des REX-Betriebs stellt der Opel Ampera dar. Dieser nutzt im Prinzip genau diese Technik. Mit Ausnahme des Betriebszustands „Fahren bei hohen Geschwindigkeiten". Hier wird aus Leistungsgründen der REX-Antrieb auch für den Antrieb des Fahrzeugs genutzt.

### 3.1.3 Hybridfahrzeuge, Hybrid Electric Vehicle (HEV)

Hybridfahrzeuge (gem. EU-Richtlinie genauer als Hybridelektrofahrzeuge bezeichnet) haben gemäß Definition nach IEC/TC69:
- zwei verschiedene Energiewandler, also beispielsweise einen Verbrennungs- und einen Elektromotor und
- zwei verschiedene Energiespeicher, beispielsweise Benzin und Akku, oder auch Akku und Wasserstoff

zu Traktionszwecken.

Ziel dieser „Mischung" ist es, die Vorteile beider Antriebskonzepte zu nutzen und gleichzeitig die jeweilig spezifischen Nachteile zu umgehen. So garantiert der Verbrennungsmotor die große Reichweite, die den reinen Elektrofahrzeugen fehlt. Seine Nachteile: Er hat bei kleinen Drehzahlen und kleinen Belastungen einen schlechten Wirkungsgrad. Und die ersten Umdrehungen ab dem Start müssen über eine schleifende Kupplung überbrückt werden. Hier springt der Elektroantrieb ein, der schon bei kleinsten Drehzahlen sein volles Drehmoment entfaltet, er kann so das Fahrzeug aus dem Stand ohne Trennkupplung beschleunigen. Zusätzlich eröffnet die Verwendung eines Elektroantriebs noch die Möglichkeit der Rekuperation und trägt so maßgeblich zu einer Steigerung der Energieeffizienz des Gesamtfahrzeugs bei. Mit den Folgen, dass die Betriebskosten sinken und der $CO_2$-Ausstoß reduziert wird. Allerdings hat das Gesamtpaket strukturelle Nachteile. Die Folgen sind:
- zusätzliches Gewicht und zusätzlicher Bauraum durch die Verwendung von zwei Antriebssystemen,
- erhöhter Aufwand in Betrieb und Steuerung, um das komplexe Zusammenspiel der beiden Systeme in allen Fahrsituationen optimal zu gewährleisten.

Die Verwendung zusätzlicher Antriebskomponenten führt natürlich auch zu einem höheren Gesamtpreis im Vergleich zum Fahrzeug nur mit Verbrennungsmotor. Neben den zusätzlichen Kosten für den Elektroantrieb werden die Zusatzkosten, vor allem bei den Vollhybriden, im Wesentlichen noch durch die Akkukosten bestimmt. Allerdings sind diese Zusatzkosten für den Akku geringer als beim reinen Elektrofahrzeug, da bei den Hybriden konzeptionell eine geringere Akkukapazität notwendig ist.

Zur Umsetzung der sogenannten Hybridisierung von Fahrzeugen werden von der Autoindustrie unterschiedliche Konzepte verfolgt. Diese unterscheiden sich zum einen durch den Grad der Hybridisierung, siehe Bild 3.2. Es wird unterschieden in **Mikro-, Mild- und Vollhybrid-Fahrzeuge**:

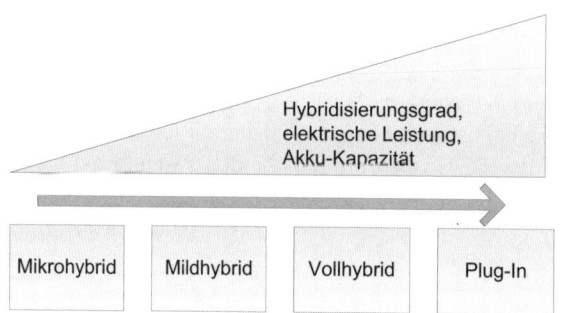

**Bild 3.2** Hybridisierungsgrad mit steigender elektrischer Leistung des Elektromotors

Eine zweite Klassifizierung teilt die Hybride nach der Struktur ein, wie die beiden Antriebsarten zusammenspielen. Es gibt hier die **Seriell-Hybride, die Parallel-Hybride und die Misch-Hybride**. Darüber hinaus werden die Systeme durch eine weitere Differenzierung ergänzt: In konventionellen Hybriden werden die Akkus nur fahrzeugintern mittels der Energie aus dem Verbrennungsmotor geladen, während bei den **Plug-In-Hybriden** ein externes Laden wie beim reinen Elektromobil möglich und vorgesehen ist, siehe Bild 3.3.

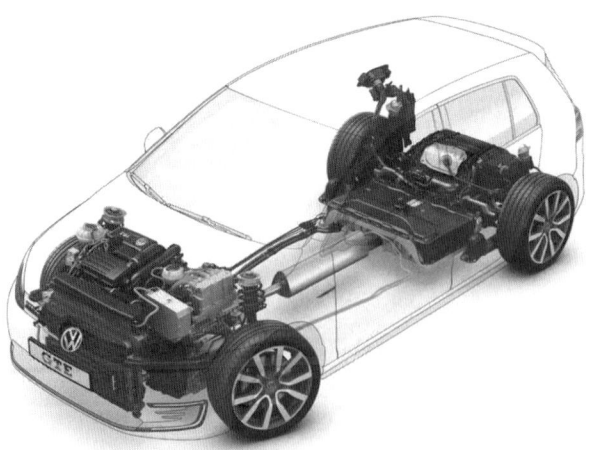

**Bild 3.3** Beispiel eines Plug-In-Hybrids, Golf GTE. Vorne links der Verbrennungsmotor, rechts der Elektromotor. Quelle: Volkswagen Aktiengesellschaft

### 3.1.3.1 Mikrohybrid

Mikrohybride haben statt einer konventionellen Lichtmaschine und einer herkömmlichen Starterbatterie einen **Startergenerator** und als Akku eine optimierte Starterbatterie mit vergrößerter Kapazität. Der Startergenerator wird zum einen zum Starten und zum anderen für die Rekuperation genutzt, sein Leistungsbereich liegt bei 2 bis 5 kW. Damit sind die wesentlichen Zusatznutzen gegeben:

- Start-Stopp-Automatik
- Rekuperation

Die daraus resultierende Kraftstoffersparnis liegt bei 5 % bis 10 %. Ein solche Einsparung, sollte sie durch Weiterentwicklung von reinen Verbrennungsmotoren erzielt werden, ist eine mehr als anspruchsvolle Aufgabe der Fahrzeughersteller. Sie würde einen Entwicklungszeitraum vom mehreren Jahren benötigen. Anwendungsbeispiel für die Mikro-Hybridtechnik: BMW 1er-Fahrzeug (EfficientDynamics) mit einem Kraftstoffverbrauch von nur 3,8 l Diesel/100 km und einer $CO_2$-Emission von 99 g/km!

### 3.1.3.2 Mildhybrid

Beim Mildhybrid sitzt der Startergenerator auf der Kurbelwelle (Kurbelwellen-Startergenerator), ist damit in seiner Elektromotorfunktion grundsätzlich zum (eingeschränkten) **Antrieb des Fahrzeuges** geeignet. Der Leistungsbereich der eingesetzten Elektromotoren reicht von 5 bis 15 kW. Aufgrund der höheren Leistungsfähigkeit des Startergenerators werden Akkus mit einer höheren Kapazität und größeren Spannung (ab 42 Volt) eingesetzt, häufig noch kostengünstige Nickelmetallhydrid-Akkus. Damit sind folgende Nutzmöglichkeiten gegeben:

- Start-Stopp-Automatik
- Rekuperation (im Vergleich zum Mikro-Hybrid weiter verstärkt)
- Elektromotorische Unterstützung beim Start und Losfahren des Fahrzeugs, Leistungssteigerung

Es ist eine Kraftstoffersparnis und damit die Verminderung des $CO_2$-Ausstoßes von 15 % möglich, Beispiel: Honda Insight (Parallelhybrid).

### 3.1.3.3 Vollhybrid

Hier werden Elektromotoren mit Leistungen von 15 bis 60 kW eingesetzt. Beide Antriebssysteme werden häufig über stufenlose Getriebe kombiniert. Für den verstärkten Einsatz des Elektroantriebs sind hier höhere Akkukapazitäten notwendig, eingesetzt werden häufig Lithium-Ionen-Akkus mit hoher Spannung (200 bis 400 V), wie sie auch in den reinen Elektrofahrzeugen zum Einsatz kommen, allerdings mit kleinerer Akkukapazität. Und damit auch mit geringeren Kosten.

Es lassen sich folgende Betriebszustände anführen:

- Start-Stopp-Automatik
- Rekuperation
- Boosten (Leistungssteigerung bei hohem Beschleunigungsbedarf)
- Rein elektromotorisches Fahren

- Lastpunktanhebung für den Verbrennungsmotor, so dass er in einem Betriebsfeld mit verbessertem Wirkungsgrad betrieben werden kann. Dabei wird die Antriebsleistung, die nicht zum Vorwärtstrieb des Fahrzeugs benötigt wird, zum Antrieb des Elektromotors oder eines separaten Generators zur Stromerzeugung genutzt, um damit den Akku aufzuladen.

Damit sind Einsparungen im Kraftstoffverbrauch bis zu 25 % zu erreichen. Beispiel ist der Auris Hybrid, der 1,5 km mit 50 km/h rein elektrisch fahren kann.

### 3.1.3.4 Plug-In-Hybride

Um den Antrieb noch energieeffizienter zu machen, werden bei diesen Hybriden Akkus mit größerer Kapazität eingesetzt. Da diese nicht mehr sinnvoll allein fahrzeugintern geladen werden können, ist eine externe Ladung (mit Stecker = „Plug") vorgesehen, vergleichbar zu dem System bei den reinen E-Fahrzeugen. Damit lassen sich – je nach Akkugröße – Kraftstoffeinsparungen von mehr als 50 % erzielen. Allerdings muss zum eigentlichen Kraftstoffverbrauch noch die externe Ladeenergie berücksichtigt werden. Diese ist allerdings nach den EU-Regeln nicht für die $CO_2$-Bilanz zu berücksichtigen (näheres im Kapitel 7, Verbrauchsberechnungen). Beispiele hierfür sind der Golf GTE und der Toyota Prius Plug-In-Hybrid (Bild 3.4).

**Bild 3.4** Beispiel Plug-In-Hybrid mit den beiden Antriebsmotoren vorne und dem Fahrzeugakku hinten. Quelle: TOYOTA

 **Vorteile Vollhybrid:**

Geringer Kraftstoffverbrauch durch:
- Start-Stopp-Funktion
- Rekuperation

- Nutzung günstigerer Betriebspunkte beim Verbrennungsmotor
- Möglichkeit zum rein elektrischen Fahren

**Nachteile Vollhybrid:**
- Höheres Gewicht
- Zusätzlicher Bauraum
- Höherer Anschaffungspreis
- Aufwendige Steuerung zur Kombination der Antriebe

### 3.1.3.5 Antriebsstruktur der Hybride

Die Kombination von Verbrennungs- und Elektromotor lässt sich mittels unterschiedlicher Konzepte der Antriebsstruktur realisieren. Dabei lassen sich folgende Grundstrukturen in der Praxis finden:

- serielle Struktur
- parallele Struktur
- Mischhybrid-Struktur

Bei der **seriellen Struktur** wird ausschließlich der Elektromotor zum Antrieb des Fahrzeugs genutzt, der Verbrennungsmotor hat keine mechanische Verbindung zur Antriebsachse (siehe Bild 3.5). Der Verbrennungsmotor treibt einen Generator an. Die von diesem erzeugte elektrische Leistung versorgt den Elektromotor, der wiederum das Fahrzeug antreibt. Leistungsbestimmend für den Antrieb des Fahrzeugs ist also allein der Elektromotor. Er muss entsprechend ausgelegt sein. Ein vom Generator produzierter Überschuss-Strom (der momentan nicht für die Versorgung des Elektromotors benötigt wird), wird zum Laden des Akkus genutzt.

Da der Verbrennungsmotor (mit dem Generator) nur für die Produktion des Stroms für den Elektromotor und den Akku genutzt wird, ist er faktisch ein Range Extender. Er kann grundsätzlich mit konstanter Drehzahl in einem Arbeitsbereich mit hohem Wirkungsgrad betrieben werden. Beim Bremsen wirkt der Elektromotor als Generator und kann so den Akku im Bremsbetrieb aufladen (Rekuperation).

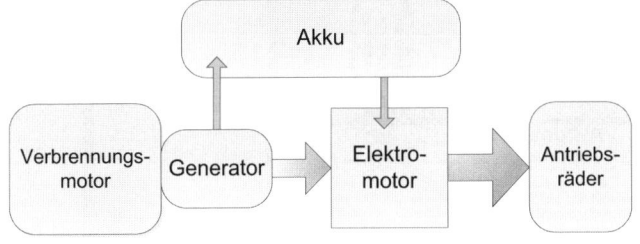

Bild 3.5 Struktur Serieller Hybrid

Beim Parallelen Hybrid (siehe Bild 3.6) ist die Verbrennungsmotorachse über eine Kupplung mit der Achse des Elektromotors, der Antriebsachse des Fahrzeugs, verbunden. Dadurch können beide Antriebe auf den Antriebsstrang allein oder auch überlagernd wirken, so dass eine Leistungsaddition stattfinden kann. Das hat den Vorteil, dass beide Antriebssysteme kleiner dimensioniert werden können, da die Gesamtleistung nur aus der Summe der Antriebe gewonnen werden muss. Damit lassen sich sowohl Kosten als auch Fahrzeuggewicht und Bauraum sparen. Aus dem Grund, dass beide Motoren *parallel* auf die Antriebsräder wirken können, wird das System als *Parallel*hybrid bezeichnet:

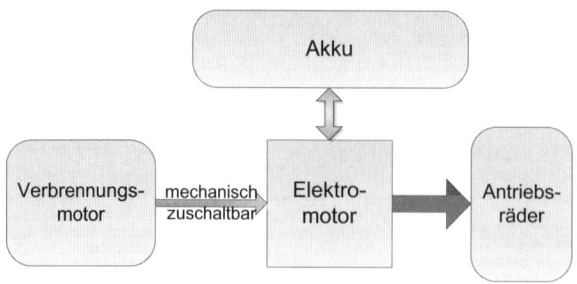

**Bild 3.6** Struktur Paralleler Hybrid

Beim **Mischhybrid-Antrieb**, der auch als „Leistungsverzweigter Hybrid" bezeichnet wird, sind beide Antriebsmotoren über ein Getriebe und dem Differenzial mit den Antriebsrädern verbunden (siehe Bild 3.7).

Über das Getriebe – in der Regel ein Automatikgetriebe – lassen sich unterschiedliche Fahrzustände realisieren. So kann der Verbrennungsmotor wie beim Seriellen Hybrid nur den Generator antreiben und mit dem erzeugten Strom den Elektromotor versorgen. Damit wird das Fahrzeug alleine durch den Elektromotor angetrieben. Der Verbrennungsmotor kann über das Getriebe aber auch mechanisch mit den Antriebsrädern verbunden werden und diese gemeinsam mit dem Elektromotor antreiben. Das ist dann die Struktur eines Parallelen Hybrids. Und es ist grundsätzlich auch ein Fahren allein mit dem Verbrennungsmotor möglich. Die Steuerungselektronik des Fahrzeuges kann also sehr flexibel beide Antriebsarten je nach Anforderung kombinieren und dadurch die Vorteile der Hybridisierung optimal ausnutzen, wie im folgenden Bild skizziert:

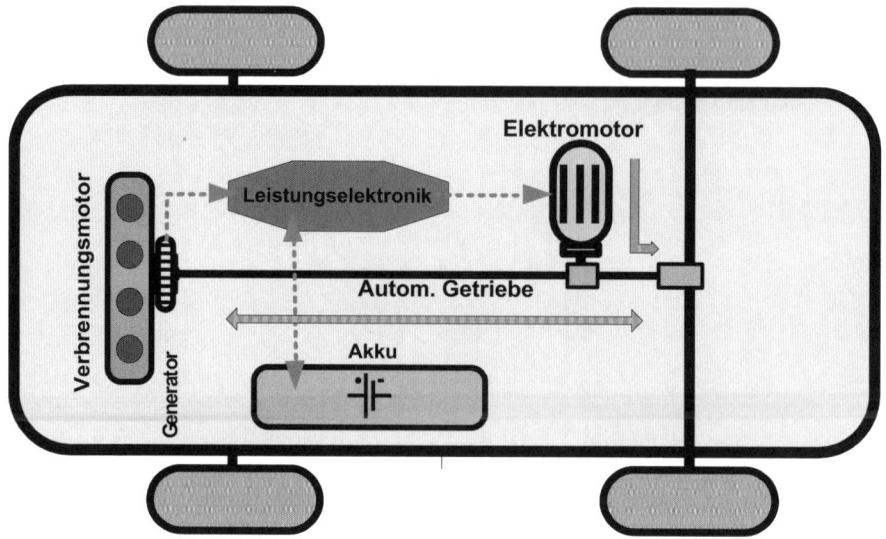

**Bild 3.7** Übersicht Mischhybrid

### 3.1.3.6 Hybridsysteme in der Formel 1

Besondere öffentliche Aufmerksamkeit erhielt und erhält das Thema Elektrifizierung des Antriebsstrangs durch die Hybridisierung in der Formel 1. Die Rennveranstaltungen der Formel 1 sind seit Jahren ein Schaufenster für die Leistungsfähigkeit von Kraftfahrzeugantrieben.

Schon seit einigen Jahren wurden die Formel-1-Fahrzeuge hybridisiert. Der erste Schritt, bekannt unter dem Kürzel **KERS** (Kinetic Energy Recovery System), nutzte zur Leistungssteigerung einen Elektromotor. Mittels dieses Motor-Generators konnte die Bremsenergie (= kinetische Energie) in elektrische Energie umgewandelt und in einem Akku gespeichert werden. Bei Bedarf wurde mit dem Akkustrom der Elektromotor betrieben. Dessen Leistung konnte als zusätzliche Antriebsleistung auf die Räder übertragen werden. Zulässig war bis zum Jahr 2013 eine elektrische Zusatzleistung von 82 PS, beschränkt auf maximal 6,5 Sekunden pro Runde.

Seit 2014 wird das System ergänzt durch ein thermisches Rückgewinnungssystem, bei dem überschüssige Energie („Wastegate") des Turboladers über eine neu eingeführte Motor-Generator-Einheit ( **MGU-H** = „Motor Generator Unit Heat") in elektrische Energie gewandelt wird. Das alte KERS wird vergrößert und **MGU-K** genannt (Motor Generator Unit-Kinetik) und kann $P_{el}$ = 120 kW Antriebsleistung bereitstellen. Laut Reglement darf diese Zusatzleistung bis zu $t$ = 34 s pro Runde eingesetzt werden. Das bedeutet eine zusätzlich nutzbare elektrische Energie, $E_{el}$:

$$E_{el} = P_{el} \cdot t = 120\,\text{kW} \cdot 34\,\text{s} = 4080\,\text{kWs} = 1{,}1\,\text{kWh} \tag{3.1}$$

Um diese Energie zu erzeugen, dürfen die Fahrzeuge gemäß Reglement pro Runde zwei Megajoule (MJ) Bremsenergie zurückgewinnen, weitere zwei MJ können von der MGU-H hinzugenommen werden. Um diese Energie zwischenspeichern zu können, muss der verwendete Akku eine erforderliche Mindestkapazität von vier MJ haben. Umgerechnet in die geläufigere Einheit „kWh" für die im Akku gespeicherte Energie $E_{Akku}$ ergibt:

$$E_{Akku} = 4\,\text{MJ} = 4 \cdot 10^6\,\text{Nm} = 4 \cdot 10^6\,\text{Ws} = 1{,}1\,\text{kWh} \tag{3.2}$$

Dieser Wert für die speicherbare Energie entspricht wieder der Energie, die mittels der MGU-Systeme pro Runde gewonnen werden darf!

Ein Vergleich mit einem Serien-Elektrofahrzeug gibt ein Gefühl für die Größe dieser Zusatzenergie: Mit dieser Energie könnte ein Fahrzeug der Kompaktklasse circa 6 bis 7 km weit fahren. Und verglichen mit dem Energiegehalt herkömmlicher Treibstoffe bedeutet das: Die 1,1 kWh entsprechen etwa dem Energiegehalt von 0,1 l Diesel.

**Bild 3.8** Hybridfahrzeuge in der Formel 1 und in der Serie. Quelle: Daimler AG

### 3.1.3.7 Brennstoffzellenfahrzeug

Der Begriff Brennstoffzellenfahrzeug ist etwas irreführend. Denn die Brennstoffzelle ist weder ein Antriebsaggregat noch ein Energiespeicher. Die Brennstoffzelle dient lediglich dazu, die im **Wasserstoff**, dem eigentlichen Energieträger, chemisch gespeicherte Energie in elektrische Energie umzuwandeln. Diese wird dann entweder in einem Akkumulator, auch hier typischerweise ein Li-Ionen-Akku, zwischengespeichert. Oder sie wird direkt einem Elektromotor zugeführt, der wiederum das Fahrzeug antreibt.

Der Antrieb des Brennstoffzellenfahrzeugs besteht somit aus folgenden Komponenten:

- Elektromotor
- Li-Ionen-Akku
- Wasserstoff-($H_2$-)Speicher
- Brennstoffzelle

Die ersten beiden Baugruppen sind auch die wesentlichen Elemente, die bei den reinen E-Fahrzeugen zum Einsatz kommen. Brennstoffzellenfahrzeuge sind damit normale Elektrofahrzeuge, bei denen lediglich die Energie für den Akku nicht aus der Steckdose, sondern aus dem Wasserstoff kommt. Dieser muss im Fahrzeug mitgeführt werden. Der Wasserstoff übernimmt also die Funktion eines Range Extenders, wenngleich auf völlig anderer technischer Grundlage als die oben beschriebenen Lösungen. Mit diesem Konzept werden Reichweiten von 500 km möglich, es löst damit das Reichweitenproblem der reinen Elektrofahrzeuge. Und falls noch größere Strecken gefahren werden müssen: Das Nachtanken des Wasserstoffs dauert nicht wesentlich länger als das herkömmliche Tanken von Benzin oder Diesel. Voraussetzung für das Nachtanken ist allerdings, dass man eine entsprechende Infrastruktur von Wasserstofftankstellen vorfindet. Das ist bisher nicht gegeben und der Aufbau der Infrastruktur ist deutlich aufwendiger als der Aufbau eines Netzes von Ladesäulen. Für die besteht für den benötigten Strom eine gut vorbereitete Infrastruktur. Demnach können der Nutzen und die Verbreitung von Brennstoffzellenfahrzeugen nur in engem Zusammenhang mit der Bereitstellung eines ausreichend dichten Wasserstoff-Tankstellennetzes diskutiert werden. In den nächsten Abschnitten wird daher auf die Technik der Brennstoffzelle und der Wasserstoffspeicherung im Fahrzeug sowie auf die Bereitstellung des Wasserstoffs eingegangen.

### 3.1.3.8 Funktion der Brennstoffzelle

Es gibt für unterschiedliche Anforderungen auch unterschiedliche Typen von Brennstoffzellen. Die hier folgende Kurzbeschreibung bezieht sich auf die für Fahrzeuganwendungen verwendete **„Proton exchange membrane fuel cell"** (PEMFC), die sich auszeichnet durch hohe Leistungsdichte und gute Dynamik.

Die Brennstoffzelle wandelt in einer elektrochemischen Reaktion die im Wasserstoff gespeicherte chemische Energie in Elektrizität und Wärme um. Dies geschieht in zusammengeschalteten Einzelzellen („Fuel Cell Stack"). Das zentrale Bauteil einer Zelle ist eine mit Platin als Katalysator beschichtete Membran (Proton Exchange Membran, PEM). In der Zelle läuft die klassische Elektrolyse-Reaktion umgekehrt ab. Der Wasserstoff reagiert mit dem Sauerstoff aus der Luft, dabei entsteht neben Strom und Wärme als einziges Reaktionsprodukt reines Wasser in Form von Wasserdampf. Damit gilt die Umwandlung als lokal emissionsfrei. Der Wasserdampf als unschädliches Reaktionsprodukt ist natürlich ausgenommen.

Die Stromproduktion der Zellen erfordert eine Betriebstemperatur von 60 bis 90 °C, was eine Aufheizphase beim Start erfordert. Diese beträgt aber nur wenige Sekunden (e-mobil BW). Wegen dieser Aufheizphase und für schnelle Lastwechsel wird in modernen Brennstoffzellenfahrzeugen zusätzlich ein Akku verwendet, der auch die Bremsenergie bei der Rekuperation speichert. Der Wirkungsgrad solcher Zellen liegt bei etwa 50 bis 60 %. Die kompakte Umsetzung des Brennstoffzellenantriebs in der Praxis zeigt das Bild 3.9:

**Bild 3.9** Das aktuelle Entwicklungsstadium (2014) des Daimler Brennstoffzellenantriebs. Quelle: Daimler AG

### 3.1.3.9 Speicherung des Wasserstoffs im Fahrzeug

Um große Reichweiten zu erreichen, muss die entsprechend große Menge an Wasserstoff im Fahrzeug gespeichert werden. Dies geschieht in modernen Konzepten durch Speicherung von mehreren hundert bar hochkomprimierten Wasserstoffs in mitgeführten Hochdrucktanks. Derzeit setzen sich im Pkw-Bereich Speicherdrücke von 700 bar durch. Für

Busse und größere Nutzfahrzeuge sind Speicherdrücke von 350 bar ausreichend, da bei diesen großen Fahrzeugen der dadurch benötigte größere Bauraum keine entscheidende Rolle spielt. Im nächsten Bild ist ein solcher Speichertank dargestellt:

**Bild 3.10** 700 bar Wasserstofftank, zu Demonstrationszwecken aufgeschnitten. Quelle: Toyota

### 3.1.3.10 Wasserstoffversorgung

Die Möglichkeit, hochkomprimierten Wasserstoff in das Brennstoffzellenfahrzeug zu tanken, ist in zahlreichen Projekten nachgewiesen worden. Der Tankvorgang dauert im Prinzip ähnlich lang wie das Tanken von Diesel und Benzin.

Allerdings ist eine breit nutzbare Infrastruktur an Wasserstofftankstellen noch nicht gegeben. Anfang des Jahres 2014 gab es in Deutschland nur zehn öffentlich zugängliche Wasserstoff-Tankstellen, sechs weitere waren in Planung.

Das bedeutet, der Aufbau einer solchen Struktur steckt noch in den Anfängen. Um dem abzuhelfen, haben sich führende Unternehmen in der „$H_2$Mobility"-Initiative zusammengeschlossen und einen Aktionsplan zum Aufbau eines Wasserstoff-Tankstellennetzes in Deutschland beschlossen. Das Ziel ist, bis zum Jahr 2023 vierhundert Tankstellen aufzubauen. Das ist wenig im Vergleich zur derzeitigen Tankstellendichte für Benziner und Diesel. Davon gibt es in Deutschland ca. 14 500 Stück. Selbst Stromtankstellen gab es in Deutschland bereits 2010 mehr als 800 Stück. Die Entwicklungen werden von Seiten der Bundesregierung unterstützt durch das *Nationale Innovationsprogramm Wasserstoff- und Brennstoffzellentechnologie (NIP)* und das Programm Modellregionen Elektromobilität des Bundesministeriums für Verkehr und digitale Infrastruktur (BMVI). Verantwortlich für die Koordination und Steuerung der Programme ist die NOW GmbH (Nationale Organisation Wasserstoff- und Brennstoffzellentechnologie). Auch in anderen Ländern wie den USA, Japan oder Dänemark gibt es ähnliche Programme mit dem Ziel, die Wasserstoffversorgung für die Elektromobilität deutlich zu forcieren.

### 3.1.3.11 Wie wird der Wasserstoff produziert?

Ein industriell etabliertes Herstellungsverfahren ist beispielsweise die Wasserstoffgewinnung durch die Reformierung von Erdgas. Der Wirkungsgrad beträgt zwischen 60 und 70 %. Eine weitere Möglichkeit besteht in der Elektrolyse von Wasser mit Wirkungsgraden von etwa 60 %. Derzeit wird die Hochtemperaturelektrolyse entwickelt, mit einem erhofften Wirkungsgrad von 90 % (Wirkungsgrad der Stromerzeugung für die Elektrolyse nicht eingerechnet). Rechnet man diesen Wirkungsgrad der Stromerzeugung hinzu und berücksichtigt den Wirkungsgrad der Brennstoffzelle, so ergibt sich eine schlechte Well-To-Wheel-Bilanz hinsichtlich der $CO_2$-Belastung. Das ändert sich aber deutlich, wenn zur Wasserstofferzeugung regenerativ erzeugter Strom genutzt wird. Im Kapitel 8 „Strom für Elektrofahrzeuge" werden Konzepte vorgestellt, wie sich die Wasserstoffproduktion in das Thema Energiewende einpasst (Stichwort E-Gas). Dadurch ergeben sich Argumente aus energiepolitischer Sicht, die durchaus für Brennstoffzellenfahrzeuge sprechen können.

### 3.1.3.12 Beispiele Brennstoffzellenfahrzeuge

Auch wenn Brennstoffzellenfahrzeuge nicht unmittelbar Teil des Nationalen Entwicklungsplanes Elektromobilität sind, so zeigt der Markt doch, dass diese Fahrzeuge in näherer Zukunft eine Rolle spielen werden: Im Jahr 2015 bringt Toyota sein erstes Brennstoffzellenauto auf den Markt. Die Limousine soll nach Herstellerangaben eine ähnliche Reichweite und Fahrleistungen bieten wie konventionell angetriebe Fahrzeuge.

Im Jahr 2017 will dann die Daimler AG das auf der B-Klasse basierende F-Cell-Modell, zuerst wohl in Amerika, anbieten (siehe Bild 3.11).

**Bild 3.11** Schnittmodell des Brennstoffzellenfahrzeugs B-Klasse F-Cell.
Quelle: Daimler AG

Nach aktualisierten Plänen bietet Daimler wohl zuerst den Mercedes GLC F_Cell an, bei dem Elektromotor und Brennstoffzelle gemeinsam im Motorraum Platz finden. Das Fahrzeug soll zur IAA 2017 präsentiert werden. Aber nicht nur im Pkw-Bereich werden solche Konzepte erprobt. In Stuttgart beispielsweise wird von den dortigen Straßenbahnbetrieben die Alltagstauglichkeit von Prototypen des Stadtbusses Citaro Fuel-Cell-Hybrid (Mercedes-Benz) getestet. Die Busse haben auf dem Dach nicht nur eine Brennstoffzelle und sieben Wasserstofftanks installiert, dort befindet sich auch eine Lithium-Ionen-Batterie als weiterer Energiespeicher. Angetrieben wird der Bus über Radnabenmotoren an der Hinterachse. Damit wird auch deutlich, dass vergleichbare Konzepte für große Nutzfahrzeuge denkbar sind. Ein weiteres Angebot startete im Sommer 2016: Der Industriegasehersteller Linde bietet in München den Carsharing-Service „BeeZero" an. Als Fahrzeuge werden 50 Exemplare des Brennstoffzellen-Modells „Hyundai ix35 Fuel Cell" eingesetzt.

## 3.2 Elektrobusse

In verschiedenen Projekten in Deutschland und weltweit wird die Verwendung von Elektrobussen getestet. Diese werden wie Elektroautos durch Elektromotoren angetrieben, die von Akkus versorgt werden. Sie können damit die Vorteile des Elektroantriebs, insbesondere die geringe Geräuschentwicklung und die lokale Emissionsfreiheit, vor allem beim Ein- und Ausfahren aus der Haltestelle und in besonders belasteten Stadtgebieten nutzen. Da aber die Reichweite des reinen Elektroantriebs nicht ausreicht, werden Hybridbusse verwendet. Der zweite Antrieb ist ein Dieselmotor, der in den weniger belasteten Gebieten der Fahrstrecke eingesetzt wird. Oder es wird als zweite Energiequelle Wasserstoff in einem Brennstoffzellen-Hybridbus zur Reichweitenverlängerung genutzt.

**Bild 3.12** Brennstoffzellenbus im Praxistest

## 3.3 Elektro-Nutzfahrzeuge

Vor allem für den Güternahverkehr werden inzwischen kleinere Elektro-Nutzfahrzeuge, wie beispielsweise der Renault Kangoo, eingesetzt. Es gibt aber auch Konzepte, Lkws mit Elektroantrieb für den Güterverkehr einzusetzen. Beispiel hierfür ist der Lkw E-Force 1, der derzeit in der Region Zürich im täglichen Versorgungsverkehr getestet wird. Es ist ein 18-Tonnen-Lkw mit rein elektrischem Antrieb. Er verfügt über 300 kW Leistung, maximale Geschwindigkeit ist 87 km/h und hat eine Reichweite von 200 bis 300 km. Die Akkus können in 4 bis 6 h vollgeladen werden (Ladeleistung 44 kW), es gibt aber auch die Möglichkeit, mit Batteriewechsel zu arbeiten. Das Fahrzeug ist so konstruiert, dass ein Akkuwechsel in fünf Minuten durchgeführt werden kann.

Bild 3.13 Elektro-Lkw für den regionalen Güterverkehr. Quelle: E-FORCE ONE AG

# 3.4 Elektrofahrräder

Die Anzahl der Elektrofahrräder in den letzten Jahren hat nicht nur in Deutschland sehr stark zugenommen. Die Millionengrenze wurde bereits 2012 überschritten. Wegen des immer noch stark wachsenden Markts werden sie hier genauer untersucht.

Der Begriff Elektrofahrräder überschreibt unterschiedliche Konzepte, die sich wie folgt präzisieren lassen. Es gibt:

- Pedelecs (Pedal Electric Cycle)
  Diese unterstützen den Fahrer mit einem Elektromotor bis maximal 250 Watt nur während des Tretens und nur bis zu einer Geschwindigkeit von 25 km/h. Gemäß Paragraf 1 Absatz 3 des Straßenverkehrsgesetzes ist es dem Fahrrad rechtlich gleichgestellt. Dies gilt auch für Pedelecs mit Anfahrhilfe bis 6 km/h.
- Schnelle Pedelecs
  Sie unterstützen den Fahrer mit einem Elektromotor bis maximal 500 Watt nur während des Tretens und bis zu einer Geschwindigkeit von 45 km/h und gehören daher nicht mehr zu den Fahrrädern, sondern zu den Kleinkrafträdern. Sie unterliegen auch den entsprechenden gesetzlichen Anforderungen, Fahrer benötigen also eine Mofa-Prüfbescheinigung (somit gilt ein Mindestalter von 15 Jahren) oder einen gültigen Führerschein jeglicher Art. Das schnelle Elektrofahrrad braucht ein Versicherungskennzeichen.
- E-Bikes
  Diese sind mit einem Elektromofa zu vergleichen und lassen sich elektrisch fahren, auch ohne in die Pedale zu treten. Wird die Motorleistung von 500 Watt und eine

Höchstgeschwindigkeit von maximal 20 km/h nicht überschritten, gelten diese Fahrzeuge ebenfalls als Kleinkraftrad (früher: Leicht-Mofa).

### 3.4.1 Bauformen von Elektrofahrrädern

Ähnlich wie bei den Autos brauchen E-Fahrräder einen Elektromotor, einen Akku und eine Steuerungselektronik, die den Energieeinsatz entsprechend dem Fahrerwunsch steuert.

**Motoren**

Als Elektromotoren kommen robuste und leicht regelbare Gleichstrommotoren zum Einsatz, mit einer Spannung von 24 bis 48 V. Zunehmend nutzt man dabei die praktisch verschleißfreien bürstenlosen Motoren. Konstruktiv lassen sich folgende Varianten beobachten:

- Frontmotor
- Heckmotor
- Mittelmotor

Der **Frontmotor** ähnelt einem Nabendynamo, ist aber etwas größer und mit einer Masse von 2 kg auch etwas schwerer. Er ist am einfachsten mit dem Gesamtrad kombinierbar, da er weder Kettenantrieb noch Schaltung konstruktiv beeinflusst. Auch eine Rücktrittbremse ist mit ihm kombinierbar. Bei rutschigem Untergrund kann das zusätzliche Gewicht das Fahrverhalten negativ beeinflussen (Wegrutschen des Vorderrades beim Kurvenfahren).

**Bild 3.14** Elektrofahrrad mit Frontmotor

Grundsätzlich ist mit diesem Konzept eine Rekuperation möglich, wird in der Praxis aber nicht angewendet. Ein Grund dafür ist die erhöhte Gefahr des erwähnten Wegrutschens des Vorderrades.

Ähnlich unkompliziert in die Radkonstruktion zu integrieren wie der Frontmotor ist auch der **Heckmotor**, auch Hinterradnabenmotor genannt. Allerdings ist damit eine Rücktrittbremse nicht mehr möglich (siehe Bild 3.15). Mit diesem Konzept ist die Rekuperation möglich und wird auch angewendet.

**Bild 3.15** Elektrofahrrad mit Heckmotor

Universell einsetzbar und auf dem Markt stark vertreten sind die **Mittelmotoren**, die auf die Tretachse „parallel" zum Antritt des Fahrers wirkt. Aus diesem Grund wird der Motor auch als Tretlagermotor bezeichnet. Seine mittige und tiefe Position wirkt sich positiv auf die Stabilität des Rads beim Fahren aus. Die Lage des Motors am „Beginn" des Antriebsstrangs hat die negative Konsequenz, dass die anderen Komponenten des Antriebs, wie Kettenblätter und Kette, deutlich stärker belastet werden als bei den beiden anderen Konzepten.

**Bild 3.16** Elektrofahrrad mit Mittelmotor

Die Motoren haben typischerweise eine Leistung von 250 W und bieten eine Unterstützung im Bereich von 200 % bis zu 400 %, je nach Motor und wählbarem Fahrmodus. Die Masse liegt zwischen 3,5 und 4 kg.

**Akku**

Als Energiespeicher kommen bei den Elektrofahrrädern inzwischen fast nur Li-Ionen-Akkus vor, die typischerweise Kapazitäten zwischen 400 bis 600 Wh aufweisen. Die Kosten liegen dabei zwischen 600 € bis 1000 €, sie sind damit das teuerste Einzelbauteil solcher Räder. Da diese Akkus eine begrenzte Lebensdauer haben, kommt den Garantieleistungen eine besondere Bedeutung zu. Diese sind aber nicht einheitlich, teilweise wird die Garantiedauer festgelegt (24 Monate), teilweise auch die Anzahl der Ladezyklen (500 Vollladezyklen). In diesen Grenzen darf die Akkukapazität einen bestimmten Wert für die Kapazität nicht unterschreiten (zum Beispiel 60 % vom Anfangswert). Die Masse der eingesetzten Akkus liegt zwischen 2,5 und 3 kg.

Die Akkus entstehen durch Zusammenschaltung von Einzelzellen und Zusammenfassung in einem Gehäuse. Um Ungleichheiten der Einzelzellen beim Laden und Entladen zu kompensieren, wird ein Batterie-Management-System eingesetzt. So werden Einzelzellen vor Überladung oder Tiefentladung geschützt. Als Ladezeit für diese Akkus müssen, je nach Kapazität, 3 bis 6 Stunden in Kauf genommen werden.

Durch die Zusatzgewichte der neuen Komponenten kommen Elektrofahrräder auf ein Gewicht von etwa 25 kg, was sich natürlich beim Fahren ohne Zusatzantrieb und auch beim Handling („in den Keller" tragen) negativ auswirkt – und auch die Reichweite reduziert. Ebenso müssen die Bremsen für diese zusätzlichen Massen ausgelegt sein.

### 3.4.2 Reichweite von Elektrofahrrädern

Die Reichweite von Elektrorädern zu bestimmen ist schwierig, da sie von den Umgebungsbedingungen (Straßenbelag, Steigungen usw.) genauso abhängt wie vom Fahrstil und dem gewählten Unterstützungsmodus. Einige Hersteller geben daher einen Reichweitenbereich an, der durchaus den Faktor vier zwischen größter und kleinster Reichweite umspannen kann. Als Anhaltswerte kann man von 50 bis 100 km Gesamtreichweite ausgehen.

**Überschlagsrechnung** zur Abschätzung der Reichweite von Elektrofahrrädern:

Ausgegangen wird von einem Durchschnittsradfahrer mit einer Dauerleistung von 100 Watt.

1. Annahme, konventionelles Fahrrad: Mit diesen 100 W Dauerleistung schafft der Radfahrer einen Geschwindigkeits**mittel**wert mit einem herkömmlichen Fahrrad von 13 km/h (abhängig vom Streckenprofil).
2. Annahme, Elektrorad: Nimmt man jetzt modellhaft an, der Elektromotor unterstützt den Fahrer mit der gleichen **Leistung**, wie sie der Fahrer selbst

aufbringt **(100 W)**, so wird sich die Durchschnittsgeschwindigkeit deutlich erhöhen. Allerdings wird sie sich nicht verdoppeln, da ein E-Fahrrad das höhere Gewicht hat, und der Luftwiderstand wegen der höheren Geschwindigkeit überproportional ansteigt. Die neue Durchschnittsgeschwindigkeit betrage dann 20 km/h.

3. Annahme, Akkukapazität und Fahrdauer: Bei einer (angenommenen) Akkukapazität von 500 Wh kann der Motor den Fahrer **5** Stunden unterstützen. (**100** W **5** h = 500 Wh)

**Ergebnisse**:

1. Reichweite $s$ mit Elektro-Unterstützung:

$$S = 5\,\text{h}\, 20\,\frac{\text{km}}{\text{h}} = 100\,\text{km Reichweite} \tag{3.3}$$

(elektrisch unterstützt)

2. Reichweite $s$ ohne Unterstützung:

$$S = 5\,\text{h}\, 13\,\frac{\text{km}}{\text{h}} = 65\,\text{km Reichweite} \tag{3.4}$$

(ohne Unterstützung, gleiche Fahrzeit)

## 3.5 Weitere Elektrofahrzeuge

Neben Autos, Lastwagen und Bussen werden auch noch bei anderen Fahrzeugen, wie beispielsweise Motorrädern und Flugzeugen, die Verbrennungsmotoren durch Elektromotoren ersetzt. Da bei diesen Fahrzeugen das Akkugewicht eine größere Rolle spielt, hängt ihr Durchbruch auf dem Markt besonders von den weiteren Verbesserungen hinsichtlich der Leistungsdichte der Akkus ab. Es gibt aber auch hier schon vielversprechende Ansätze. Und es gibt auch Fahrzeuge, wie den Segway, die ohne Elektroantrieb nicht umsetzbar wären.

### 3.5.1 Segway

Eine besondere Variante eines (reinen) Elektrofahrzeugs ist der Segway. Bei ihm steht der Fahrer auf einer Plattform, die zwischen zwei Antriebsrädern angeordnet ist. Beide Räder werden von je einem Gleichstrommotor angetrieben. Über die Neigung der Lenkstange und die Gewichtsverlagerung des Fahrers wird das Fahrzeug gesteuert. Bewegt der Fahrer die Lenkstange nach links oder rechts, steuert der Segway in die entsprechende Richtung, indem er die Räder mit unterschiedlichen Drehzahlen drehen lässt und so die Kurvenfahrt, ähnlich wie es von den Kettenfahrzeugen bekannt ist, verursacht. Das Fahren, Beschleunigen oder Bremsen wird durch Gewichtsverlagerung des Fahrers initiiert. Neigt sich der Fahrer nach vorne, wird das durch Neigungssensoren erfasst. Damit er nicht nach vorne abkippt, müssen die Räder zum Ausgleich (unterhalb des Schwerpunkts des Systems Fahrzeug und Fahrer) nach vorne beschleunigen und so das Kippmoment ausgleichen. Über den Grad der Neigung wird die Beschleunigung bestimmt. Ähnlich funktioniert es beim Bremsen. Die Verzögerung wird nicht durch ein Bremssystem (das es nicht gibt) realisiert. Vielmehr muss sich der Fahrer nach hinten lehnen. Um des Abkippen zu verhindern veranlasst die Regelung des Segways eine Verzögerung der Räder, die dem Rückwärtskippen entgegenwirkt. Beim Verzögern kann der Segway über Rekuperation den Akku aufladen, was zu einer Reichweitenverlängerung führt. Die beschriebenen Vorgänge erfordern vom Fahrzeug eine ausgeklügelte Regelung, die Fahrer und Fahrzeug dynamisch stabilisiert. Die Bedienung erfolgt intuitiv und lässt sich in wenigen Minuten lernen.

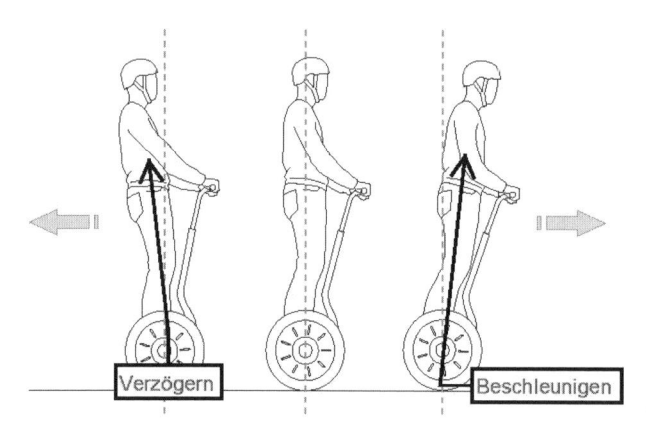

**Bild 3.17** Beschleunigen und Bremsen beim Segway.
Quelle: Segway

**Technische Daten:**

- maximale Geschwindigkeit: 20 km/h
- Akku: Lithium-Ionen-Akku mit einer Kapazität von 5,8 Ah bei 73,6 V (ergibt nominell eine Kapazität von 427 Wh)
- Reichweite: 25 bis 39 km (Herstellerangabe, abhängig von Untergrundverhältnissen, Fahrstil etc.)
- Ladezeit 8 bis 10 h, normale Haushaltssteckdose über integriertes Ladegerät

**Bild 3.18** Segway, zur Auswertung einer Testfahrt im Labor

## 3.5.2 Elektromotorräder

Auf dem Markt werden mehrere Elektro-Scooter und -motorräder mit durchaus respektablen Fahrleistungen angeboten. Sie zeigen das Potential, aber auch die Grenzen gerade hinsichtlich der Reichweite solcher Konzepte.

**Bild 3.19** Kein Auspuff, leise und trotzdem schnell: Elektromotorrad

**Markante Beispiele**

- BMW C Evolution mit einer Nennleistung von 11 kW (Spitzenleistung 35 kW), einer Spitzengeschwindigkeit von 120 km/h und einer Reichweite von ca. 100 km (Herstellerangabe)
- Harley-Davidson (geplant): Leistung 55 kW, max. Geschwindigkeit 148 km/h, Praxisreichweite: 85 km

### 3.5.3 Elektroflugzeuge

Für 2017 plant die Airbus Group das Serienmodell E-Fan, das eine Gesamtmasse von 500 kg hat und 220 km/h schnell fliegen kann. Es wird angetrieben mit einem 60-kW-Elektromotor und kann etwa 1 Stunde fliegen. Die geringe Flugzeit deutet darauf hin, dass mit diesem Typ zunächst grundsätzlich Erfahrung gesammelt werden soll.

# 4 Grundlagen Kfz-Antriebe

Um die Leistungsfähigkeit und das Potential von Elektroantrieben abschätzen zu können, muss man sie im Vergleich zu anderen Kfz-Antrieben betrachten. Auch um das effektive Zusammenspiel der Antriebsarten in den Hybridfahrzeugen beurteilen zu können, muss man die Grundlagen der unterschiedlichen Antriebsarten heranziehen.

## 4.1 Übersicht Antriebe

Als Kfz-Antriebe kommen derzeit hauptsächlich folgende Antriebsarten zum Einsatz:
- **Verbrennungsmotoren** (Viertaktmotoren) ausgeführt als
  - Ottomotoren
  - Dieselmotoren
  - Erdgas (CNG)-Motoren
- **Elektromotoren**
- **Hybridantriebe:** Kombinationen Verbrennungsmotor und Elektromotor mit folgenden Möglichkeiten für die Energiespeicherung
  - Lithium-Ionen-Akku
  - $H_2$+Brennstoffzelle

Weitere Konzepte wie Zweitaktmotoren, Wasserstoff-Ottomotoren werden derzeit nicht (mehr) diskutiert. Zu einem Antriebsstrang gehören bei herkömmlichen Antrieben standardmäßig: Motor, Kupplung, Schaltgetriebe, Kardanwelle und Achsgetriebe mit Differenzial. In diesem Kapitel wird zunächst die Funktion des Verbrennungsmotors näher beschrieben. Die Besonderheiten des Elektroantriebs folgen im Kapitel 5.

## 4.2 Verbrennungsmotor

In diesem Abschnitt werden die grundsätzlichen Zusammenhänge bei den Verbrennungsmotoren beleuchtet. Sie sind besonders wichtig für das spätere Verständnis der unterschiedlichen Hybrid-Konzepte.

## 4.2.1 Funktion Viertaktmotor

Sowohl der Diesel- als auch der Ottomotor funktionieren nach dem Viertaktprinzip. Dieses Grundprinzip soll hier am Beispiel Ottomotor erklärt werden. Bei Viertakt-Verbrennungsmotoren treiben Kolben durch Auf- und Abwärtsbewegung die Kurbelwelle an. Diese entstehende Drehbewegung wird über das Getriebe und ein Differenzialgetriebe an die Räder weitergeleitet, die das Fahrzeug antreiben.

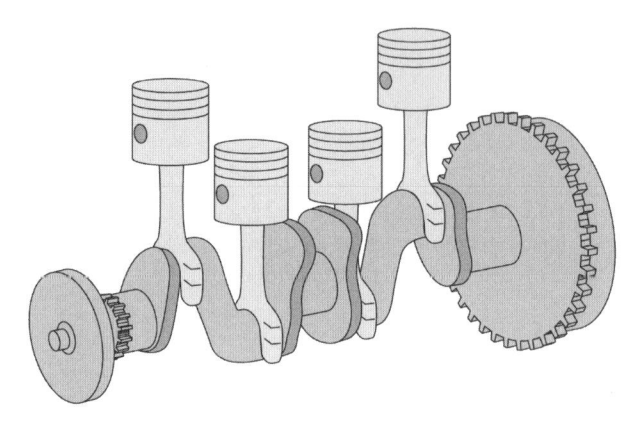

**Bild 4.1** Viertaktmotor, Zylinder und Kurbelwelle zur Drehübertragung.
Quelle: Ernst Klett Verlag GmbH

Für zunächst einen Zylinder werden nachfolgend die vier Takte eines Ottomotors beschrieben:

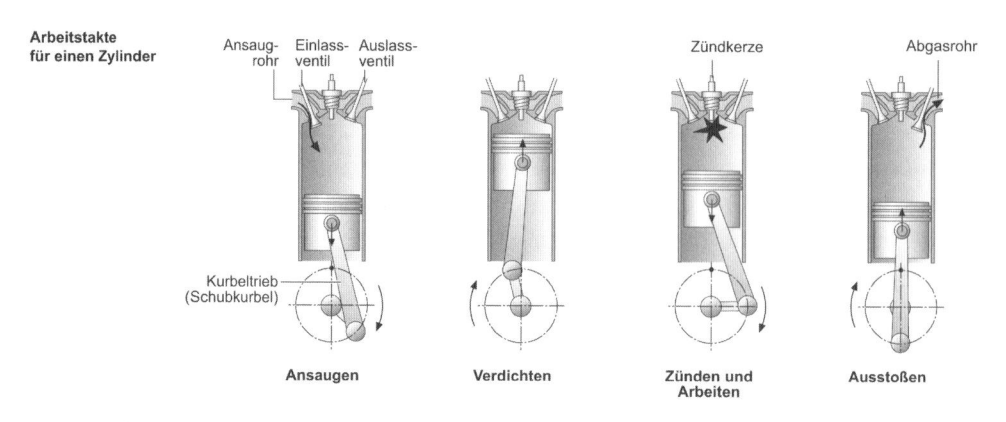

Bild 4.2 Ottomotor, vier Takte. Quelle: Ernst Klett Verlag GmbH

- Erster Takt: Ansaugen
  Über ein von der Nockenwelle gesteuertes Einlassventil saugt der Kolben infolge seiner Abwärtsbewegung ein zündfähiges Luft-Kraftstoff-Gemisch ein.
- Zweiter Takt: Verdichten
  Durch die Aufwärtsbewegung des Kolbens bis zum oberen Totpunkt bei geschlossenen Ventilen wird das Gemisch verdichtet und erwärmt sich dadurch.

- Dritter Takt: Arbeiten

  Im oberen Totpunkt (je nach Betriebszustand auch kurz davor oder dahinter) zündet die Zündkerze das Gemisch und leitet die Verbrennung ein. Durch die chemische Reaktion und die dadurch entstehenden Reaktionsgase steigt der Druck im Verbrennungsraum, der Kolben wird aktiv nach unten gedrückt. Er verrichtet dadurch die Arbeit, die in der Folge als Antriebsenergie an den Rädern genutzt wird.

- Vierter Takt: Ausstoßen

  Die heißen Verbrennungsgase werden im vierten Takt durch die Aufwärtsbewegung des Kolbens durch das geöffnete Auslassventil in den Auspufftrakt geschoben.

Anschließend beginnt der Zyklus von vorn. Die Analyse der vier Takte zeigt, dass ein Durchlauf zwei Umdrehungen der Kurbelwelle benötigt. Dagegen dreht die Nockenwelle in der gleichen Zeit nur eine Umdrehung, die Kurbelwelle hat die doppelte Drehzahl wie die Nockenwelle. Die Nockenwelle steuert die Ein- und Auslassventile und den Zündzeitpunkt.

Die vier Takte mit nur einem Arbeitstakt führen zu einer diskontinuierlichen Drehmomententfaltung. Jedoch werden in einem Verbrennungsmotor mehrere Zylinder verwendet. Die Viertakt-Zyklen der verschiedenen Zylinder sind durch die Kurbelwelle gleichmäßig versetzt und tragen so zu einer gleichmäßigeren Drehmomentabgabe bei.

Bei einem Vier-Zylindermotor ergibt sich folgender Ablauf der versetzten Takte:

Tabelle 4.1 Die vier Takte des Ottomotors bei vier Zylindern

| Zylinder 1 | Zylinder 2 | Zylinder 3 | Zylinder 4 |
| --- | --- | --- | --- |
| Ansaugen | Ausstoßen | Verdichten | **Zünden + Arbeitstakt** |
| Verdichten | Ansaugen | **Zünden + Arbeitstakt** | Ausstoßen |
| **Zünden + Arbeitstakt** | Verdichten | Ausstoßen | Ansaugen |
| Ausstoßen | **Zünden + Arbeitstakt** | Ansaugen | Verdichten |

Nur die fett gedruckten Takte verrichten Arbeit, nur sie tragen zur Drehmomenterzeugung bei.

### Was ist der Unterschied zwischen Otto- und Dieselmotor (Direkteinspritzer)?

Während beim Ottomotor (Benzinmotor) der Arbeitstakt durch Zünden des zündfähigen Gemisches durch die Zündkerze eingeleitet wird, geschieht dies beim Dieselmotor ohne Zündkerze durch Selbstentzündung. Das ist möglich, weil durch die deutlich höhere Verdichtung des Dieselmotors so hohe Temperaturen im Zylinder entstehen, dass sich ein Diesel-Luft-Gemisch selbst entzünden kann. Damit die Selbstzündung nicht zu unkontrollierten und für den Motor schädlichen Zündpunkten kommt, wird die Selbstzündung durch einen sehr präzisen Einspritzzeitpunkt des Dieselkraftstoffs direkt in den Brennraum initiiert. Voraussetzung für eine saubere Verbrennung ist dabei neben dem exakten Zündbeginn eine sehr gute Durchmischung des Diesels mit der komprimierten, heißen Luft. Möglich wird dies durch die feinste Zerstäubung des Kraftstoffes, der mit hohem Druck (mehr als 2000 bar) über die Einspritzventile (Injektoren) eingespritzt wird.

Eine weitere Folge der höheren Verdichtung und den dadurch resultierenden höheren Temperaturen ist der im Vergleich zum Benziner höhere thermodynamische Wirkungsgrad beim Dieselmotor. Zusammen mit dem höheren Energiegehalt des Dieselkraftstoffs führt dies zu den bekannten Verbrauchsvorteilen von Dieselmotoren.

### 4.2.2 Leistung, Drehmoment und Verbrauch des Verbrennungsmotors

Der Verbrennungsmotor ist, wie bereits beschrieben, eine Kraftmaschine, welche die chemische Energie des Kraftstoffs in mechanische Arbeit zum Antrieb des Motors und damit des Fahrzeugs umsetzt:

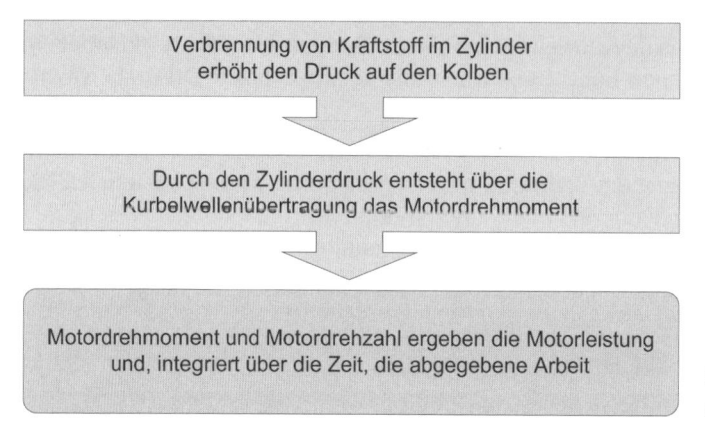

```
Verbrennung von Kraftstoff im Zylinder
erhöht den Druck auf den Kolben
            ↓
Durch den Zylinderdruck entsteht über die
Kurbelwellenübertragung das Motordrehmoment
            ↓
Motordrehmoment und Motordrehzahl ergeben die Motorleistung
und, integriert über die Zeit, die abgegebene Arbeit
```

**Bild 4.3** Grundfunktion des Verbrennungsmotors

Um die Effizienz eines Motors zu beurteilen, wird der spezifische Kraftstoffverbrauch, $b_e$, des Motors gemessen. Dazu wird für jeden Drehmoment-Drehzahl-Arbeitspunkt der Kraftstoffverbrauch bezogen auf die abgegebene Motorarbeit bestimmt und in dem sogenannten Verbrauchskennfeld dargestellt, wie es nachfolgend für einen typischen Dieselmotor skizziert ist (Bild 4.4).

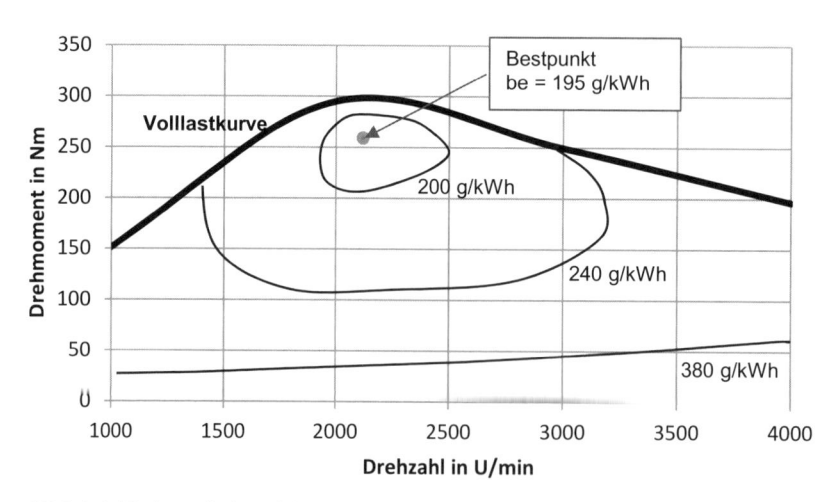

**Bild 4.4** Verbrauchskennfeld eines Pkw-Dieselmotors

In dieses Kennfeld sind die Linien konstanten spezifischen Verbrauchs als „Höhenlinien" eingezeichnet. Wegen des charakteristischen Aussehens wird diese Darstellung auch als Muschel-Diagramm bezeichnet. Es ist zu erkennen, dass der spezifische Kraftstoffverbrauch ein Minimum nahe der Volllastkurve aufweist, dieser Arbeitspunkt wird als „**Bestpunkt**" bezeichnet. An allen anderen Betriebspunkten ist der spezifische Verbrauch des Motors höher. Besonders bei kleinen Drehmomentbereichen, im Teillast- und Leerlaufbetrieb, steigt er deutlich an.

Das nachfolgend dargestellte Verbrauchskennfeld eines typischen Ottomotors (Bild 4.5) zeigt einige signifikante Unterschiede zu den Verhältnissen beim Dieselmotor.

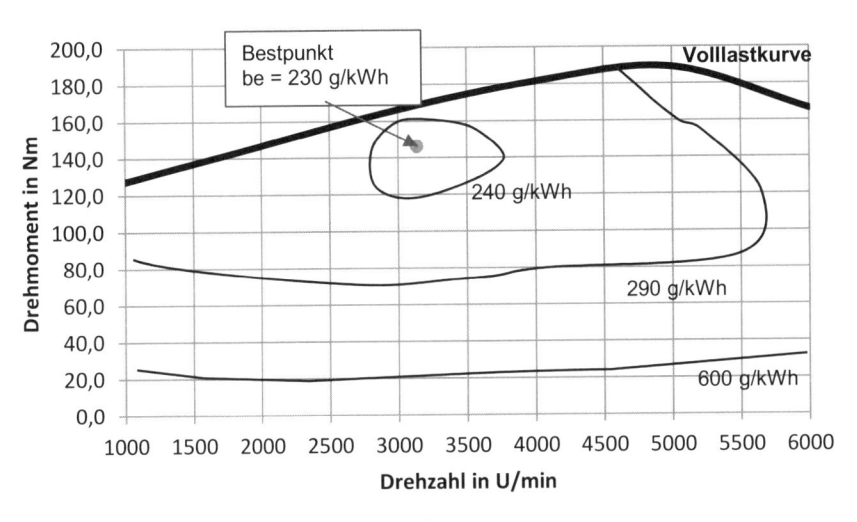

**Bild 4.5** Verbrauchskennfeld eines Pkw-Ottomotors

Es lassen sich folgende grundsätzliche Unterschiede zwischen Diesel- und Ottomotor feststellen:

1. Die Drehzahlen des Ottomotors sind deutlich höher als die beim Dieselmotor.
2. Das maximale Motordrehmoment des Ottomotors ist konstruktionsbedingt geringer.
3. Der spezifische Verbrauch ist beim Ottomotor höher. Insbesondere bei kleinen Lasten und nahe dem Leerlauf sogar deutlich höher!

Grundsätzlich gilt für beide Motorarten: Um Verbrennungsmotoren nahe an den Bereichen mit geringen Verbrauchswerten zu betreiben, ist ein möglichst feinstufiges Getriebe erforderlich. Dieses ermöglicht, den Motor weitgehend unabhängig von der Fahrzeuggeschwindigkeit nahe dem Drehzahlbereich mit günstigem Verbrauch zu betreiben. Konkret bedeutet dies, die Getriebestufe ist jeweils so zu wählen, dass der Motor mit geringen Drehzahlen, aber höheren Lasten betrieben wird. Verbrauchsanzeigen unterstützen den Fahrer mit entsprechenden Schalthinweisen in dieser verbrauchssparenden Strategie.

## 4.2.2.1 Energiebilanz und Berechnung des Wirkungsgrads aus dem spezifischen Verbrauch

Der spezifische Verbrauch stellt das Verhältnis von zugeführter Kraftstoffmenge und der vom Motor abgegebenen Arbeit dar. Daraus kann der Wirkungsgrad für jeden Arbeitspunkt des Motors nach folgendem Schema berechnet werden:

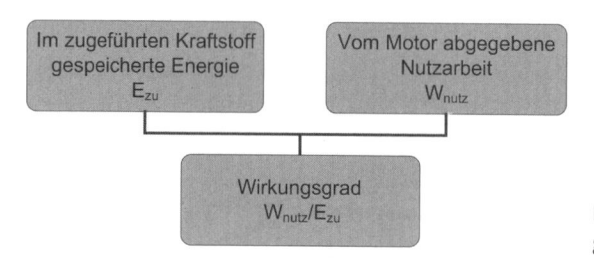

**Bild 4.6** Bestimmung des Wirkungsgrads eines Verbrennungsmotors

### Berechnung der dem Motor zugeführten Energie

Der spezifische Verbrauch, $b_e$, bestimmt die Kraftstoffmenge, die der Motor verbraucht, wenn er eine **Nutzarbeit** von $W_{Nutz}$ = 1 kWh abgibt. Die dabei diesem Prozess zugeführte Arbeit, $W_{zu}$, ergibt sich aus der im zugeführten Kraftstoff **chemisch gespeicherten Energie** $E_{zu}$. Diese Energie (bezogen auf die Kraftstoffmenge) ist thermodynamisch gesehen der untere Heizwert, $H_u$, und lässt sich aus entsprechenden Tabellen herauslesen (siehe Tabelle 4.2).

Die Werte für den Energiegehalt in der Literatur streuen etwas, was unter anderem auch an der streuenden Kraftstoffqualität liegt. Im Folgenden werden die Angaben des JEC (JEC – Joint Research Centre-EUCAR-CONCAWE collaboration) verwendet. Es lassen sich daraus für Benzin und Diesel folgende Werte angeben.

**Tabelle 4.2** Kraftstoffkennwerte

| Kraftstoff | Dichte in kg/l | Hu in MJ/kg | Hu in MJ/l | Hu in kWh/kg | Hu in kWh/l |
|---|---|---|---|---|---|
| Benzin | 0,745 | 43,2 | 32,2 | 12,0 | 8,9 |
| Diesel | 0,832 | 43,1 | 35,9 | 12,0 | 10,0 |

Zu erkennen ist, dass der Energiegehalt von Diesel und Benzin bezogen auf die Masse den gleichen Wert hat. Bezieht man den Energiegehalt auf das Volumen, so hat Diesel wegen seiner höheren Dichte einen um mehr als 10 % höheren Wert.

Für die Berechnung der **zugeführten Energie**, $E_{zu}$, gilt dann:

$$E_{zu} = H_u b_e 1\,\text{kWh} \qquad (4.1)$$

### Berechnung des Wirkungsgrads

Aus dem Verhältnis von mechanischer Nutzarbeit zur eingesetzten Energie des Kraftstoffs ergibt sich der Wirkungsgrad:

$$\eta = W_{Nutz} / E_{zu} \qquad (4.2)$$

Der Wirkungsgrad lässt sich aus den Angaben im Verbrauchskennfeld für jeden Arbeitspunkt berechnen. Das nachfolgende Diagramm zeigt die Abhängigkeit des Wirkungsgrads vom Motordrehmoment vom Leerlauf bis zur Volllast. Diese Wirkungsgrade wurden berechnet für die Drehzahl, die durch den Bestpunkt bestimmt ist. Der Verlauf ist einmal für einen Dieselmotor und einen Ottomotor aufgezeichnet (siehe Bild 4.7).

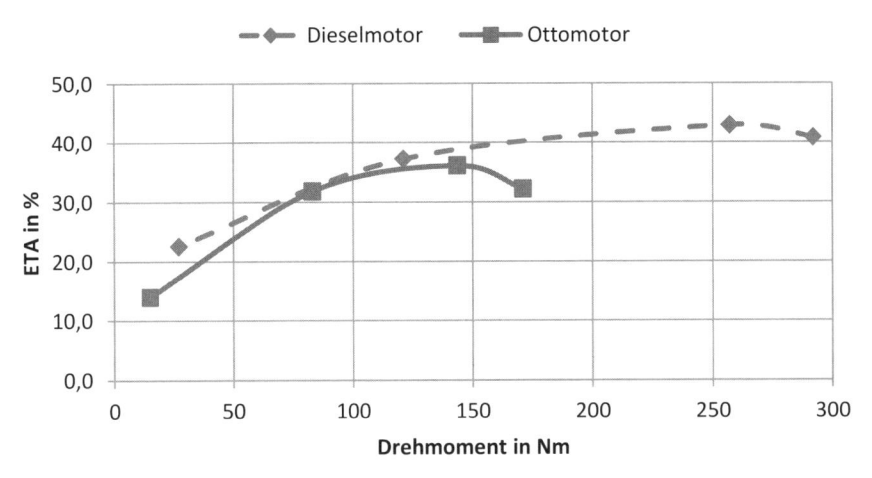

**Bild 4.7** Wirkungsgrad von Leerlauf (kleines Drehmoment) bis Volllast (großes Drehmoment)

Es ist zu erkennen, dass der maximal erreichte Wirkungsgrad des Dieselmotors signifikant höher ist als der des Ottomotors. Aber selbst im günstigsten Fall liegt er noch unter 50 %. Insbesondere bei kleineren Lasten sinkt er deutlich ab. Weiter sieht man, dass der Dieselmotor bei der Bestpunkt-Drehzahl ein wesentlich höheres Drehmoment aufweist. Das maximale Drehmoment des Ottomotors liegt nicht in der Nähe der Bestpunkt-Drehzahl, sondern bei höheren Drehzahlen, bei denen der spezifische Verbrauch höher und damit der Wirkungsgrad geringer ist. Auch das trägt dazu bei, dass Dieselmotoren einen insgesamt günstigeren Gesamtverbrauch haben.

### 4.2.2.2 Lastanhebung bei Hybridfahrzeugen

Wird der Verbrennungsmotor in einem Arbeitspunkt mit geringem Wirkungsgrad betrieben, beispielsweise bei kleinen Lasten, so führt das wegen des schlechten Wirkungsgrads zu einem hohen Kraftstoffverbrauch. Bei einem Hybridfahrzeug besteht die Möglichkeit, den Verbrennungsmotor mit einer zusätzlichen Last zu beaufschlagen, indem er neben dem Antrieb des Fahrzeugs noch den Generator bzw. den Elektromotor des Hybridfahrzeugs antreibt (siehe Hybridantrieb, Bild 4.8). Der Verbrennungsmotor kommt dann wegen der höheren Belastung in einen günstigeren Wirkungsgradbereich und der mit der Zusatzenergie angetriebene Generator (bzw. der als Generator geschaltete Elektromotor) kann damit den Akku mit Strom versorgen und ihn so aufladen. Diese zusätzliche Leistungsabgabe an das Elektrosystem wird als Lastanhebung bezeichnet. Sie hat den Vorteil, dass der eingesetzte Kraftstoff wegen des höheren Wirkungsgrads energetisch besser ausgenutzt wird. Der Gesamtverbrauch sinkt. Ziel beim Betrieb eines Hybrids ist es folglich, den Betriebspunkt des Verbrennungsmotors durch die „Lastanhebung" immer in Richtung des besseren Wirkungsgrads zu verschieben.

Aber auch durch Lastabsenkung (bezogen auf den Verbrennungsmotor) kann ein Hybridkonzept Verbrauchsvorteile erzielen: Bei hohem Drehmomentbedarf, der über dem Bestpunkt im Verbrauchskennfeld liegt, wird der Verbrennungsmotor nur bis zum besten Wirkungsgrad belastet. Der zusätzliche Drehmoment- und Leistungsbedarf wird dann durch den effektiveren Elektromotor, versorgt durch den Akku, hinzugeschaltet.

**Bild 4.8** Hybridantrieb, Kombination aus Verbrennungsmotor (links) und Elektroantrieb (rechts). Quelle: Toyota

Besonders wirkungsvoll ist die Lastanhebung beim Ottomotor, da er die größeren Wirkungsgradunterschiede hat (siehe Bild 4.9).

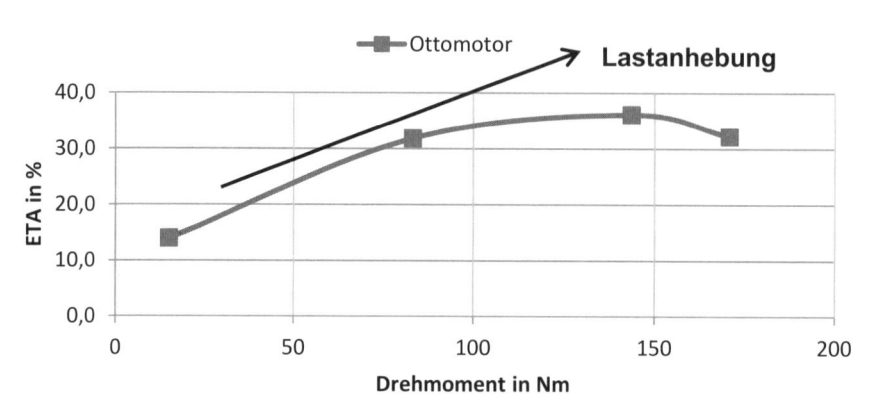

**Bild 4.9** Lastanhebung durch Zusatzbelastung durch das Elektrosystem

### 4.2.2.3 Berechnung der Motorleistung im Verbrauchskennfeld

Grundsätzlich lässt sich die abgegebene Leistung eines Motors nach den Mechanik-Gesetzen der Rotation aus dem abgegebenen Drehmoment und der Motordrehzahl berechnen. Beide Größen sind im Verbrauchskennfeld gegeneinander aufgetragen, so dass für jeden Arbeitspunkt die jeweilige Motorleistung berechnet werden kann. Nach den Gesetzen der Technischen Mechanik gilt:

$$P_{Mot} = M_{Mot}\omega \tag{4.3}$$

Mit

$P_{Mot}$: Motorleistung in W

$M_{Mot}$: Motordrehmoment in Nm

$\omega$: Kreisfrequenz in rad/s

Das Motordrehmoment kann aus dem Verbrauchskennfeld direkt abgelesen werden. Die Drehzahl $n$, im Kennfeld angegeben in U/min, muss noch in die Kreisfrequenz

$$\omega = 2\pi f = 2\pi n / 60 \tag{4.4}$$

mit $f$ als Drehzahl in 1/s und $n$ Drehzahl in 1/min.

> **Beispiel**
>
> Berechnung der Leistung im jeweiligen Bestpunkt (gemäß oben dargestellten Verbrauchsdiagrammen)
>
> 1. Dieselmotor
>
>    Die Drehzahl sei 2 100 U/min; das Drehmoment 255 Nm (Werte gerundet).
>
>    Das ergibt eine Motorleistung im Bestpunkt:
>
>    $$P_{Mot} = M_{Mot} \cdot \omega = 255\,\text{Nm} \cdot 2\pi \cdot \frac{2100}{60}\frac{1}{s} = 56\,\text{kW} \tag{4.5}$$
>
> 2. Benzinmotor
>
>    Die Drehzahl sei 3 100 U/min; das Drehmoment 145 Nm (Werte gerundet).
>
>    Hier beträgt die Motorleistung im Bestpunkt:
>
>    $$P_{Mot} = M_{Mot} \cdot \omega = 145\,\text{Nm} \cdot 2\pi \cdot \frac{3100}{60}\frac{1}{s} = 47\,\text{kW} \tag{4.6}$$

**Schlussfolgerung:** Das deutliche geringere Motormoment im Bestpunkt des Benziners wird teilweise durch die höhere Drehzahl des Betriebspunkts ausgeglichen.

# 5 Elektrifizierter Antriebsstrang

In diesem Kapitel werden die Grundlagen der wesentlichen Elemente des elektrifizierten Antriebsstrangs beschrieben. Dieser besteht aus folgenden Komponenten:
- Elektromotor
- Akkumulator/Fahrzeugbatterie
- Leistungselektronik

In Bild 5.1 sind die wesentlichen Komponenten zu sehen, wie sie im Elektrofahrzeug BMW i3 im Heck des Fahrzeugs angeordnet sind.

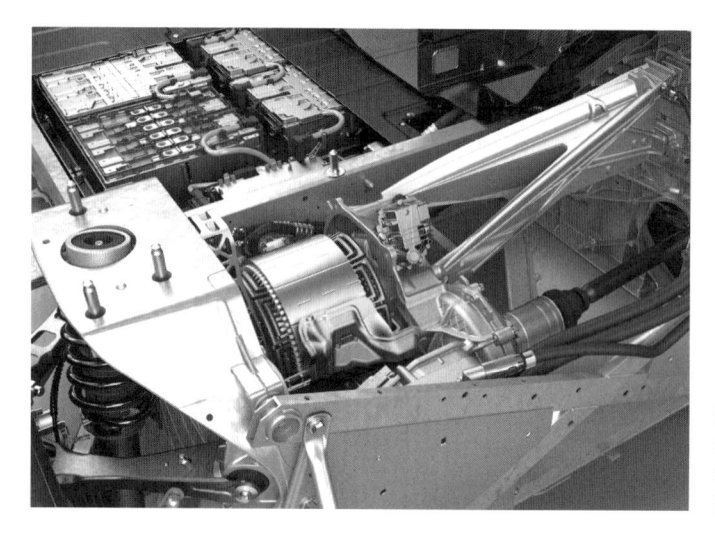

Bild 5.1 Elektromotor und Fahrzeugakku im Heckbereich des BMW i3. Quelle: BMW Group

## ■ 5.1 Elektromotor

Elektromotoren finden in der Technik eine weite Verbreitung und können mit überschaubarem Aufwand und ohne grundsätzliche Änderungen auch für die mobile Anwendung im Fahrzeugbetrieb angepasst werden.

## 5.1.1 Anforderungen

Der Elektromotor ersetzt in Elektrofahrzeugen den in herkömmlichen Fahrzeugen verwendeten Verbrennungsmotor. Er muss daher für den Antrieb des Fahrzeugs ein ausreichendes Drehmoment in einem weiten Drehzahlbereich bereitstellen.

Weiter sollte der Elektroantrieb noch folgende Eigenschaften haben:
- einen hohen Wirkungsgrad
- eine feinfühlige Drehzahl- und Drehmomentsteuerung
- die Möglichkeit zur Rekuperation (Rückspeisen von elektrischer Energie)
- ein geringes Gewicht
- ein geringes Volumen
- ein gutes Preis-Leistungs-Verhältnis

Der Elektromotor muss in allen Umgebungsbedingungen funktionieren, die im Anforderungs- und Pflichtenheft der Kraftfahrzeuge festgelegt sind. Beispielsweise hinsichtlich des Temperaturbereichs, der mechanischen Stoßbelastung usw.

## 5.1.2 Kurzbeschreibung Elektromotoren

Die oben genannten Anforderungen können grundsätzlich realisiert werden durch
- Gleichstrommotoren,
- Synchronmotoren,
- Asynchronmotoren.

Diese Motorarten sind seit langem im Bereich der industriellen Antriebstechnik verbreitet, so dass auf eine entsprechend breite Erfahrung zurückgegriffen werden kann. Diese bisher in der Industrie eingesetzten Antriebe stellen zwar die Basis für Fahrzeugantriebe dar, müssen aber entsprechend den beschriebenen Anforderungen für die speziellen Fahrzeugbedingungen optimiert werden.

In den folgenden Abschnitten werden die wichtigsten Motorarten beschrieben.

## 5.1.3 Gleichstrommotor

Gleichstrommotoren haben einen einfachen Aufbau, können den vom Akku bereitgestellten Gleichstrom direkt nutzen und sind leicht regelbar. Sie sind daher die zunächst naheliegende Lösung für Elektroantriebe. Sie werden heute zwar nicht in Kraftfahrzeugen eingesetzt, aber bei Elektrofahrrädern sind sie der Standardantrieb.

Wie alle Elektromotoren funktioniert auch der Gleichstrommotor so, dass die Magnetfelder zweier Magnete miteinander agieren. Mindestens eins der Magnetfelder wird elektromagnetisch erzeugt. Weiterhin steht ein Magnet räumlich fest, während der andere räumlich umläuft. Das Bauteil des Gleichstrommotors mit dem ruhenden Magneten wird als Stator bezeichnet, das mit dem umlaufenden Magneten heißt Rotor.

Das Prinzip lässt sich anhand folgender Skizzen (Bild 5.2 und Bild 5.3) näher beschreiben:

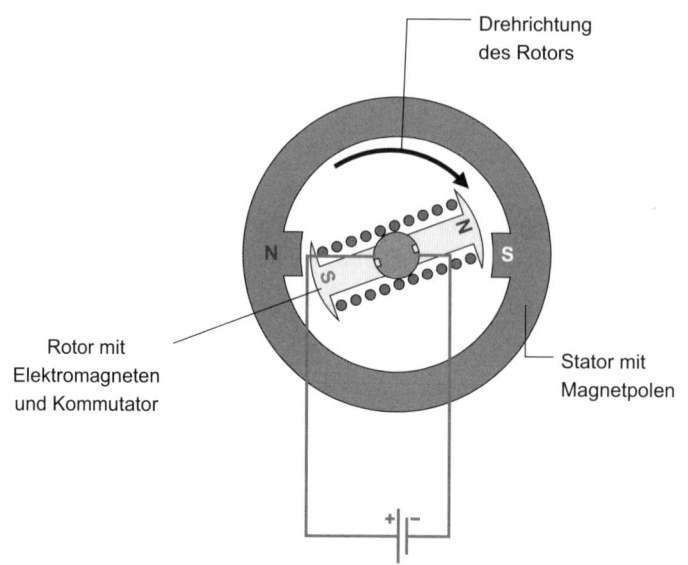

**Bild 5.2** Prinzip Gleichstrommotor

In dieser Konstruktion ist der Stator außen platziert und besteht aus einem Dauermagneten mit Nord- und Südpol, gemäß Skizze in Bild 5.2 angeordnet. Der Rotor ist innen drehbar gelagert und besteht aus einer Spule als Elektromagnet. Bei Beschaltung entsprechend der ersten Skizze ziehen sich jeweils Nord- und Südpol an. Der Motor dreht rechts herum. Stehen sich die Pole des Elektro- und des Dauermagneten gegenüber, wird der Elektromagnet durch den Kommutator umgepolt, die rechtsläufige Drehbewegung wird durch N-N- und S-S-Abstoßung weiter vorangetrieben. Das Umpolen wiederholt sich eine halbe Umdrehung später, und der Vorgang beginnt von neuem.

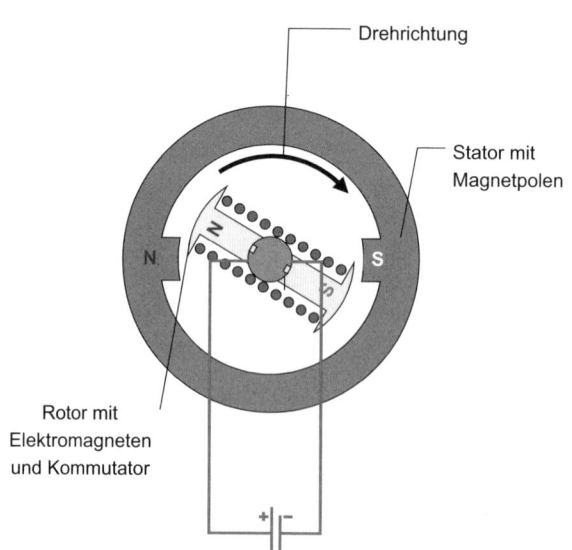

**Bild 5.3** Gleichstrommotor nach dem Stromwenden

Das Umpolen des Elektromagneten durch den Kommutator (auch Kollektor genannt) geschieht in der Regel durch Selbststeuerung über stromführende Schleifkontakte. Infolge der Drehung wirken sie als Umschalter und damit als Stromwender. Nachteilig ist, dass die Schleifkontakte durch Reibung das nutzbare Drehmoment vermindern, der Wirkungsgrad verschlechtert sich. Zudem unterliegen die Kontakte durch die Relativbewegung einem Verschleiß, klassische Gleichstrommotoren sind folglich nicht wartungsfrei. Weiter hat der Gleichstrommotor, insbesondere bei höheren Leistungen, den Nachteil, dass die anfallende Wärme innen, im Rotor, entsteht und durch dessen relativ kleine Wärmeübertragungsfläche nach außen abgeführt werden muss, was die elektrische Leistung begrenzt. Wegen dieser beschriebenen Nachteile kommt der Gleichstrommotor bei Elektroautos nicht zum Einsatz. Wohl aber – wegen seiner Robustheit, seinen geringen Kosten und der einfachen Regelbarkeit – bei Elektrofahrrädern.

Inzwischen werden zunehmend schleiferlose, elektronisch kommutierte Gleichstrommotoren eingesetzt. Das „Stromwenden" wird durch eine elektronische Schaltung realisiert, initiiert durch entsprechende Sensorsignale. Diese verbesserten Motoren sind dann wartungsfrei, allerdings, wegen der notwendigen Sensorik und Elektronik auch nicht mehr so kostengünstig, die leichte Regelbarkeit ist so ebenfalls nicht mehr gegeben.

### 5.1.4 Drehstrommotor

Hinsichtlich der hohen Leistungsanforderungen der Elektrofahrzeuge weisen Drehstromantriebe (auch als Drehfeldmotoren bezeichnet), wie sie im industriellen Bereich sehr häufig eingesetzt werden, große Vorteile auf. Wie beim Gleichstrommotor entsteht auch hier das Drehmoment durch die Anziehungskraft der (Elektro-)Magnete in Stator und Rotor.

Anders als beim Gleichstrommotor wird das rotierende Magnetfeld aber nicht durch Umschaltung des Spulenstroms erzeugt. Vielmehr wird bei der Stromversorgung der Spulenwicklungen der Elektromagnete im Stator die „natürliche" Rotation des Drehstroms ausgenutzt. Dazu werden (mindestens) drei Spulen im Stator um 120° versetzt angeordnet und mit jeweils einer Phase eines Drehstromnetzes versorgt. Dessen 120°-Phasenverschiebung der Einzelphasen bewirkt, in Kombination mit dem sinusförmigen Verlauf des Stromes und den versetzten Spulen, ein mit der Netzfrequenz umlaufendes Magnetfeld. Besitzt der Rotor (mindestens) einen entsprechenden Gegenmagneten, so folgt der dem umlaufenden Magnetfeld.

Konstruktiv kann der Drehstrommotor als Synchron- oder als Asynchronmotor ausgeführt werden, auch als Synchronmaschine und Asynchronmaschine bezeichnet.

#### Der Synchronmotor

In Bild 5.4 ist das Schema eines Synchronmotors zu sehen. Das Drehfeld wird durch die Spulen im Stator (auch **Ständer** genannt) erzeugt, der Gegenmagnet befindet sich auf dem drehenden Rotor (auch als **Läufer** bezeichnet):

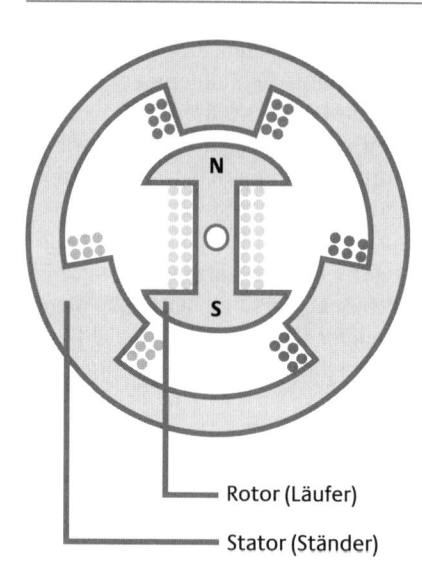

**Bild 5.4** Prinzip Synchronmotor.
Quelle: Initiative Energie-Effizienz der Deutschen Energie-Agentur (dena), Stromeffizienz.de

Das Magnetfeld des Rotors kann mit Permanentmagneten oder mit stromerregten Spulen realisiert werden. Der Rotor dreht sich **synchron** mit dem rotierenden Magnetfeld des Stators.

Für die **permanentmagneterregten Synchronmotoren** (siehe Bild 5.5) werden wegen der großen Leistungsfähigkeit Magnete aus seltenen Erden, beispielsweise Neodym, verwendet. Diese sind relativ teuer, ermöglichen aber eine sehr kompakte Bauweise. Aufgrund der Dauermagnete im Rotor weist diese Bauart einen hohen Wirkungsgrad bei der Rekuperation auf. Allerdings kommt es im Leerlauf durch die Induktion der Magnete zu Schleppverlusten.

Kostengünstiger ist es, das Magnetfeld im Rotor elektromagnetisch zu erzeugen. Man spricht dann von **stromerregten Synchronmotoren**. Deren Nachteil ist, dass die Spulen im drehenden Rotor über Schleifkontakte mit Strom versorgt werden müssen. Die Motoren sind dann – anders als die permanenterregten Motoren – nicht mehr wartungsfrei. Allerdings muss berücksichtigt werden, dass bei stromerregten Synchronmotoren nur ein kleiner Teil der elektrischen Leistung in den Rotor eingebracht werden muss, was die Auslegung und Belastung der Schleifkontakte vereinfacht. Der Großteil der elektrischen Leistung wird durch das Drehfeld bestimmt, anders als beim Gleichstrommotor, bei dem die gesamte elektrische Leistung in den Rotor geleitet wird. Damit sind die beim Gleichstrommotor genannten Nachteile bezüglich der Schleifkontakte hier auch deutlich geringer.

**Bild 5.5** Ausgeführter Synchronmotor für den Elektroantrieb. Quelle: Audi AG

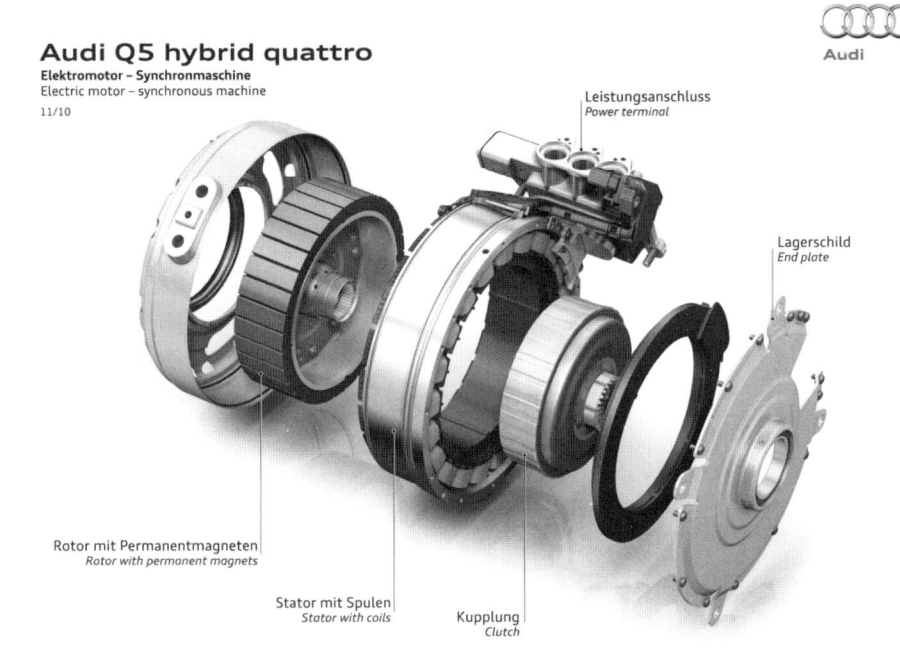

Asynchronmotor

Ein weiterer Drehstromantrieb ist der Asynchronmotor. Bei ihm wird das Magnetfeld im Rotor durch Induktion infolge des äußeren Stator-Magnetfelds in kurzgeschlossenen Läuferspulen erzeugt (siehe Bild 5.6). Damit es zur Induktion kommt, muss es eine Relativbewegung zwischen äußerem und innerem Magnetfeld geben – der Rotor hat daher eine andere mechanische Frequenz als die Frequenz des Drehfeldes. Diese Asynchronität gibt dieser Motorenart den Namen. Der Wirkungsgrad der Asynchronmotoren ist geringer als bei den Synchronmotoren, sie sind etwas schwerer als die Synchronmaschinen, aber sehr robust.

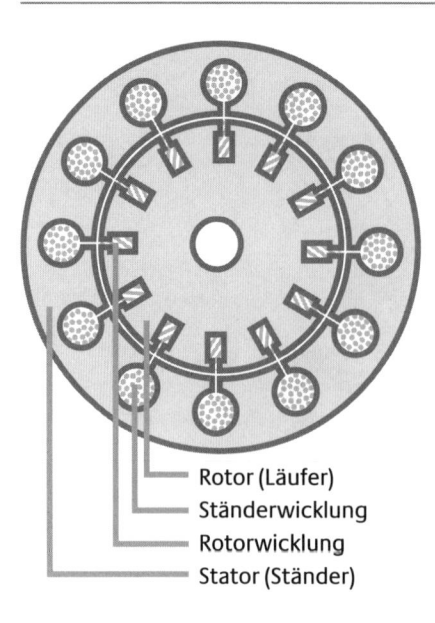

Rotor (Läufer)
Ständerwicklung
Rotorwicklung
Stator (Ständer)

**Bild 5.6** Prinzip Asynchronmotor.
Quelle: Initiative Energie-Effizienz der Deutschen Energie-Agentur (dena), Stromeffizienz.de

Dies ergibt zusammenfassend den in Tabelle 5.1 aufgeführten Überblick.

Tabelle 5.1 Überblick Drehstrommotoren

| Drehstrommotoren | | |
|---|---|---|
| **Permanenterregter Synchronmotor** | **Stromerregter Synchronmotor** | **Asynchronmotor** |
| **Vorteile:**<br>+ hoher Wirkungsgrad<br>+ geringer Bauraumbedarf<br>+ hohe Effektivität bei der Rekuperation | + hoher Wirkungsgrad<br>+ geringere Herstellkosten | + robust<br>+ kostengünstig |
| **Nachteile:**<br>– höhere Kosten und ggf. Verfügbarkeit des Magnetmaterials<br>– Schleppverluste im Leerlauf | – Schleifringübertragung notwendig<br>– größerer Bauraum erforderlich | – Wirkungsgrad vor allem bei kleineren Drehzahlen geringer |

> **Hinweis**
>
> Bei den permanenterregten Synchronmotoren gibt es noch eine Variante, eine Kombination von Reluktanzmotor und permanenterregtem Synchronmotor. Man spricht dann auch von „Hybridmotor".

## 5.1.5 Betrieb von Drehstrommotoren in Elektrokraftfahrzeugen

In Elektroautos kommen praktisch nur Drehstrommotoren zum Einsatz. Um ihr Potential richtig auszuschöpfen, werden sie mit Hochvolt-Drehstrom betrieben, die verwendeten Spannungen liegen in der Größenordnung von 400 Volt. Bei den ausgeführten Fahrzeugen sind dann praktisch alle Drehstrommotoren-Varianten anzutreffen. Am häufigsten vertreten sind die permanenterregten Synchronmotoren (PSM), zu finden beispielsweise beim *smart electric drive*, dem *BMW i3* oder dem *VW e-Golf*. Beim *Renault Zoe* wird ein stromerregter Synchronmotor eingesetzt, beim *Tesla* eine Asynchronmaschine. Für den Nutzer sind dabei hinsichtlich Leistung und Fahrverhalten keine grundsätzlichen Unterschiede zu erkennen, die man auf die Motorart zurückführen könnte.

Um den Antrieb in Drehzahl und Drehmoment entsprechend den Anforderungen des Fahrers an Geschwindigkeit und Antriebskraft variieren zu können, muss der dem Motor zugeführte Drehstrom sowohl in seiner **Frequenz** als auch in seiner **Leistung** veränderlich gesteuert werden. Dies geschieht mit sogenannten Umrichtern/Invertern, einer Leistungselektronik, die derzeit sowohl in Kosten als auch erforderlichem Bauraum in derselben Größenordnung liegt wie die Motoren selbst. Eine Hauptaufgabe des Inverters ist, und das an erster Stelle, den vom Akku angebotenen Gleichstrom in den erforderlichen 3-Phasen-Wechselstrom zu wandeln. Auch die Spannung des Akkus liegt dabei in der Größenordnung von 400 V.

**Bild 5.7** Blick in den Motorraum des Tesla Model S. Links der Elektromotor, rechts die Leistungselektronik.

Die Motoren werden konstruktiv als Zentralmotoren im Antriebsstrang angeordnet, es wird aber auch an Konzepten mit Radnabenmotoren gearbeitet. Oder zumindest radnahen Motoren, die dann zwei oder auch alle vier Räder direkt antreiben. Allerdings müssen dazu noch Probleme gelöst werden, wie die hohe Exposition der Antriebe hinsichtlich Schmutz und mechanischer Belastung. Auch die dadurch resultierenden großen ungefederten Massen machen die Abstimmung des gesamten Fahrverhaltens schwierig. Gleichwohl findet man die Radnabenmotoren schon bei Busantrieben im Alltagstest.

**Bild 5.8** Beispiel für die Konstruktion mit vier radnahen Elektromotoren: SLS AMG Electric Drive (Leistung 552 kW!)

## 5.1.6 Leistung und Drehzahl-Drehmomentverhalten der Elektroantriebe

Zur Beurteilung der Leistungsfähigkeit der Antriebsmotoren nutzt man das Drehmoment- und Leistungsverhalten in Abhängigkeit von der Drehzahl. Es ist grundsätzlich zu unterscheiden zwischen Dauermoment/Dauerleistung sowie Spitzenmoment/Spitzenleistung. Die Spitzenwerte können dabei nur kurze Zeit vom Antrieb abgerufen werden. Die Dauerleistung unterliegt dagegen Beschränkungen, beispielsweise aufgrund der thermischen Belastbarkeit von Motor und Umrichter. Da die Dauerleistung maßgeblich für den Betrieb des Fahrzeugs ist, beziehen sich die folgenden Ausführungen darauf. Um die wesentlichen Verhaltensweisen und die Auswirkungen des Fahrzeugantriebs werten zu können, werden sie mit den Kurven eines Dieselmotors verglichen.

### Drehmomentverhalten von Antriebsmotoren

Zunächst soll das Drehmoment in Abhängigkeit von der Drehzahl betrachtet werden (Bild 5.9):

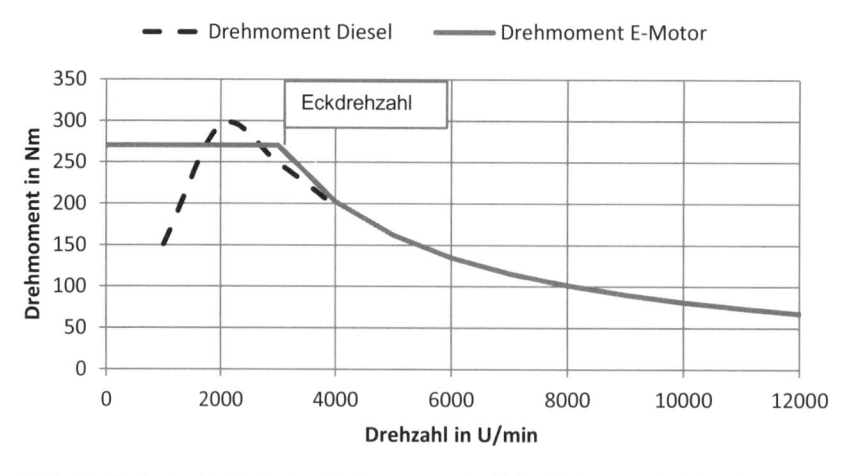

**Bild 5.9** Typische Verläufe des Drehmoments bei Pkw-Elektro- und -Dieselmotor

Es ist zu erkennen, dass das nominelle, maximale Drehmoment jeweils in der gleichen Größenordnung liegt. Hingegen zeigen die Verläufe eine Reihe von deutlichen, charakteristischen Unterschieden:

- Drehmomentverhalten bei Startdrehzahlen

  Der Elektromotor bringt ab Drehzahl null ein so großes Drehmoment, dass er das Fahrzeug aus dem Stand heraus beschleunigen kann, ohne dass eine bisher gewohnte Kupplung erforderlich wird. Der Verbrennungsmotor dagegen kann im Bereich unterhalb einer Leerlaufdrehzahl kein Moment abgeben. Das führt dazu, dass zum Start des Fahrzeugs die Differenz der kleinen Raddrehzahl und der höheren Drehzahl des Motors über die schleifende Trennkupplung ausgeglichen werden muss. Dies führt zu einem prinzipbedingten Kraftstoffmehrverbrauch (auch wenn er in der Gesamtbilanz nicht so ins Gewicht fallen wird) und zu einem Bauteilverschleiß mit entsprechend erhöhtem Wartungsaufwand.

- Drehmomentverlauf im unteren Drehzahlbereich

  In dem für die Erstbeschleunigung des Fahrzeugs maßgeblichen unteren Drehzahlbereich bietet der Elektromotor bis zur „Eckdrehzahl" ein konstant hohes Drehmoment, während der Verbrennungsmotor erst ein solches aufbauen muss. Der Elektroantrieb ist dadurch durchzugsstärker und bietet entsprechend hohe Anfangs-Beschleunigungswerte.

> **Hinweis**
>
> Das maximale verfügbare Moment bei höheren Drehzahlen sinkt ab der Eckdrehzahl, da sonst der Motor thermisch überlastet würde. Ab der Eckdrehzahl wird der Antrieb mit konstanter Leistung betrieben, wie auch im Diagramm in Bild 5.10 zu erkennen ist.

- Nutzbarer Drehzahlbereich

  Der Elektromotor überdeckt einen so großen Drehzahlbereich, dass damit der gesamte geforderte Geschwindigkeitsbereich des Fahrzeugs abgedeckt wird. Ein Schaltgetriebe wie bei dem herkömmlichen Antrieb ist nicht erforderlich. Man kann das Fahrzeug allein mit dem „Gaspedal" absolut ruckfrei durch den gesamten Geschwindigkeitsbereich steuern. Dies bestätigt auch der Blick auf die verfügbare Leistung. Zwar hat der Verbrennungsmotor einen höheren Spitzenwert, der aber nur in einem schmalen Drehzahlband verfügbar ist. Man versucht dort über feingestufte Getriebeabstimmungen den Motor bei entsprechender Leistungsanforderung möglichst nah in diesem Bereich zu halten.

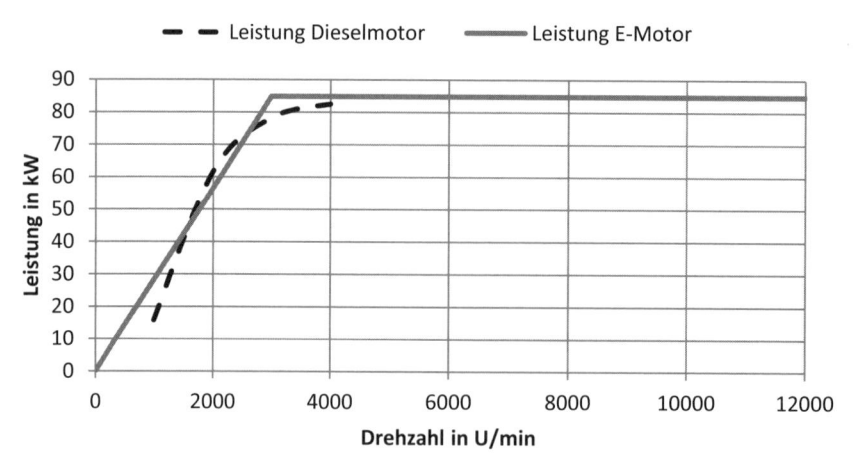

**Bild 5.10** Typischer Leistungsverlauf bei Pkw-Elektro- und -Dieselmotor

> **Fazit**
>
> Elektrofahrzeuge bieten ein durchzugsstarkes und komfortables Fahrverhalten, das ohne Kupplungtreten und Schalten auskommt.

### 5.1.7 Berechnungsgrundlagen für den Pkw-Elektroantrieb

Vorausschickend lässt sich festhalten, dass Elektromotoren deutlich kompakter bauen als vergleichbare Verbrennungsmotoren, siehe Bildern 5.11 und 5.12. Sie haben weniger Bauteile und sind praktisch wartungsfrei. Auch das Recycling ist deutlich weniger aufwendig als beim Verbrennungsmotor.

**Bild 5.11** Pkw-Elektromotor.
Quelle: Robert Bosch GmbH

**Bild 5.12** Verbrennungsmotor (smart fortwo cdi). Quelle: Daimler AG

In den nächsten Abschnitten sollen die Eckwerte einer Motorauslegung für Elektrofahrzeuge durch Beispielrechnungen exemplarisch quantifiziert werden. Es wird eingegangen auf:

- Zusammenhang der Leistung des Motors und die daraus resultierende Leistung des Fahrzeugs
- Zusammenhang Drehzahl des Motors und Geschwindigkeit des Fahrzeugs
- notwendige Getriebeübersetzung
- Zusammenhang Drehmoment des Motors und Antriebskraft des Fahrzeugs
- Zusammenhang Antriebskraft und Beschleunigung des Fahrzeugs

Die gewonnenen Erkenntnisse lassen sich für eine praxisnahe Analyse des Stromverbrauchs der Elektrofahrzeuge verwerten.

### 5.1.7.1 Leistung des Antriebs und Leistung des Gesamtfahrzeugs

Aus Sicht der Physik geben Elektromotoren das Drehmoment und Leistung in Form einer Drehbewegung, der **Rotation**, ab. Für den Fahrer interessanter sind allerdings die Kenngrößen der Vorwärtsbewegung, physikalisch betrachtet eine Bewegung der **Translation**. Die Umsetzung von Rotation in Translation geschieht konstruktiv über den Antriebsstrang mit dem Übersetzungsgetriebe, dem Differenzialgetriebe und den Antriebsrädern. Das Differenzialgetriebe dient dazu, die Drehbewegung der Antriebsachse auf die beiden Antriebsräder zu verteilen. Weitere Bezeichnungen sind verkürzend Differenzial oder Ausgleichsgetriebe. Das Übersetzungsgetriebe ist notwendig, da der Motor konstruktiv bedingt schneller dreht als die Räder. Das Abrollen der Räder setzt dann die Drehbewegung in den translatorischen Vortrieb des Fahrzeugs um.

Der Zusammenhang zwischen Rotation und Translation lässt sich physikalisch über den **Energieerhaltungssatz** herstellen. Daraus folgt für die Leistungsbilanz:

$$P_{Fahrzeug} = \eta_{Antrieb} P_{E-Motor} \tag{5.1}$$

mit *P*: die jeweilige Antriebsleistung und η dem Wirkungsgrad des Antriebsstrangs.

Die Leistung des Elektromotors (E-Motor) ergibt sich aus:

$$P_{E-Motor} = M\omega \tag{5.2}$$

mit $M$ dem Motormoment und $\omega$ der Kreisfrequenz des Elektromotors.
Für das Fahrzeug gilt:

$$P_{Fahrzeug} = F_{Antrieb} V \tag{5.3}$$

Mit $F_{Antrieb}$: der Antriebskraft des Fahrzeugs und $v$ seiner Geschwindigkeit.
So dass gilt:

$$F_{Antrieb} V = \eta_{Antrieb} M_{E-Motor} \omega \tag{5.4}$$

Beziehungsweise die Berechnung der zur Verfügung stehenden Antriebskraft für das Gesamtfahrzeug:

$$F_{Antrieb} = \eta_{Antrieb} M_{E-Motor} \omega / V \tag{5.5}$$

Da der Wirkungsgrad $\eta$ einer ganzen Antriebskette nur schwer berechnet und wegen der vielen Einflussgrößen auch nur schwer im Detail gemessen werden kann, begnügt man sich für eine erste Auslegung mit einer Abschätzung, in die vorhandene Erfahrungswerte einfließen.

In der folgenden, vorerst grundsätzlichen Betrachtung, wird der Antrieb zunächst als verlustfrei betrachtet, die Zusammenhänge also mit dem (fiktiven) Wirkungsgrad von $\eta = 1 = 100\%$, analysiert. Die Verluste werden später separat betrachtet. Für die weiteren Rechnungen muss als nächster Schritt der Zusammenhang zwischen Motordrehzahl und Fahrzeuggeschwindigkeit hergestellt werden.

### 5.1.7.2 Zusammenhang Fahrzeuggeschwindigkeit und Motordrehzahl

Da Elektrofahrzeuge kein Schaltgetriebe benötigen, ergibt sich für den gesamten Geschwindigkeitsbereich ein direkter, proportionaler Zusammenhang zwischen Motordrehzahl und Fahrgeschwindigkeit. Es gilt, unter Berücksichtigung der Vorgaben der angestrebten maximalen Fahrzeuggeschwindigkeit $v_{max}$ und der Höchstdrehzahl des eingesetzten Motors, $n_{max}$, der proportionale Zusammenhang:

$$\frac{V_{Fahrzeug}}{n_{E-Motor}} = \frac{V_{max}}{n_{max}} \tag{5.6}$$

Und damit:

$$V_{Fahrzeug} = \frac{V_{max}}{n_{max}} n_{E-Motor} \qquad (5.7)$$

Damit kann beispielsweise bestimmt werden, welcher Fahrzeuggeschwindigkeit die **Eckdrehzahl** entspricht, bis zu der das maximale Drehmoment des Elektromotors zur Verfügung steht.

> **Praxisbeispiel**
>
> Ausgangswerte (typisch für Pkw):
> - maximale Drehzahl des Elektromotors: 12 000 U/min
> - Eckdrehzahl für maximales Moment des E-Motors, $M_{max}$: 3000 U/min
> - maximale Fahrzeuggeschwindigkeit: 150 km/h
>
> Damit ergibt sich die Fahrzeuggeschwindigkeit, bis zu der mit maximalem Drehmoment beschleunigt werden kann:
>
> $$V_{Eck} = \frac{150\,\text{km/h}}{12000\,\text{U/min}} \cdot \frac{3000\,\text{U}}{\text{min}} = 37{,}5\,\frac{\text{km}}{\text{h}} = 10{,}42\,\text{m/s} \qquad (5.8)$$

### 5.1.7.3 Ermittlung der notwendigen Getriebeübersetzung

Die Getriebeübersetzung ist definiert als das Verhältnis der Drehzahl des Elektromotors zur Raddrehzahl:

$$i = \frac{n_{E-Motor}}{n_{Rad}} \qquad (5.9)$$

Die Raddrehzahl, $n_{Rad}$, wiederum wird bestimmt durch die Geschwindigkeit des Fahrzeugs und den Raddurchmesser, $d_{Rad}$. Dabei ist die Umfangsgeschwindigkeit des Rades so groß wie die Fahrzeuggeschwindigkeit, wenn kein Schlupf zwischen Rad und Straße auftritt:

$$n_{Rad} \pi d_{Rad} = V_{Fahrzeug} \qquad (5.10)$$

Also:

$$n_{Rad} = \frac{V_{Fahrzeug}}{\pi d_{Rad}} \qquad (5.11)$$

### Praxisbeispiel

Angenommener Raddurchmesser: 0,7 m

$V_{max}$ = 150 km/h = 41,7 m/s; bei $n_{E-Motmax}$ = 12 000 U/min.
Damit wird:

$$n_{Radmax} = \frac{41,7\,m/s}{\pi\,0,7\,m} = 19\frac{1}{s} = 1137\,U/min \qquad (5.12)$$

Und damit die Übersetzung:

$$i = \frac{12000\,U/min}{1137\,U/min} = 10,554 \qquad (5.13)$$

Die Antriebsdrehzahl des Elektromotors ist in diesem Fall größer als die Abtriebsdrehzahl des Rades. Damit wird das Übersetzungsverhältnis größer als eins. Man spricht in solchen Fällen auch von einer „Untersetzung".

Für eine Getriebestufe wäre das, wollte man ein einstufiges Stirnradgetriebe einsetzen, zu viel. Folglich bräuchte man ein 2-stufiges Getriebe. Da bietet es sich jedoch an, ein kompakteres Planetengetriebe zu verwenden.

#### 5.1.7.4 Berechnung der Antriebskraft des Fahrzeugs aus dem Drehmoment des Motors

Aus der Antriebskraft des Fahrzeugs lässt sich in der Folge die Größe der Fahrzeugbeschleunigung berechnen.

**Erste Berechnungsmöglichkeit der Antriebskraft (ohne explizite Kenntnis der Übersetzung)**

Gemäß dem Energieerhaltungssatz der Mechanik ergibt sich folgender Zusammenhang, wenn man in diesem ersten Schritt ohne Reibungsverluste rechnet (s. auch Gleichung 5.5):

$$F_{Antrieb} = M_{E-Motor}\,\omega / V \qquad (5.14)$$

### Praxisbeispiel

**Maximale Antriebskraft,** berechnet aus dem **maximalen Antriebsmoment,** gem. erster Berechnungsmöglichkeit:

Daten: $M_{max}$ = 270 Nm

Eckdrehzahl: 3000 U/min = 314,16 rad/s

Fahrzeuggeschwindigkeit bei der Eckdrehzahl: $v_{Eck}$ = 37,5 km/h = 10,42 m/s (s. o.)

Damit wird

$$F_{Antrieb} = \frac{270\,\text{Nm}\,314{,}161/\text{s}}{10{,}42\,\text{m/s}} = 8143\,\text{N} \qquad (5.15)$$

Diese Kraft steht zur Überwindung der Fahrwiderstände und der Fahrzeugbeschleunigung zur Verfügung. ∎

Diese Berechnung funktioniert nicht im Stillstand. Nicht nur, aber auch für diesen Sonderfall greift folgende Methode:

### Zweite Berechnungsmöglichkeit (mit der Kenntnis der Getriebeübersetzung)

Bei bekannter Übersetzung lässt sich über das **Momentengleichgewicht** am Rad die entsprechende Relation herstellen. Dazu wird gemäß den Gesetzen der Technischen Mechanik das angetriebene Rad freigeschnitten. Für das freigeschnittene Rad gilt das Momentengleichgewicht. Das besagt nichts anderes, als dass das antreibende Drehmoment genau so groß ist, wie das am Rad angreifende „Abtriebsdrehmoment".

Das Rad wird mit dem Moment

$$M_{RadAntrieb} = iM_{E-Motor} \qquad (5.16)$$

angetrieben.

Dagegen wirkt als Abtriebsmoment das Gegenmoment der Kraft, die das Rad auf den Untergrund überträgt. Diese Kraft entspricht der Antriebskraft für das Fahrzeug. Für das daraus resultierende Moment, berechnet aus Kraft mal Hebelarm (= Radius des Rads), gilt:

$$M_{RadAbtrieb} = F_{Antrieb} r_{Rad} \qquad (5.17)$$

und damit das Momentengleichgewicht:

$$iM_{E-Motor} = F_{Antrieb} r_{Rad} \qquad (5.18)$$

Also:

$$F_{Antrieb} = \frac{iM_{E-Motor}}{r_{Rad}} \qquad (5.19)$$

> **Praxisbeispiel**
>
> Maximale Antriebskraft aus dem maximalen Antriebsmoment, gem. zweiter Berechnungsmöglichkeit:
>
> Daten: $M_{max}$ = 270 Nm
>
> Getriebeübersetzung (s. o.): $i$ = 10,554
>
> $$F_{Antrieb} = \frac{270\,\text{Nm}\,10{,}554}{0{,}35\,\text{m}} = 8142\,\text{N} \quad (5.20)$$
>
> Der Wert entspricht (bis auf Rundungsungenauigkeit) dem Wert gemäß der ersten Berechnungsmöglichkeit.

Die Gleichungen beider Berechnungsmethoden zeigen den proportionalen Zusammenhang zwischen Drehmoment und Antriebskraft. Damit lässt sich auf Basis der Daten der oben gerechneten Beispiele aus dem Drehmomentverlauf des Motors nach Bild 5.9 die Antriebskraft in Abhängigkeit von der Drehzahl berechnen. Oder man erhält, wenn man den proportionalen Zusammenhang der Drehzahl mit der Fahrgeschwindigkeit nutzt, den Verlauf der Antriebskraft in Abhängigkeit von der Geschwindigkeit, wie in Bild 5.13 dargestellt.

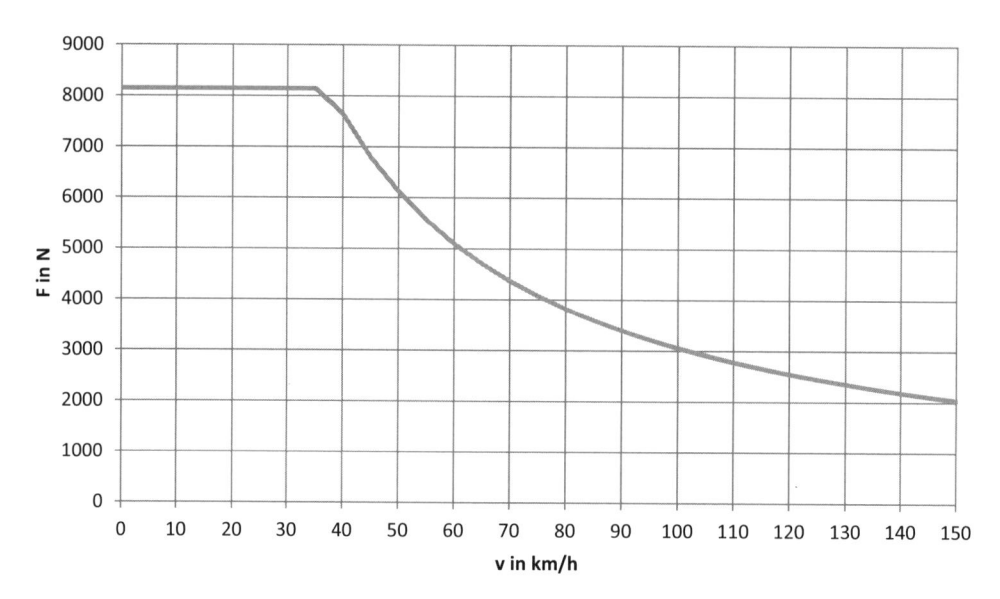

**Bild 5.13** Verfügbare Antriebskraft in Abhängigkeit von der Fahrzeuggeschwindigkeit

### 5.1.7.5 Berechnung der Beschleunigung aus der Antriebskraft

Die Antriebskraft muss zur Bewegung des Fahrzeugs die Fahrwiderstände überwinden. Das sind die Widerstände:

- Reibung (vorrangig Reibung im Antriebsstrang und Rollreibung)
- Luftwiderstand
- Steigungswiderstand
- Trägheitskraft (= „Beschleunigungskraft")

Die Trägheitskraft tritt dann auf, wenn das Fahrzeug beschleunigt wird. Sie lässt sich über das Newton'sche $F = m \cdot a$ berechnen. Nach den Gesetzen der Mechanik muss die Antriebskraft des Fahrzeugs gleich der Summe aller Kräfte aus den Fahrwiderständen, einschließlich der „Beschleunigungskraft", sein.

Das bedeutet für die **Berechnung der Fahrzeugbeschleunigung**: Das Fahrzeug wird mit einer Kraft $F_{Beschl}$ beschleunigt, die sich aus der Antriebskraft des Fahrzeugs minus den Kräften aus Reibung, Luftwiderstand und dem Steigungswiderstand ergibt. Details zu den Fahrwiderständen siehe Kapitel 7, Verbrauchsberechnungen.

Mit Newton lässt sich daraus die Beschleunigung $a$ wie folgt angeben:

$$a = \frac{F_{Beschl}}{m} \qquad (5.21)$$

Mit $m$: der Fahrzeugmasse

Über die Integration der Beschleunigung lässt sich daraus die Fahrzeuggeschwindigkeit errechnen.

Da sowohl die Fahrwiderstände als auch die Antriebskraft des Fahrzeugs zeitlich veränderlich sind, ist auch die Fahrbeschleunigung nicht konstant.

Für den **Sonderfall** einer konstanten Beschleunigungskraft und damit **konstanter Beschleunigung** gilt die Formel für die Fahrzeuggeschwindigkeit: $v = at$. Für die Praxis wichtiger noch ist die Formel $t = v/a$, die Zeit, die das Fahrzeug zum Erreichen einer vorgegebenen Geschwindigkeit benötigt. Für den Regelfall bei **nicht konstanten Kräften** müssen für die Berechnung von Beschleunigung und Geschwindigkeit die sich zeitlich ändernden Größen berücksichtigt werden. Da die zeitlichen Einflüsse aber in der Regel nicht mathematisch geschlossen als Formel vorliegen, kann in der Regel auch nicht formelmäßig von der Beschleunigung zur Geschwindigkeit integriert werden. Das Problem kann so gelöst werden, dass ein schrittweises Berechnungsverfahren angewendet wird. Die Schrittweite wird dann so klein gewählt, dass abschnittsweise mit konstanten Kräften und Beschleunigungen gerechnet werden kann. Möglich ist das ohne großen Aufwand beispielsweise mit einem Tabellenkalkulationsprogramm.

Die praxisnahen Berechnungen in Kapitel 7 werden nach diesem Verfahren durchgeführt.

## 5.2 Energiespeicher Akku

Für den Antrieb eines Kraftfahrzeugs muss die dafür notwendige Energie in einem Energiespeicher im Fahrzeug mitgeführt werden. In herkömmlichen Fahrzeugen geschieht dies mit dem im Tank gespeicherten **Kraftstoff** – Benzin, Diesel oder auch Gas. Die Wandlung der im Kraftstoff gespeicherten chemischen Energie in mechanische Antriebsenergie geschieht durch die bekannten Verbrennungsmotoren. In Elektrofahrzeugen dagegen wird die Energie in Akkumulatoren, abgekürzt **Akkus**, gespeichert und versorgt den Antriebsmotor mit elektrischer Energie, der sie dann in mechanische Antriebsenergie umsetzt.

### 5.2.1 Grundlagen und Begriffe

Häufig wird anstelle der Bezeichnung „Akku" auch die Bezeichnung „Batterie" verwendet. Das ist insofern nicht korrekt, da Batterien zwar ebenfalls elektrische Energie speichern und abgeben können. Allerdings sind sie danach entladen und als Speicher unbrauchbar. Sie können nicht wieder mit Strom aufgeladen werden, wie dies bei Akkus der Fall ist. Folglich wäre Akku der alleinig zutreffende Begriff. Allerdings wird im englischsprachigen Sprachraum diese Unterscheidung nicht gemacht. Hier gibt es nur den Begriff „battery". Die dazugehörigen Fahrzeuge nennt man „battery electric vehicles" (BEV). Rückübersetzt hat sich in Deutschland die Bezeichnung „Batterieelektrische Fahrzeuge" ebenfalls durchgesetzt. Akku und Batterie werden somit synonym verwendet.

Weitere gebräuchliche Bezeichnungen im Bereich der Elektrofahrzeuge leiten sich aus der Aufgabe des Akkus als Speicher für Antriebsenergie ab. So findet man auch die Bezeichnungen Traktionsbatterie, Antriebsbatterie oder **Fahrzeugakku/-batterie**. Im Folgenden soll vorrangig der Begriff Fahrzeugakku/-batterie verwendet werden.

Inzwischen sind für die Stromspeicherung sehr leistungsfähige Akkus und Batterien verfügbar. Nahezu jeder nutzt sie im Alltag, beispielsweise in mobilen Rechnern und Handys. Diese **„Basiszellen"** sind der Grundbaustein für die Fahrzeugakkus.

In den Elektrofahrzeug-Entwicklungen der letzten 20 Jahre wurden folgende chemische Zellen als Basiszellen für Fahrzeugakkus verwendet:

- Nickel-Metallhydrid-Akku (NiMH)
- Natrium-Nickelchlorid-Batterie (ZEBRA-Batterie)
- Lithium-Ionen-Akku

Da die Zebra-Batterie zwar keinerlei Selbstentladung hat, aber für ihren Betrieb auf 300 °C aufgeheizt werden muss, konnte sie sich auf dem Markt nicht durchsetzen.

Da NiMH-Akkus im Vergleich zu Li-Ionen-Akkus eine deutlich geringere Energiedichte haben, konnten sie sich trotz des günstigeren Preises im Pkw-Bereich ebenfalls nicht durchsetzen. Praktisch alleinige Technik bei den Fahrzeugakkus der Elektrofahrzeuge sind die Li-Ionen Akkus. Lediglich bei Hybridfahrzeugen, dort aber nicht bei den Plug-Ins, finden sich noch die Nickel-Metallhydrid-Akkus.

## 5.2.2 Basiszelle Lithium-Ionen-Akku

Fahrzeugakkus bestehen nicht aus „einem Guss". Vielmehr werden sie erst durch das Zusammenschalten vieler Basiszellen zu einem brauchbaren Antriebsenergie-Speicher. Dabei werden entweder die im Alltag bewährten Lithium-Ionen-Zellen verwendet, wie sie auch in Laptops und Handys eingesetzt werden (siehe Bild 5.14). Oder man nutzt speziell für diese Aufgaben weiterentwickelte Zellen, die in der Regel großformatiger sind als die herkömmlichen Zellen.

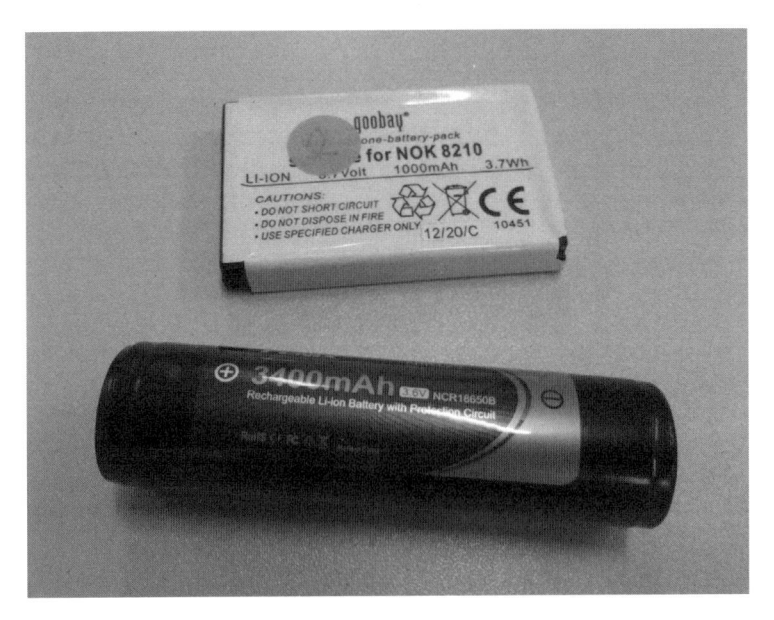

**Bild 5.14** Herkömmliche Li-Ionen-Akkus. Runde und prismatische Form

Die wesentlichen **Vorteile der Lithium-Ionen-Akkus** hinsichtlich ihres Einsatzes in Elektrofahrzeugen sind in der folgenden Aufzählung festgehalten:
- Verglichen mit anderen Batterietypen haben sie eine hohe Leistungs- und Energiedichte.
- Sie haben **keinen** Memoryeffekt. Daher lassen sich Li-Ionen-Fahrzeugakkus aus jedem Ladezustand heraus nachladen, ohne negative Konsequenz bezüglich der weiter nutzbaren Leistungsfähigkeit. Anmerkung: Der Memoryeffekt besagt, dass Akkus, wenn sie aus einem nicht vollständig entladenen Zustand wieder aufgeladen werden, nicht mehr die volle Kapazität nutzen können. Sie „merken" sich diesen teilgeladenen Zustand als neuen Nullwert für die nächsten Entladungen.
- Sie weisen eine geringe Selbstentladung auf.
- Aufgrund ihres geringen Innenwiderstands haben sie einen hohen Wirkungsgrad.

Die Lithium-Ionen-Zelle besteht aus einer negativen Elektrode, die in der Regel aus Grafit besteht (ergibt eine hohe Energiedichte) oder aus amorphen Kohlenstoff (lässt höhere Leistungen zu). Weiterentwicklungen sehen die Verwendung auch von Nanomaterialien vor.

Die zweite Elektrode besteht aus einem Lithium-Metalloxid. Wobei es hier unterschiedliche chemische Möglichkeiten gibt, wie Elektroden aus Nickel-Kobalt-Mangan oder aus Nickel-Kobalt-Aluminium. Die Elektroden sind durch einen Separator getrennt, der die Li-Ionen durchlässt, nicht aber Elektronen, so dass ein Kurzschluss verhindert wird. Die

Beweglichkeit der Ionen wird durch den Elektrolyten sichergestellt. Dieser ist bei gängigen Typen eine nicht-wässrige Lösung. Oder bei neueren Entwicklungen ein gelartiges Polymer (Li-Polymerakkus).

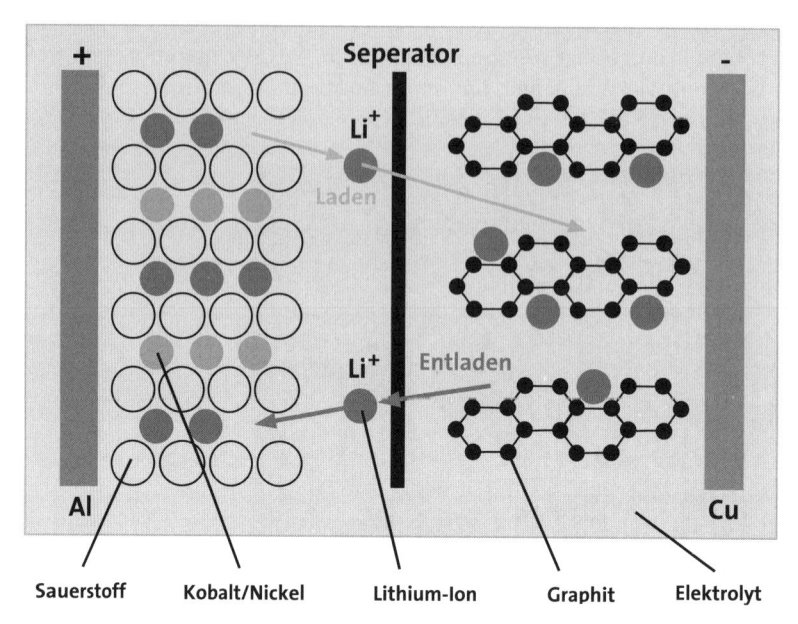

**Bild 5.15** Schema Li-Ionen-Akku. Quelle: VIAVISION

Für eine weitere Optimierung der Li-Ionen-Akkus stehen den Entwicklern viele hundert Änderungs- und Kombinationsmöglichkeiten der chemischen Bestandteile zur Verfügung, so dass weitere Verbesserungen erwartet werden können. Solche Optimierungen sind notwendig, denn neben den vielen Vorteilen der Akkus ist auch eine Reihe von Nachteilen in Kauf zu nehmen.

**Nachteile der Li-Ionen-Akkus:**

- Die Zahl der Ladezyklen – und damit die Lebensdauer des Akkus – ist begrenzt, die Kapazität der Akkus lässt durch den Betrieb und die notwendigen Ladezyklen nach. Die Grenzlebensdauer ist dann erreicht, wenn der Akku noch 70 bis 80 % seiner Nennkapazität aufweist.
- Für optimale Leistungsfähigkeit benötigen sie Arbeitstemperaturen zwischen 18 °C und 25 °C, es darf also weder zu kalt noch zu warm sein. Im Automotive-Bereich heißt das, die Batterie ist zu klimatisieren. Das bedingt einen zusätzlichen Energiebedarf.
- Li-Ionen-Akkus vertragen nur einen begrenzten Ladestrom, das führt zu einer langen Ladedauer. Mit hohem Aufwand lassen sich derzeit Ladedauern von bestenfalls 0,5 Stunden als Minimum realisieren.
- Die Akkus dürfen nicht überladen werden, so dass auch der Ladevorgang elektronisch überwacht werden muss.
- Li-Ionen-Akkus dürfen nicht tiefentladen werden. Da eine zu tiefe Entladung zur Zerstörung des Akkus führen würde, sind die Zellen mit einer integrierten Schutzelektronik

davor geschützt. Um Kurzschlüsse mit hoher Energieentfaltung (Brand) zu vermeiden, müssen die Akkus vor mechanischer Beschädigung geschützt werden.
- Die Energiedichte ist zwar groß im Vergleich zu anderen Akkutechnologien wie NiMH, im Vergleich zur Energiedichte bei Diesel oder Benzin aber immer noch sehr klein. Anhaltswert: In einem Kilogramm Benzin sind etwa 12 kWh chemisch gespeichert, in einer Li-Ionen-Zelle gleichen Gewichts etwa 0,13 kWh!

### 5.2.3 Li-Ionen-Akku als Fahrzeugakku

Der Fahrzeugakku ist neben dem Elektromotor das zentrale Bauelement der Elektrofahrzeuge. Erst die Li-Ionen-Technologie hat es ermöglicht, Elektroautos zu konstruieren, die akzeptable Reichweiten bei vertretbarem Fahrzeuggewicht ermöglichen. Für ihre Auslegung sind folgende Kenngrößen gefordert:

**Seitens des Motors** sollen folgende elektrischen Werte (typische Bereiche) erreicht werden:
- Ausgangsspannung von ca. 300 bis 400 V
- Ausgangsleistung: 80 bis 160 kW

**Seitens des Fahrzeugbetriebs:**
- Kapazität von mindestens 15 bis 25 kWh
- Ladezeiten von 0,5 Stunden möglich (entsprechende Infrastruktur vorausgesetzt)
- mehr als 1000 Ladezyklen möglich

Um die elektrischen Werte zu erreichen, müssen Li-Ionen-Basiszellen zusammengeschaltet werden. Dazu werden mehrere Basiszellen zunächst zu einem Modul zusammengefasst. Mehrere Module werden dann in einem stabilen Gehäuse zum eigentlichen Fahrzeugakku zusammengebaut (siehe Bild 5.16). Diese Modularisierung hat Vorteile, sie erleichtert beispielsweise den notwendigen Toleranzausgleich zwischen unterschiedlichen Basiszellen. Oder wenn einzelne Zellen versagen, genügt es, das betreffende Modul auszutauschen. Es muss nicht der ganze Akku gewechselt werden.

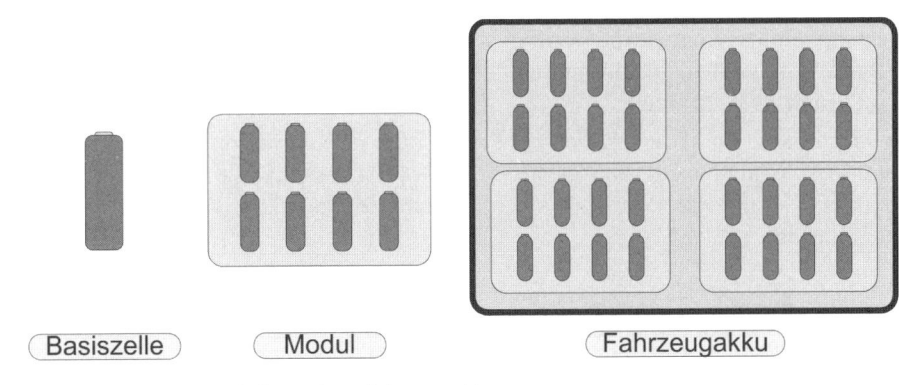

**Bild 5.16** Modularer Aufbau eines Fahrzeugakkus

Das Bild 5.17 einer realen Ausführung eines Fahrzeugakkus zeigt den Einbau des Akkus und der Module in das eigentliche Batteriegehäuse, das die Erfüllung der Anforderungen des Fahrzeugbetriebs und der Sicherheit gewährleistet. In das Gesamtsystem wird in der Regel das Batteriemanagement-System integriert, das beispielsweise den Toleranzausgleich und die Klimatisierung steuert:

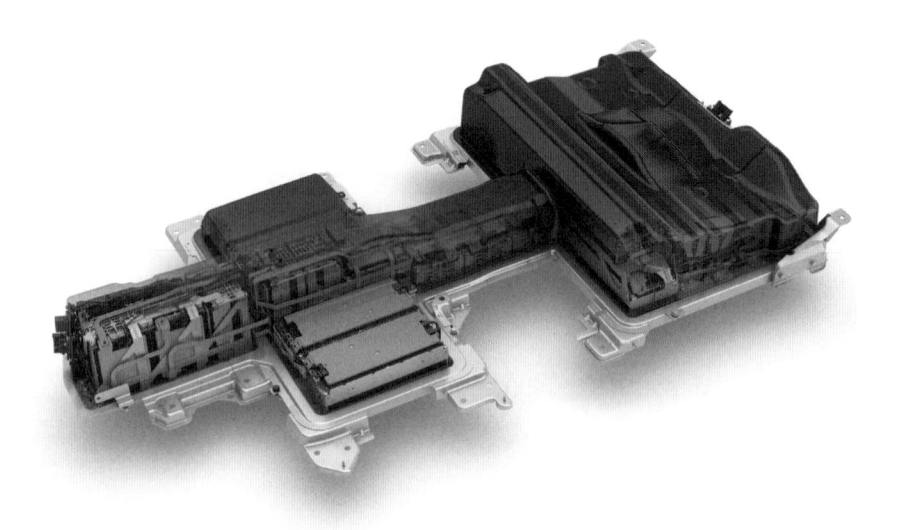

**Bild 5.17** Modularer Aufbau Akku, konstruktive Umsetzung. Quelle: Volkswagen Aktiengesellschaft

Der grundsätzliche Aufbau von Basiszellen ist in Bild 5.18 dargestellt. Als Basiszellen werden in der Praxis unterschiedliche Möglichkeiten genutzt:

- Es können handelsübliche Rundzellen, wie sie in elektronischen Geräten verwendet werden, eingesetzt werden, wie dies beim Akku des TESLA Model S gemacht wird. Zur praktischen Umsetzung müssen für den Fahrzeugakku mehrere tausend Basiszellen miteinander verbunden werden!
- Es können großformatige prismatische Zellen verwendet werden, die speziell für Automotive-Anwendungen entwickelt werden. Diese Möglichkeit wird beispielsweise bei BMW und VW eingesetzt. Bei diesen Ausführungen werden wenige hundert Basiszellen für den Gesamt-Akku benötigt.
- Etwas leichter sind die „Pouch-Zellen", die kein starres Gehäuse, sondern eine flexible Alufolienverpackung haben. Die mechanische Stabilität des Akkus wird durch das Modul- und das Gesamt-Akku-Gehäuse sichergestellt. Die Technik kommt beim Nissan-Leaf zum Einsatz.

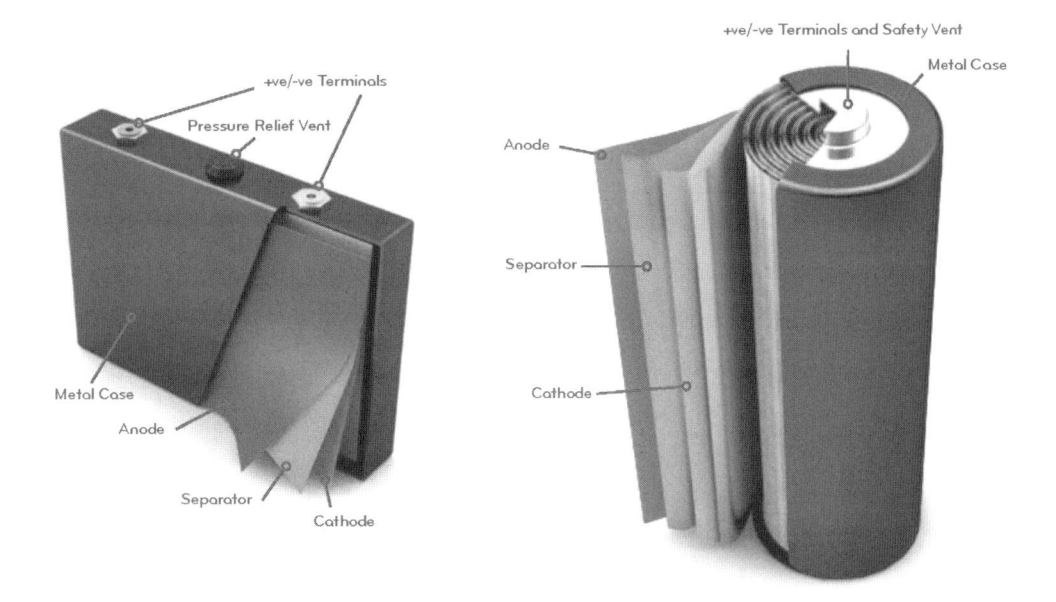

**Bild 5.18** Aufbau von Li-Ionen-Basiszellen. Links eine prismatische Zelle, rechts eine Rundzelle.
Quelle: Johnson Matthey Battery Systems

**Praxisbeispiel**

Daten für den e-Golf-Fahrzeugakku:
- Aufbau: 264 Zellen in 27 Modulen zusammengefasst
- Spannung: 323 V
- Kapazität: 24,2 kWh
- Gewicht: 318 kg

### 5.2.3.1 Akkukapazität und Reichweite von Elektrofahrzeugen

Wie bereits festgestellt wurde, hat der Li-Ionen-Akku im Vergleich zu anderen elektrochemischen Speichern herausragende Energiedichten. Sowohl wenn man die verfügbare **Energie**, also seine **Kapazität**, auf die Masse (= gravimetrische Energiedichte in Wh/kg) als auch wenn man sie aufs Volumen bezieht (= volumetrische Energiedichte in Wh/l).

In Bild 5.19 sind die Energiedichten verschiedener Akkuarten gegenübergestellt. Wobei die Li-Luftbatterie noch im Forschungsstadium ist und eine Verfügbarkeit für Elektromobile in den Jahren bis 2025 wohl nicht gegeben ist.

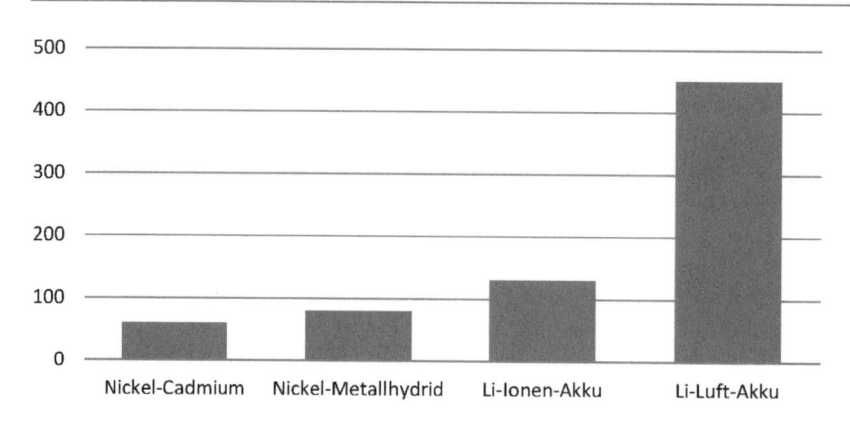

**Bild 5.19** Anhaltswerte: Energiedichten Akkus in Wh/kg (Werte für die Basiszellen)

Ein anderes Bild ergibt sich aber, wenn man diese Energiedichten (gravimetrisch) mit denen von Otto- oder Dieselkraftstoff vergleicht (siehe Bild 5.20):

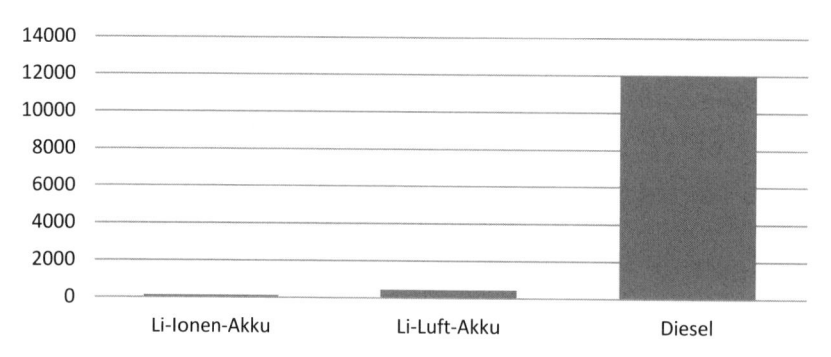

**Bild 5.20** Anhaltswerte: Energiedichten Akkus in Wh/kg im Vergleich zu Dieselkraftstoff

Man erkennt die deutlich größere Energiedichte des Dieselkraftstoffs. Zu erkennen sind Unterschiede, deren Verhältnis Energiedichte Diesel zu Energiedichte des Li-Ionen-Akkus annähernd Faktor 100 beträgt! Dies hat natürlich unmittelbaren Einfluss auf die Reichweite der Elektrofahrzeuge. Allerdings darf man das Zahlenverhältnis nicht eins zu eins auf das Reichweitenverhältnis übertragen. Günstiger wird die Relation durch folgende Zusammenhänge und Maßnahmen:

- Elektrofahrzeuge haben einen deutlich geringeren Verbrauch. Sie verbrauchen weniger als ein Drittel eines vergleichbaren Verbrenners.
- Die Konstrukteure bauen große Akkus in die Fahrzeuge ein, deren Masse mehr als sechsmal so hoch ist wie die Masse an Kraftstoff in den Verbrennern. Dank der Rekuperation wirkt sich die zusätzliche Masse nur teilweise auf den Energieverbrauch aus.

Das führt insgesamt dazu, dass Elektrofahrzeuge 150 bis 200 km Reichweite haben. Das reicht zwar in der Praxis für die meisten Fahrten aus, ist aber im Vergleich zu den 800 bis 1000 km bei Benzinern und Dieseln deutlich geringer.

### 5.2.3.2 Die Lebensdauer von Fahrzeugakkus

Zur Abschätzung der Lebensdauer der eingesetzten Antriebsakkus sind folgende Einflussparameter zu berücksichtigen:

- Die rein zeitliche Alterung: Selbst bei Nichtbenutzung verlieren Akkus Kapazität.
- Die Zyklen-Alterung: Jeder Ladezyklus kann die max. Kapazität verringern.
- Nicht angemessene Umgebungstemperaturen beim Laden und während des Betriebs können die Alterung beschleunigen.

Wie groß diese Einflüsse tatsächlich sind, kann man nicht genau abschätzen. Dazu liegen zu wenige praktische Langzeiterfahrungen vor. Aber durch Tests und Simulationen sind die Hersteller inzwischen so weit, dass sie Lebensdauergarantien abgeben können, an denen man ablesen kann, von welchen Lebensdauern mit einem großen Maß an Sicherheit ausgegangen werden darf (konkrete Werte s. u.).

Da diese Akkus ihre Leistungsfähigkeit schleichend verlieren und nicht ein totaler Zusammenbruch das Lebensende markiert, müssen Grenzwerte festgelegt werden, ab denen der Akku als nicht mehr gebrauchsfähig eingestuft wird. Dafür gibt es keine genormten Werte, vielmehr kann jeder Hersteller eigene Grenzwerte festlegen. In der Praxis werden aber häufig bei den Fahrzeugherstellern ähnliche Werte angegeben, die als Grenze die verbleibende max. Kapazität von 70 % oder 80 % des Nennwertes angeben.

Die Grenzwerte fließen in die Festlegung der Garantiebedingungen für die Antriebsbatterie ein. Auch hier gibt es herstellerspezifische Unterschiede. Beispielsweise kann als Garantiegrenze eine reine Zeitdauer festgelegt werden. Oder es wird eine bestimmte Anzahl von „unschädlichen" Ladezyklen bzw. eine entsprechende km-Leistung fixiert. Zu finden sind auch Kombinationen aus beiden Angaben. Anhaltswerte aus der Praxis sind: Garantie wird für die ersten 5 bis 8 Jahre gewährt. Als km-Grenze werden als typisch 100 000 km bis 160 000 km angegeben.

> **Hinweis**
>
> Die Reichweitenangaben der Fahrzeughersteller beziehen sich auf Tests mit neuen Batterien. Im Laufe der Lebensdauer muss der Nutzer mit einer sinkenden Reichweite auf 70 bis 80 % rechnen, entsprechend der nachlassenden Akkukapazität.

### 5.2.3.3 Das Batterie-Management-System (BMS)

Wie beschrieben, müssen Li-Ionen-Akkus sehr pfleglich behandelt werden, damit ihre Leistungsfähigkeit möglichst lange erhalten bleibt. Dazu gehört die Überwachung des Ladevorgangs. Es darf beispielsweise die Ladeschlussspannung nicht überschritten werden. Da die Kapazitäten der einzelnen Zellen toleranzbedingt streuen, kann es beim Ladevorgang keine Globalsteuerung des ganzen Akkupakets geben, vielmehr muss jede einzelne Zelle separat überwacht werden. Auch beim Entladen unterscheiden sich die Zellen und erreichen den Tiefentladungspunkt nach streuenden Entladezeiten. Damit nicht die schwächste Zelle das Gesamtverhalten des Akkus bestimmt, müssen auch beim Entladen die Zellen einzeln überwacht und gesteuert werden. Dies alles geschieht über ein **Batterie-Management-System**, das daneben auch weitere Zustände der Akkus überwacht und steuert. Beispielsweise seine erforderliche Klimatisierung. Der Akku sollte weder zu kalt noch zu warm betrieben werden, beides schadet seiner Leistungsfähigkeit und mindert die Lebensdauer. Auch die Sicherheitsüberwachung mit einer Sicherheitsabschaltung bei kritischen Zuständen fällt in den Aufgabenbereich des BMS. Dafür muss jede Zelle mit dem System zur Überwachung und Ansteuerung in der Regel mit einem Bussystem (CAN-Bus) verbunden werden.

Das Batterie-Management-System übernimmt zusammenfassend folgende Aufgaben:
- Ladekontrolle
- Zellschutz
- Lastmanagement
- Bestimmung des Ladezustandes
- Ausbalancieren der Zellen
- Kommunikation, Historie
- Thermomanagement

Das führt zu einem Gesamtsystem, wie es im Bild 5.21 beispielhaft dargestellt ist:

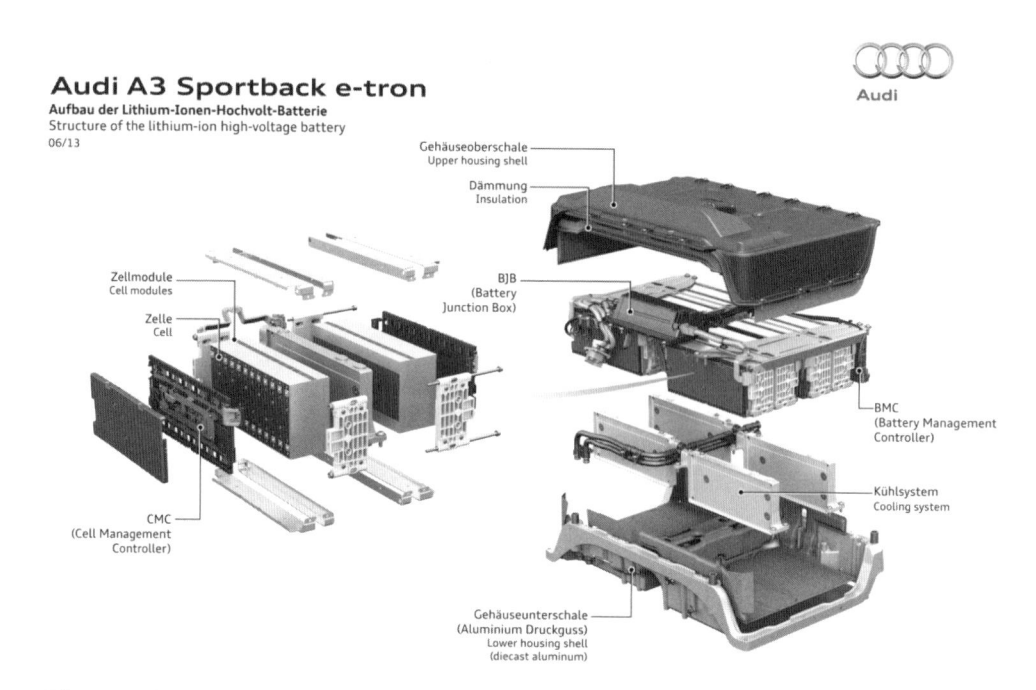

Bild 5.21 Gesamtsystem Fahrzeugakku. Quelle: Audi AG

### 5.2.3.4 Sicherheit der Fahrzeugakkus

Antriebsakkus werfen aufgrund ihrer hohen Spannungen, des großen Energieinhalts und der hochreaktiven Bestandteile wie Lithium und dem brennbaren Graphit Fragen nach der Sicherheit auf. Daher wird diesen Sicherheitsfragen von Seiten der Hersteller die größtmögliche Aufmerksamkeit unter Beachtung der geltenden Normen und Anforderungen zu Transportsicherheit und Umwelttests gewidmet. Die Wirksamkeit wird unter Erfüllung aller gesetzlichen Auflagen für Crashtests belegt. Um die höchstmögliche Sicherheit zu gewährleisten, werden dazu von den Fahrzeugherstellern bereits in der Entwicklung umfangreiche Absicherungsprogramme mit Komponententests durchgeführt.

Aber auch während des Betriebs im Fahrzeug wird der (Sicherheits-)Zustand des Akkus kontinuierlich überwacht. Das Sicherheitssystem an Bord warnt, sollten sich kritische Zustände des Akkus ergeben. Und sollte das Fahrzeug außer Kontrolle geraten, beispielsweise bei einem Unfall, so erfolgt die Trennung der Batterieanschlüsse automatisch.

Hinsichtlich von befürchteten Fahrzeugbränden stellt die „EVI" (Electric Vehicles Initiative) fest: „Extensive testing and evaluation have demonstrated that EVs do not pose a greater risk of fire than petrol-powered vehicles" (Global EV Outlook), und relativiert damit einige Pressemeldungen zu Akkubränden. Eine weitere Sicherheit bietet natürlich die sicherheitsoptimierte „Verpackung" des Fahrzeugakkus.

### 5.2.4 Hersteller

Bei der Herstellung des Fahrzeugakkus muss unterschieden werden in:
- Herstellung der Basiszelle
- Zusammenbau zum Gesamt-Fahrzeugakku

Obwohl es auch in Deutschland erhebliche Anstrengungen gibt, in der Zellenherstellung eigene Kompetenzen zu etablieren, muss festgestellt werden, dass die Basiszellen für die Fahrzeugakkus in den kommenden Jahren hauptsächlich aus Asien kommen werden. Wesentliche Hersteller lassen sich anhand der von ihnen hergestellten Basiszellen bei den verschiedenen Fahrzeugherstellern identifizieren.

Es sind dies (in zufälliger Reihenfolge, mit Beispielen, in welchen Fahrzeugen die Zellen eingesetzt sind):
- Automotive Energy Supply Corporation (AESC), Zellen (Pouch-Zellen) werden verwendet im Nissan-Leaf.
- Samsung SDI, Zellen werden verwendet im BMW i3.
- LG Chem, Zellen werden bei GM und Audi eingesetzt.
- BYD, Akkus werden verwendet im Daimler-BYD JV-Fahrzeug „Denza".
- Panasonic, Basiszellen verwendet beispielsweise im Tesla Model S.

Im Gegensatz zur Fertigung der Basiszellen liegt die Herstellung des **Gesamtsystems des Fahrzeugakkus** in der Verantwortung der Fahrzeughersteller. Vor allem das Gesamtpaket mit dem aufwendigen und komplexen Batteriemanagement und der **Gesamtintegration** in den Fahrzeugantrieb ist entscheidend für die Performance und den Erfolg der Elektroautos und stellt hier eine ebenso wichtige **Schlüsselkompetenz** dar, wie es die Herstellung der Basiszellen ist.

Seit Ende 2015/Anfang 2016 ist auch am Industriestandort Deutschland eine Hinwendung zur Zellfertigung in Deutschland zu beobachten: So hat die Firma BOSCH auf der IAA 2015 den Plan für einen Einstieg in die Zellfertigung mit einer neuen Akkutechnologie vorgestellt. Dabei wird die sogenannte Lithium Festkörpertechnik verfolgt: Es wird die bei der Li-Ionen-Zelle verwendete Anode, die zu großen Teilen aus Graphit besteht, durch eine Anode aus reinem Lithium ersetzt. Erste Versuche zeigen, dass sich dadurch die Energiedichte im Vergleich zu den herkömmlichen Akkus verdoppelt und sich die Ladezeit weiter verkürzen lässt (75 %-Ladung in nur 15 Minuten). Auch VW erwägt den Einstieg in eine eigene Zellfertigung. Nach Presseberichten Anfang 2016 denkt der Autokonzern an den Bau einer eigenen Batterie-Zellfertigung in Deutschland.

### 5.2.5 Ausblick Weiterentwicklung Akkus

Es gibt drei vorrangige Ziele, die bei der Weiterentwicklung der Akkus für die Elektrofahrzeuge verfolgt werden:
1. Senkung der Kosten
2. Steigerung der Energiedichte
3. Erhöhung der Anzahl der Ladezyklen (Standard 2014: 1000 Ladezyklen, möglich erscheinen 3000)

Zur Senkung der Kosten des Akkusystems, die derzeit (2014) bei etwa 500 Euro/kWh liegen, werden derzeit folgende Maßnahmen intensiv verfolgt:
- Standardisierung
- Optimierung der Fertigungsmethoden
- steigende Stückzahlen
- Materialentwicklung

Nach einer Studie von McKinsey sind Systemkosten (für den Gesamt-Antriebsakku) denkbar, die bis 2025 auf etwa ein Viertel der derzeitigen Kosten sinken könnten.

Einen vielbeachteten Schritt in diese Richtungen macht die Firma TESLA mit ihrer Batterie-Fertigungsstätte „Gigafactory", welche die Akkuherstellung in neue Dimensionen heben wird. Sie soll bereits im Jahr 2017 mit der Produktion starten und lässt durch die **optimierte Fertigung** 30 % Kostenreduktion erwarten. Ein weiterer Kostenvorteil soll auch durch **steigende Stückzahlen** sichergestellt werden. Geplant ist für das Jahr 2020 die jährliche Produktion von 35 GWh, so viel wie im Jahr 2013 die gesamte globale Produktionsmenge von Li-Ionen-Batterien betrug (Angabe TESLA Motors).

Eine deutliche Steigerung der Speicherdichte der Li-Ionen-Akkus durch die Verwendung von **innovativen Materialien** wird in den nächsten Jahren erwartet, wenn Silizium an Stelle von Graphit als Anodenmaterial verwendet wird. Aber auch die Verwendung von Graphen, eine Modifikation des Kohlenstoffs mit zweidimensionaler Struktur, scheint aussichtsreich zur Erhöhung der Speicherdichte.

Beschriebene Verbesserungen sind gradueller Natur. Sprungförmige Steigerungen insbesondere in der Speicherdichte sind von der Entwicklung der Li-Luft-Akkus zu erwarten, mit Speicherdichten über 450 Wh/kg, statt der bisherigen 130 Wh/kg. Diese Vergrößerung der Speicherdichte um mehr als Faktor drei ist allerdings nicht vor den Jahren 2025 bis 2030 in Elektrofahrzeugen einsatzreif.

## 5.3 Leistungselektronik, Inverter

Durch die Elektrifizierung des Antriebsstrangs ändern sich auch die Anforderungen an die Fahrzeugelektronik. Neben den Aufgaben der Steuerung und Regelung des Fahrbetriebs muss die Elektronik den vom Akku im **Hochvoltbereich** bereitgestellten Gleichstrom für den Antriebs-Elektromotor in Form von Hochvolt-Wechselspannung entsprechend den Fahranforderungen bereitstellen. Die dafür erforderliche Leistungselektronik stellt so das Bindeglied zwischen Hochleistungsakku und Elektromotor dar. Die auch als Inverter bezeichnete Elektronik besteht aus einem Pulswechselrichter und einer elektronischen Regelung. Sie sorgt für die sichere und anforderungsgerechte stufenlose Drehmomentversorgung und Drehzahlsteuerung des Antriebsstrangs. Auch die Energierückgewinnung bei der Rekuperation wird durch die Elektronik gesteuert. Optional kann mittels integrierten DC-DC-Wandlers die Versorgung des Niederspannungs-Bordnetzes erfolgen. Damit werden der konventionelle Generator und die bisherige Starterbatterie überflüssig.

Die Leistungselektronik muss Ströme von mehr als 300 Ampere und Spannungen von bis zu 400 V verarbeiten. Um eine Überhitzung durch (unvermeidliche) Verluste zu vermeiden, wird in der Regel eine Wasserkühlung vorgesehen. Durch kompakte Bauweise und hohe Leistungsdichte lässt sich die Größe der Elektronik auf ein Volumen von wenigen Litern begrenzen, benötigt aber im Vergleich zur Motorgröße doch einen nennenswerten Bauraum (siehe Bild 5.22).

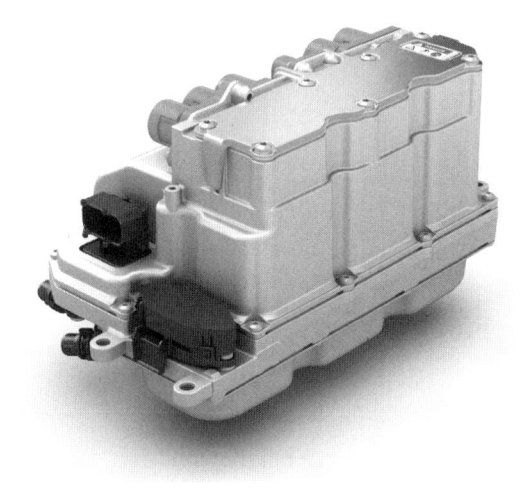

**Bild 5.22** Leistungselektronik für ein Elektrofahrzeug.
Quelle: Volkswagen Aktiengesellschaft

Als weiteres elektronisches Bauteil ist ein Ladegerät für die Ladung der Hochvoltbatterie im Fahrzeug vorzusehen. Diese muss die zum Laden verwendete Wechselspannung, beispielsweise von einem konventionellen Hausanschluss, in die Lade-Gleichspannung für den Akku wandeln und die Ladesteuerung übernehmen (siehe auch Kapitel 6). Aufgrund der hohen Leistungen, die in der Elektronik verarbeitet werden, wird auch ein beträchtlicher Teil der Energie in Wärme umgewandelt und schmälert so den Wirkungsgrad des Fahrzeugs.

Neuere Entwicklungen zeigen für die nächsten Jahre die Möglichkeit, durch Verwendung von Siliziumkarbid als Halbleitermaterial sowohl die Energieeffizienz der Elektronik deutlich zu verbessern als auch den notwendigen Bauraum zu reduzieren. Nach Angaben von Toyota ist ein Bauraumgewinn von 80 % möglich. Die Effizienz soll so weit erhöht werden, dass sich der Kraftstoffverbrauch um 10 % reduzieren lässt. Dadurch steigt entweder die elektrische Reichweite entsprechend. Oder die Akkugröße kann reduziert werden, um so die Kosten beim Energiespeicher zu vermindern. Testfahrten dazu sollen bereits 2015 stattfinden. Im folgenden Bild 5.23 ist die mögliche Volumenreduktion zu erkennen:

**Bild 5.23** Verkleinerung des Bauraums für die Leistungselektronik durch Verwendung von Siliziumkarbid als Halbleitermaterial. Quelle: Toyota

# 6 Laden und Ladeinfrastruktur

Wie beim Laden der Akkus von Handys, Laptops usw. ist auch beim Laden des Fahrzeugakkus ein spezielles Ladegerät notwendig. Für die Standardladung befindet sich dieses im Fahrzeug, so dass zur Nachladung im Prinzip nur ein entsprechendes Ladekabel und für den einfachsten Fall eine normale Haushaltssteckdose erforderlich ist. Damit lässt sich ein Elektrofahrzeug über Nacht wieder aufladen. Aber auch für kürzere Ladedauern gibt es entsprechende Lösungen. Neben den Grundlagen geht dieses Kapitel auf die dazugehörende Normung und die daraus resultierenden Ladesysteme ein.

## ■ 6.1 Grundlagen Akku laden

Akkumulatoren sind galvanische Zellen, in denen chemisch gespeicherte Energie in elektrische Energie gewandelt werden kann. Dieser Vorgang ist bei Akkumulatoren – im Gegensatz zu Batterien – reversibel, der Akku kann wieder geladen werden: Elektrische Energie wird in chemische Energie zurückgewandelt und damit gespeichert.

Die maßgeblichen Kenngrößen für das Laden sind:

- der Ladestrom
- die Lade(schluss)spannung
- die Kapazität des Akkus = die in ihm speicherbare elektrische Energie. Dadurch ist gleichzeitig auch die elektrische Energie definiert, die zum **Laden** benötigt wird. Sie wird in Wattstunden (Wh) oder in Kilowattstunden (kWh) angegeben, häufig aber auch in Amperestunden (Ah). Die angegebenen Amperestunden multipliziert mit der Zellspannung ergibt dann wieder die Kapazität in Wattstunden. Zumindest nominell, Einzelheiten siehe unten. Wegen unvermeidlicher Verluste beim Laden und Entladen ist die Ladeenergie höher als die beim Entladen nutzbare Energie.
- die Ladezeit, und daraus abgeleitet, die Laderate

In den folgenden Abschnitten werden die wesentlichen Begriffe vertieft.

## 6.1.1 Die Laderate

Mit der Laderate wird der Ladestrom in Abhängigkeit der Akkukapazität definiert. Sie wird üblicherweise als „Laderate $C$" angegeben. Das „$C$" als Maß für die Laderate ist nicht zu verwechseln mit der Einheit für die Kapazität „C" = Coulomb. Die Laderate ist über folgenden Zusammenhang festgelegt: Eine Laderate 1 C bedeutet, dass der Akku mit einer Stromstärke geladen wird, so dass er in 1 Stunde vollgeladen ist (rechnerisch, ohne Berücksichtigung von Verlusten). Bei einer Laderate von 2 C wird mit der doppelten Stromstärke geladen, der Akku ist rechnerisch dann in 0,5 Stunden geladen. Allgemein ausgedrückt: Die Laderate bestimmt den Ladestrom und ist umgekehrt proportional zur Ladezeit. Mit welchen Laderaten geladen werden kann, hängt von der Chemie des Akkumulators ab.

## 6.1.2 Kapazität des Akkus

Die Kapazität des Akkus ist die im Akku gespeicherte Energie, die beim Entladen als elektrische Arbeit genutzt werden kann. Sie wird entweder in Amperestunden oder in Wattstunden angegeben.

### 6.1.2.1 Kapazität in Amperestunden (Ah)

Bei der Definition der Kapazität eines Akkumulators geht man zunächst von seiner Grundfunktion aus: Er speichert elektrochemisch Ladung, gemessen in Coulomb (C). Mit der „Coulombkapazität" ist damit physikalisch die Zahl der Ladungsträger festgelegt, die in einen Stromspeicher geladen werden können. Beim Li-Ionen-Akku geht weder beim Laden noch beim Entladen Ladung verloren. Man spricht daher von einem Ladewirkungsgrad von eins, sollte aber präzisieren, dass hier speziell der **Coulomb-Wirkungsgrad** gemeint ist.

Da die Angabe der Kapazität in Coulomb elektrochemisch zwar korrekt, aber wenig anschaulich ist, wird die Angabe mit der Ladezeit verknüpft und als **Amperestunden** angegeben. Ampere ist das Maß für die Stromstärke (Anzahl der Ladungsträger pro Zeit). Wird die Stromstärke mit der Ladezeit multipliziert, landet man wieder bei der Anzahl der Ladungsträger, hat also die ursprüngliche Ladungsinformation.

### 6.1.2.2 Kapazität in Wattstunden (Wh) und Wirkungsgrad

Wichtiger als die Zahl der gespeicherten Ladungsträger ist für den Nutzer des Akkus die Energie oder die Leistung, die er aus den fließenden Ladungsträgern gewinnen kann. Für die Berechnung der Akkuleistung muss folglich die jeweilige Stromstärke mit der Spannung multipliziert werden. Beim Laden heißt das, der Ladestrom wird mit der Ladespannung aus dem Ladegerät, beim Entladen wird die Stromstärke am Verbraucher mit der vorhandenen Akkuspannung multipliziert.

Da die Spannungen sich aber entlang der Lade- und Entladekurve verändern, genügt es nicht, eine angegebene Amperestunden-Kapazitätsangabe mit der Nennspannung des Akkus zu multiplizieren, um auf die Wattstunden-Kapazität, also die tatsächlich verfügbare Energie, zu kommen. Vielmehr muss, sowohl für den Lade- als auch für den Entladevorgang, die Ladeleistung über die gesamte Lade- bzw. Entladezeit integriert werden. Es gilt also zunächst für die in den Akku eingebrachte Ladeenergie:

$$E_{Lade} = \int_{tS}^{tE} u(t)i(t)\mathrm{d}t \tag{6.1}$$

Mit $t = tS$ der Startzeit *und* $tE$ der Endzeit des Ladevorgangs, *u(t)*: Spannung beim Laden und *i(t)*: Stromstärke beim Laden.

Und für die beim Entladen entnommene Entladeenergie, die nutzbare Kapazität des Akkus gilt:

$$E_{Entlade} = \int_{tSE}^{tEE} u(t)i(t)\mathrm{d}t \tag{6.2}$$

Mit $t = tSE$ der Startzeit *und* $tEE$ der Endzeit des Entladevorgangs, *u(t)*: Spannung beim Entladen und *i(t)*: Stromstärke

Der Wirkungsgrad des Akkus, berechnet aus dem Verhältnis der in den Akku eingebrachten Energie und der genutzten Energie beim Entladen, ist:

$$\eta = \frac{E_{Entlade}}{E_{Lade}} \tag{6.3}$$

Er ist kleiner als 1, da durch die Leitungswiderstände und dem Innenwiderstand des Akkus entsprechende Wärmeverluste unvermeidbar sind. Erreichbar sind mehr als 90 %.

### 6.1.3 Anforderungen beim Laden von Lithium-Ionen-Basiszellen

Grundsätzlich will man beim Laden von Akkus möglichst kurze Ladezeiten erreichen. Theoretisch könnte man dazu die Ladezeiten durch das Erhöhen der Laderate, also durch Vergrößerung von Ladespannung und Ladestrom beliebig verkürzen. In der Praxis sind dem aber aufgrund der chemischen Vorgänge in den Akkus deutliche Grenzen gesetzt. So sind für jeden Akkutyp spezifische Randbedingungen einzuhalten, um die Leistungsfähigkeit der Stromspeicher für eine möglichst lange Lebensdauer nutzen zu können. Daher gibt es von den Herstellern, speziell von Li-Ionen-Akkus, sehr genaue Vorgaben für das Ladeverfahren der Zellen. Für die derzeit verwendeten Li-Ionen-Akkus bedeutet dies beispielsweise, dass die maximale Lade(schluss)spannung von 4,2 V in engen Toleranzen von +/−0,05 V nicht überschritten werden darf. Damit sind Ladezeiten von 2 bis 3 Stunden realisierbar, wenn der Akku zu 100 % aufgeladen werden soll. Diese Spannungsgrenze ist insbesondere einzuhalten, wenn der Akku bereits um mehr als 80 % seiner maximalen Kapazität aufgeladen ist. Unterhalb dieser Grenze sind die Zellen weniger empfindlich, so dass hier auch höhere Laderaten unschädlich sind. Das wird bei den „Schnellladeverfahren" soweit ausgenutzt, dass die 80 %-Ladung innerhalb einer halben Stunde möglich ist.

Um ein Überladen und damit eine Zerstörung der Zelle zu verhindern, sind kommerziell erhältliche Akkuzellen mit einer Schutzschaltung ausgestattet. Sie brechen den Ladevorgang ab, wenn die angelegte Spannung oder die Zellentemperatur zu hoch wird. Besonders empfindlich reagieren Li-Ionen-Akkus auch, wenn sie bei geringen Temperaturen geladen werden, insbesondere Ladetemperaturen unter dem Gefrierpunkt schädigen den Akku.

Der gesamte Ladevorgang wird von einem Ladegerät gesteuert, das speziell für den jeweiligen Akku ausgelegt ist. Man kennt das aus dem täglichen Leben von den vielen unterschiedlichen Ladegeräten, die jeweils passend für das entsprechende Gerät notwendig sind.

Das gängige Ladeverfahren, mit dem die Akkus geladen werden, heißt CCCV-Ladeverfahren (Constant Current, Constant Voltage). Dabei wird der Akku zunächst mit konstanter Stromstärke geladen (Constant Current). Durch die steigende Kapazität steigen auch der Innenwiderstand und die Akkuspannung. Erreicht diese Ladespannung den angesprochenen Grenzwert, die Ladeschlussspannung, wird das Ladeverfahren auf Konstantspannung (Constant Voltage) umgeschaltet. Das Laden mit dieser konstanten Ladeschlussspannung führt bei voller werdendem Akku zu einer sinkenden Ladestromstärke. Unterschreitet diese eine vorgegebene Grenze, wird der Ladevorgang vom Ladegerät automatisch beendet, der Akku ist voll.

Da die Li-Ionen-Akkus keinen Memoryeffekt aufweisen, können sie aus jedem Ladezustand heraus aufgeladen werden, was den praktischen Umgang des Nachtankens erheblich vereinfacht, da man nicht auf eine bestimmte Entladetiefe des Akkus warten muss, bis Nachgeladen werden darf, wie dies beispielsweise bei den Ni-Cd-Akkus der Fall ist.

Nicht nur beim Laden, auch beim Nutzen des Akkus, also beim Entladen, sind bestimmte Grenzen einzuhalten. Völlig zerstört wird der Li-Ionen-Akku, wenn er tiefentladen wird. Das wird durch eine elektronische Schutzschaltung in der Zelle verhindert, der Akku schaltet ab, wenn eine „Entlade-Schlussspannung" unter 2,5 V sinken sollte.

Praxis-Anhaltswerte von Li-Ionen-Basiszellen:
- Nennspannung: 3,6 bis 3,7 V
- Ladeschlussspannung: 4,2 V
- Tiefentladungsgrenze: 2,5 V
- Zwischenladungen sind unschädlich

### 6.1.4 Laden von Li-Ionen-Fahrzeugakkus

In einem Fahrzeugakku sind die Akkuzellen zu einer Gesamtbatterie zu Spannungen bis in der Größenordnung von $U = 400$ V zusammengeschaltet. Um den oben genannten grundsätzlichen Anforderungen gerecht zu werden, braucht es für den Ladevorgang aus dem Stromnetz zwei Teilsysteme. Zum einen ein Ladegerät, das den zum Laden verwendeten **Wechselstrom** in einen für das Akkuladen nutzbaren **Gleichstrom** wandelt. Hier hat sich durchgesetzt, dass dieses Ladegerät im Fahrzeug integriert ist. So ist sichergestellt, dass die Fahrzeuge praktisch an jeder Steckdose ohne weitere Infrastruktur geladen werden können, vorhandenes Ladekabel vorausgesetzt.

Zum anderen müssen aber noch toleranzbedingte Unterschiede der einzelnen Zellen und Module sowohl beim Laden als auch beim Entladen berücksichtigt werden. Beispielsweise wird eine Zelle, die bereits voll ist, während die anderen noch Ladung benötigen, vom weiteren Ladevorgang abgekoppelt. So wird eine Überladung der Einzelzelle verhindert. Wie bereits ausgeführt, werden diese Aufgaben in Elektromobilen von sogenannten Batterie-Management-Systemen, abgekürzt BMS, übernommen. Das BMS dient auch als grundsätzliche Schnittstelle zwischen Akku und dem restlichen Elektrofahrzeug. Es steuert beispielsweise eine notwendige Klimatisierung des Akkus, dient zur Sicherheitsüberwachung bis hin zum Abschalten des Batteriesystems in kritischen Fehlerzuständen.

## ■ 6.2 Das Laden von Elektrofahrzeugen

Aus Sicht des Nutzers sollte das Laden des Elektrofahrzeugs zum einen unkompliziert und komfortabel sein und zum anderen an möglichst vielen Stromtankstellen durchführbar sein, siehe Bild 6.1. Die dafür notwendigen Randbedingungen und Voraussetzungen werden in diesem Abschnitt beschrieben.

Bild 6.1 Ladesäule als Stromtankstelle für Elektrofahrzeuge

Elektrofahrzeuge werden von Fahrzeugherstellern aus verschiedenen Kontinenten in viele Länder mit durchaus unterschiedlicher Elektroinfrastruktur verkauft. Eine internationale Normung für mögliche Ladearten bis hin zum einzelnen Stecker ist hier für den Markterfolg der Elektrofahrzeuge überaus hilfreich und notwendig. Wegen der komplexen Verflechtungen hat sich das in der Vergangenheit als schwieriges und langwieriges Verfahren herausgestellt. Und es ist noch nicht beendet. Gleichwohl gibt es zurzeit (2014) ein großes Maß an Festlegungen, die Gebrauch und Vermarktung der Fahrzeuge erleichtern. Durch die grundlegende Norm IEC 62196 sind beispielweise unterschiedliche **Lademodi** einschließlich der dafür notwendigen Steckverbindungen festgelegt. Damit sind die Randbedingungen sowohl für das Laden aus haushaltsüblichen Steckdosen als auch aus öffentlichen Ladesäulen mit unterschiedlichem Leistungsangebot weitgehend bestimmt. Allein beim **Gleichstrom-Schnellladen** konkurrieren zwei unterschiedliche Ladesysteme. Das von europäischen Herstellern favorisierte Combined Charging System (CCS) und das CHaDemo, das von japanischen Herstellern genutzt wird. Offen ist noch, ob sich nur eines der beiden Systeme durchsetzt oder beide Systeme parallel weiter genutzt werden.

### 6.2.1 Ladearten und Lademodi

Grundsätzlich gibt es in den Industrienationen eine gut ausgebaute Infrastruktur, die eine Versorgung mit elektrischem Strom sicherstellt. Diese Infrastruktur kann und wird zum Laden der Elektrofahrzeuge genutzt, wobei unterschiedliche, standardisierte Lademodi zum Einsatz kommen. Diese sind in der Norm IEC 62196 einschließlich der notwendigen Steckverbindungen festgelegt. Folgende vier Lademodi kommen zum Einsatz:

#### Mode 1

Mode 1 betrifft das Laden mit Wechselstrom (AC) aus einer Haushaltssteckdose (Schutzkontakt oder CEE-Steckdose) mit max. 16 A (3,7 kW), ohne Kommunikation mit dem Fahrzeug. Das Ladegerät ist im Fahrzeug eingebaut. Die verwendete Steckdose muss über eine Fehlerstromschutzeinrichtung abgesichert sein (FI-Schalter). Dabei muss sichergestellt sein, dass die verwendete Steckdose die verwendeten Ströme nicht nur kurzzeitig, sondern auf Dauer zulässt. Da dies aber nicht grundsätzlich gewährleistet werden kann, wird der Mode 1 in der Praxis nur als Not-Lademöglichkeit bei in der Regel reduzierten Ladeleistungen genutzt.

## Mode 2

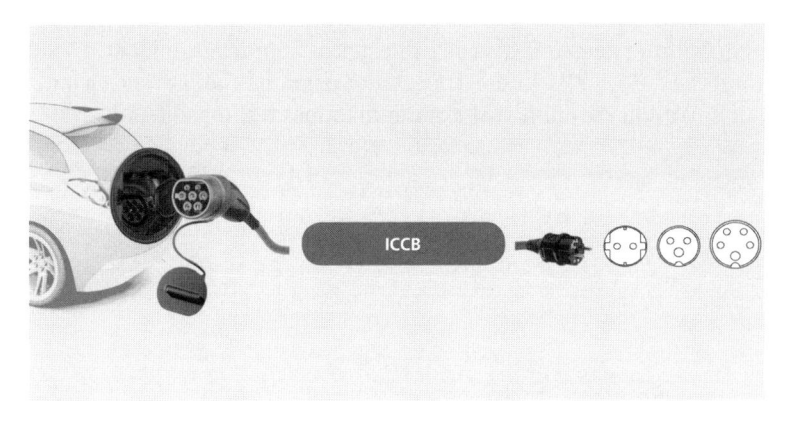

**Bild 6.2** Schema Mode 2 Laden. Quelle: MENNEKES

Mode 2 beschreibt das Laden mit Wechselstrom (AC) aus einer Standard-Haushaltssteckdose (Schutzkontakt) bis max. 16 A, einphasig (3,7 kW) oder dreiphasig mit max. 32 A (22 kW). Geladen wird über ein spezielles Ladekabel mit einer Steuer- und Schutzfunktionsvorrichtung, die in das Kabel integriert ist. Diese Vorrichtung wird als „In-Cable Control-Box" (ICCB) bezeichnet und sichert den Ladevorgang durch eine Schutzpegelerhöhung, wie sie für mobile Einrichtungen vorgeschrieben ist. Zudem beinhaltet sie die Kommunikationseinrichtung (PWM-Modul) für die Kommunikation mit dem Fahrzeug. Das Ladegerät selbst ist im Fahrzeug eingebaut. Der Stromanschluss versorgungsseitig erfolgt über eine Schuko- oder CEE-Steckdose.

Aber auch mit einer sogenannten **„Wallbox"** kann gemäß Mode 2 (aber häufiger auch gemäß Mode 3, siehe unten) geladen werden. Diese Möglichkeit wird in Form von Heimladestationen von den meisten Fahrzeugherstellern angeboten.

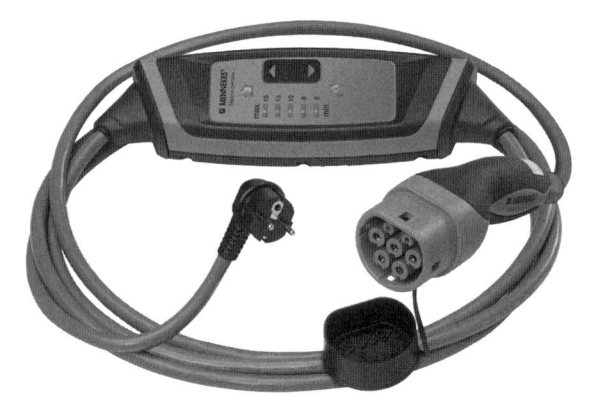

**Bild 6.3** Mode-2-Ladekabel mit In-Cable Control-Box (ICCB). Quelle: MENNEKES

## Mode 3

Der Mode 3 ist festgelegt für das Laden mit Wechselstrom (AC) an (öffentlichen) Ladestationen mit einer Ladeeinrichtung gemäß IEC 61851 (Electrical Supply Equipment, EVSE) bis 63 A, dreiphasig, mit max. 43,5 kW. In der Ladestation sind die Steuer- und Schutzfunktion und das Kommunikationsmodul (PWM-Kommunikation) fest installiert.

**Bild 6.4** Laden mit einer Ladestation, Ladestation als Wallbox ausgeführt.
Quelle: BMW Group

Auch hier wird das im Fahrzeug eingebaute Ladegerät genutzt. Es ist ein spezielles Ladekabel mit einer Steckvorrichtung an der Ladestation gemäß IEC 62196-2 erforderlich (siehe Abschnitt 6.3.4). Mit Mode-3-Laden ist eine Ladezeit von unter einer Stunde möglich.

## Mode 4

Mode 4 ist vorgesehen für Laden an Gleichstrom-Ladestationen (DC) mit fest installierter Steuer- und Schutzfunktion. Das Ladegerät ist fest in der Ladestation eingebaut, das Ladekabel ist fest mit der Ladestation verbunden. Durch das eingebaute Ladegerät sind höhere Investitionskosten für die Ladestation notwendig.

Möglich sind dabei zwei Ladevarianten:

1. Die DC-Low-Ladung mit einer Typ-2-Steckvorrichtung (fahrzeugseitig) und maximal 38 kW Ladeleistung.

2. Die DC-High-Ladung mit maximal 170 kW Ladeleistung. Hier ist als erweitertes Stecksystem das erwähnte „Combo-System" mit zwei zusätzlichen DC-Kontakten eingesetzt; bzw. bei japanischen Herstellern ein System nach dem CHAdeMO-Standard. Dieser Modus ist der Standardmodus für das Schnellladen der Fahrzeuge mit Ladezeiten von etwa 0,5 Stunden.

Mit den beschriebenen Lademöglichkeiten ergeben sich in der Praxis folgende typischen Ladeszenarien:

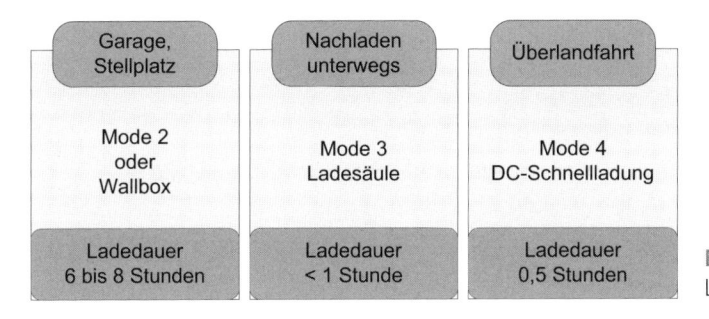

| Garage, Stellplatz | Nachladen unterwegs | Überlandfahrt |
|---|---|---|
| Mode 2 oder Wallbox | Mode 3 Ladesäule | Mode 4 DC-Schnellladung |
| Ladedauer 6 bis 8 Stunden | Ladedauer < 1 Stunde | Ladedauer 0,5 Stunden |

**Bild 6.5** Übersicht Ladeszenarien

### 6.2.2 Zusammenhang Ladeleistung/Ladedauer

Die einfachste und pragmatischste Möglichkeit, einen Fahrzeugakku im Elektroauto zu laden, ist das Laden über eine normale Haushaltssteckdose mit 230 V und einer Absicherung mit 16 A (Mode 1 und 2). Dies ergibt dann die maximale Ladeleistung von:

$$P_{Lademax} = 230\,\text{V}\,16\,\text{A} = 3{,}7\,\text{kW} \tag{6.4}$$

Die entsprechenden Ladegeräte im Fahrzeug sind für einen Ladestandard von 3,7 kW ausgelegt.

**Wie lange dauert mit dieser Ladeleistung ein Ladevorgang?**

Zum Aufzeigen des Zusammenhangs wird von einem Fahrzeug mit einem Akku mit einer Kapazität von 24 kWh ausgegangen. Weitere Annahme, es wird konstant mit einer Leistung von 3,7 kW geladen. Bei einem angenommenen Ladewirkungsgrad von 90 % muss durch das Laden die elektrische Energie, $E_{Lade}$, zugeführt werden:

$$E_{Lade} = 24\,\text{kWh} / 0{,}9 = 26{,}7\,\text{kWh} \tag{6.5}$$

Mit dem Zusammenhang Ladeleistung und Ladeenergie: $P = E_{Lade}/t$ ergibt dies eine Ladezeit von:

$$t_{Lade} = 26{,}7\,\text{kWh} / 3{,}7\,\text{kW} = 7{,}2\,\text{h} \tag{6.6}$$

Somit kann ein Elektrofahrzeug bequem über Nacht oder auch während der Arbeitszeit aufgeladen werden, so dass am nächsten Morgen bzw. nach der Arbeit die volle Reichweite des Fahrzeugs genutzt werden kann.

Sind kürzere Ladezeiten erforderlich, beispielsweise zum Zwischenladen bei längeren Fahrstrecken, so sind höhere Ladeleistungen erforderlich, wie sie bei den Lademodi 2 bis 4 in unterschiedlichen Leistungsstufen bereitgestellt werden können. Insbesondere die ab dem Jahr 2016 von mehreren Herstellern durchgeführten Batterieupgrades mit deutlich höheren Batteriekapazitäten machen das einphasige Laden mit 16 A sehr langwierig, so dass auch für das „über Nacht"-Laden häufig ein einphasiges Laden mit 32 A oder sogar das dreiphasige Laden durch Nutzen einer entsprechenden Wallbox angewendet wird.

> **Hinweis**
>
> Plug-In-Fahrzeuge lassen sich wegen der geringeren Akkukapazitäten in kürzerer Zeit wieder aufladen.

### 6.2.3 Anschlüsse zum Laden: Steckverbindungen

Zur konkreten Nutzung der entsprechenden Lademodi muss festgelegt sein, welche Steckverbindung an welcher Stelle zum Einsatz kommt. Unterschieden wird dabei zwischen dem Anschluss „energieseitig", also zwischen Steckdose und Ladekabel bzw. Ladestation und Ladekabel und der Steckverbindung zwischen Ladekabel und Fahrzeug. Die oben angesprochene Norm IEC 62196 legt entsprechend dem jeweiligen Lademodus die Steckverbindungen fest. Sie lässt folgende drei Typen für Steckverbindungen zu:

- IEC 62196-2 „Typ 1" – single phase vehicle coupler – übernimmt die Spezifikation aus SAE J1772/2009 (Nachteil: keine Drehstromkontakte)
- IEC 62196-2 „Typ 2" – single and three phase vehicle coupler – übernimmt die Spezifikation aus VDE-AR-E 2623-2-2
- IEC 62196-2 „Typ 3" – single and three phase vehicle coupler with shutters – übernimmt die Vorschläge der EV Plug Alliance (zusätzliche Schutzmechanismen, die aber im Typ 2 durch mehrfach redundante Sicherungssysteme als abgedeckt gelten)

Natürlich wäre eine internationale Festschreibung von nur einem Steckverbindungstyp wünschenswert. Hier sind die internationalen Festlegungsvorgänge noch im Fluss. Aber zumindest für Europa wurde bzgl. der Steckerfrage Klarheit geschaffen: In der Mitteilung „European Commission – IP/13/40 24/01/2013" wurde von der EU Folgendes festgelegt und bekanntgegeben: „Ein einheitlicher EU-Ladestecker ist für die Markteinführung dieses Kraftstoffs (Strom) entscheidend. Um die auf dem Markt herrschende Unsicherheit zu beenden, hat die Kommission heute die Verwendung des Steckers vom **„Typ 2"** zur gemeinsamen **Norm für ganz Europa** erklärt."

In der Folge dieser Entscheidung haben sich die Hersteller, darunter auch amerikanische und japanische, darauf geeinigt, dass sämtliche in Europa angebotenen Fahrzeuge bis 2017 mit dem Typ-2-Stecker für das AC-Laden ausgerüstet werden.

**Bild 6.6** Steckvorrichtung Typ 2, fahrzeugseitig. Quelle: MENNEKES

Keine allgemeingültige Lösung gibt es allerdings für eine Steckverbindung für die Mode-4-Gleichstromladung. Zwar ermöglicht die Typ-2-Steckvorrichtung das Gleichstrom (DC-Low)-Laden mit einer Ladeleistung von max. 38 kW. Nicht jedoch das für die Schnellladung genutzte DC-High-Laden.

Dafür etablieren sich derzeit zwei unterschiedliche Standards:

- das von japanischen Herstellern favorisierte und genutzte CHAdeMO-System,
- das Combined Charging System CCS.

Die European Automobile Manufacturers Association (ACEA) hat sich auf das CCS-System ab 2017 als einheitliche AC/DC-Ladeschnittstelle für alle neuen Fahrzeugtypen in Europa festgelegt. Das CCS-System soll für die Elektrofahrzeuge in Europa und den USA eingesetzt werden. Als fahrzeugseitiger Steckertyp wurde der sogenannte Combo-2-Stecker vorgeschlagen. In Ergänzung zum genormten Typ-2-Stecker kommen noch zwei „High-Power DC-Charging Pins" hinzu. Voraussetzung ist eine fahrzeugseitige CCS-Ladedose am Fahrzeug, die häufig nur optional angeboten wird.

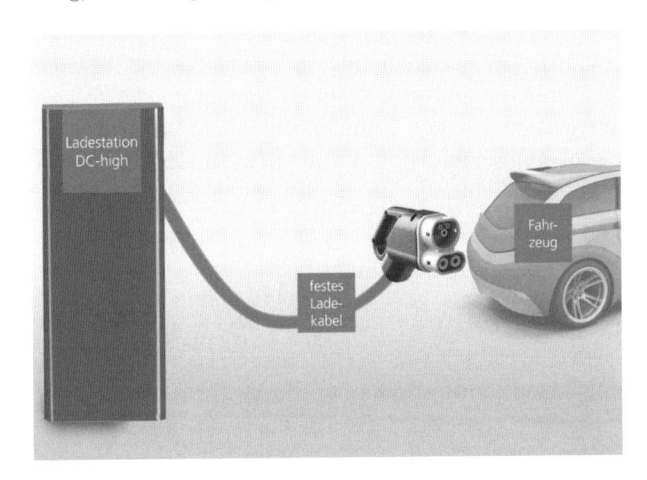

**Bild 6.7** Gleichstromladen mit Combo-System. Quelle: MENNEKES

### 6.2.4 Sicherheit beim Laden

Da beim Laden generell sehr hohe Ladeströme und entsprechend hohe Spannungen verwendet werden, wird ein entsprechendes Sicherheitskonzept notwendig.
Dazu gehören im Wesentlichen:

- vorgeschriebener FI-Schalter bei Mode 1 bzw. eine entsprechende Fehlerstromschutz-Einrichtung beim Laden mit Mode 2
- Wegfahrsperre bei eingestecktem Kabel
- Verriegelung des Kabels im Fahrzeug generell und in der Ladesteckdose beim Mode-3-Laden
- elektrischer Überlastschutz beim Laden
- Die Freigabe des Ladestroms erfolgt erst, wenn der Stecker richtig gesteckt ist und der Schutzleiter Verbindung zum Fahrzeug hat.
- mechanischer Überfahrschutz von Kabel und Stecker

Bei Typ-2-Steckvorrichtungen werden diese Anforderungen so erfüllt, dass sie ohne beweglichen Berührungsschutz auskommen und daher wartungsfrei und dauerhaft betriebssicher sind.

## ■ 6.3 Entwicklung der Ladeinfrastruktur

Aufgrund der geringen Reichweite müssen Elektrofahrzeuge deutlich häufiger zum Strom-Tanken als konventionelle Fahrzeuge zum Kraftstoff-Tanken. Außerdem dauert der Ladevorgang in der Regel mehrere Stunden. Es ist vorgesehen und hat sich in der Praxis etabliert, dass die allermeisten Ladevorgänge zu Hause, in der eigenen Garage, vorrangig über Nacht, stattfinden. Derzeit gibt es aber hier noch das Problem für Elektrofahrzeug-Interessenten ohne eigene Garage. Dafür müssen Fahrzeughersteller und Politik, vorrangig die Kommunen, in absehbarer Zeit eine Lösung finden, denn sonst fällt eine relativ große potentielle Käuferschicht ganz weg. Natürlich gibt es im öffentlichen Bereich die entsprechenden Ladesäulen, die aber aus wirtschaftlichen Gründen von vielen Benutzern angesteuert werden sollen und daher nicht von Einzelnen für das tägliche, private Standard-Laden genutzt und damit blockiert werden sollen.

Öffentliche Ladesäulen sind dazu gedacht, bei größeren Fahrten die geringe Reichweite der Elektrofahrzeuge durch eine Nachlademöglichkeit zu überbrücken. Um die Ladedauer dabei kurz zu halten – der Fahrer ist ja unterwegs! – sollte dabei mit hohen Ladeleistungen geladen werden können, was mindestens die Möglichkeit einer AC-Schnellladung im Mode 3, dreiphasig, voraussetzt. Solche Ladesäulen sind vorgesehen für den öffentlichen Raum, sie erfordern deshalb die Möglichkeit eines Abrechnungssystems. Aber auch im halböffentlichen Raum werden sie eingesetzt, bei dem der Zugang beschränkt ist, beispielsweise auf Kunden: bei Post, Hotel, Parkhäusern etc. In diesem Fall sind zwar die Anforderungen an Sicherungsmaßnahmen (z.B. gegen Vandalismus) nicht ganz so hoch wie an rein öffentlichen Stellen, aber auch hier müssen die Zugangsberechtigung und die Abrechnungsmodalitäten sorgfältig geklärt sein. Software-unterstützte Lösungsmöglichkeiten, die auch für Fuhrparks geeignet sind, gibt es von verschiedenen Anbietern wie BOSCH und MENNEKES. Natürlich ist Mode 3 auch im privaten Bereich mittels einer Wallbox nutzbar, wenn kurze Ladezeiten erforderlich sind.

Noch höhere Ladeleistungen erfordert die Mode-4-Schnellladung mit Ladezeiten von 30 Minuten. Mode-4-Ladestationen sind ausschließlich für den öffentlichen Bereich oder für Fuhrparks vorgesehen und müssen wegen der hohen Investitionen auch von möglichst vielen Nutzern angefahren werden. Aufgebaut werden sie an allgemein zugänglichen Bereichen wie Bahnhöfen, öffentlichen Parkplätzen und insbesondere auch auf Autobahnraststätten. Wird eine solche Infrastruktur nicht flächendeckend angeboten, kann das zu einem entscheidenden Kaufhemmnis für die Elektrofahrzeuge werden. Daher gibt es inzwischen mehrere, teilweise herstellerspezifische Lösungs- und Umsetzungsprojekte:

So baut TESLA derzeit nicht nur in Deutschland entlang den Autobahnen ein flächendeckendes, für TESLA-Fahrzeuge vorbehaltenes, Schnellladenetzwerk auf. Das Nachtanken mit hoher Ladeleistung ermöglicht Ladezeiten unter 30 Minuten. Das „Supercharger" genannte Netzwerk ist für Model-S-Besitzer kostenlos und stellt sicher, dass diese sich in Nordamerika, Europa und Asien auf den wichtigsten Autobahnen kostenlos zwischen größeren Städten bewegen können. Durch diese Maßnahme wird das ursprüngliche Reichweitenproblem nicht nur praktikabel gelöst, sondern es wird auch zum Verkaufsargument für die TESLA-Fahrzeuge.

**Bild 6.8** Ladesäulen auf einem Autobahnrastplatz

Ein weiteres Projekt wird derzeit in Deutschland auf den Weg gebracht: Der Aufbau eines flächendeckenden Schnellladenetzes, **SLAM**. Der Name steht für Schnellladenetz für Achsen und Metropolen. In dem Großprojekt arbeiten die Automobilhersteller BMW, Daimler, Porsche und VW mit dem Deutschen Genossenschaftsverlag (DG), dem Energieversorgungsunternehmen EnBW Vertrieb GmbH, dem Institut für Arbeitswissenschaft und Technologiemanagement IAT der Universität Stuttgart, welches eng mit dem Fraunhofer IAO kooperiert, und der RWTH Aachen University zusammen. Das Bundesministerium für Wirtschaft und Energie unterstützt das Vorhaben durch ein Forschungsprojekt. Im Rahmen des Projekts sollen bis zum Jahr 2017 bis zu 400 Schnellladesäulen aufgestellt werden. Als Schnellladestandard ist das Combined Charging System (CCS) vorgesehen. Es sollen dabei auch Geschäftsmodelle für den Betrieb von Schnellladesäulen untersucht werden. Ein wesentlicher Aspekt des Projekts ist die Einführung eines einheitlichen Zugangs- und Abrechnungssystems, so dass Ladesäulen einheitlich in ganz Deutschland genutzt werden können. Derzeit gibt es wegen vieler unterschiedlicher Abrechnungssysteme bei den bestehenden Ladestationen erhebliche Zugangshürden, die einer breiten Nutzung entgegenstehen!

Bild 6.9 Schnellladestation auf einem Autobahnrastplatz. Lademöglichkeit mit drei Systemen: CCS, CHAdeMO und AC-Schnellladen

Auch in Japan gibt es ein vergleichbares Projekt. Dort haben die japanischen Automobilhersteller Toyota, Nissan, Honda und Mitsubishi das Joint Venture „Nippon Charge Service" gegründet, mit dem Ziel, den Aufbau der Ladeinfrastruktur voranzutreiben. Dazu gehören nicht nur der Betrieb von Ladestationen für Elektroautos und Plug-In-Hybridfahrzeuge. Auch soll es eine einheitliche Zugangskarte geben, die zum Laden an allen Säulen berechtigt.

# 6.4 Weiterentwicklung von Ladekonzepten

Es gibt eine Reihe von Forschungs- und Entwicklungsprojekten, die das Laden von Elektrofahrzeugen komfortabler und schneller machen sollen. Auch das Zusammenspiel zwischen Fahrzeug und Stromversorger birgt noch viele Entwicklungsmöglichkeiten. Einige wichtige Konzepte sollen in den nächsten Abschnitten dargestellt werden.

## 6.4.1 Induktives Laden

Die bisherigen Ausführungen bezogen sich auf das konduktive Laden, bei dem das Fahrzeug über Kabel mit dem Ladepunkt verbunden wird. Für den Fahrer bedeutet dies einen gewissen Aufwand, da bei jedem Ladevorgang die Kabelverbindung sowohl eingesteckt als auch am Ende wieder ausgesteckt werden muss. Komfortabler ist ein Ladevorgang, der berührungslos über eine induktive Energieübertragung funktioniert. Dazu benötigt man zwei Spulen, eine im Fahrzeug, die andere am Ladepunkt, beispielsweise in der Garage oder in eine Parkfläche eingelassen. Beide Spulen müssen zum Ladevorgang möglichst genau übereinander positioniert werden. In der Primärspule, der Ladespule außerhalb des Fahrzeuges wird dann ein magnetisches Wechselfeld aufgebaut. Dieses induziert einen Wechselstrom in der Fahrzeugspule mit dem das Ladegerät für den Akku gespeist wird, der Akku wird geladen.

Das Verfahren ist im Jahr 2014 bereits im Prototypenstadium. So entwickeln BMW und Daimler eine einheitliche Technik zum induktiven Laden für Ladeleistungen von zunächst 3,6 kW. Es werden Ladewirkungsgrade von mehr als 90 Prozent erreicht. Auch Toyota testet das System bereits in Fahrzeugversuchen:

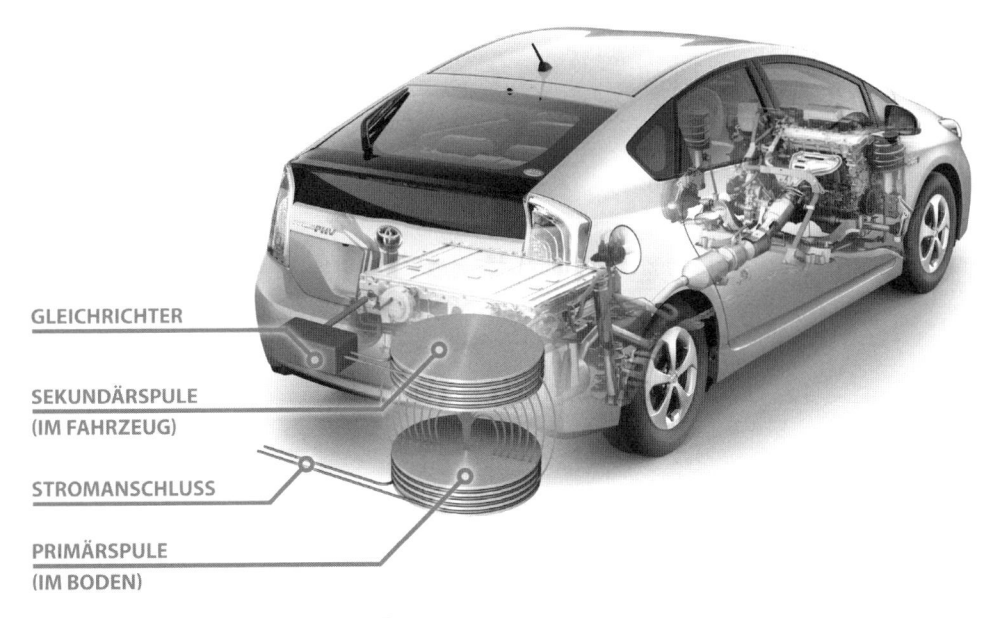

Bild 6.10 Induktives Laden. Quelle: Toyota

Es wird aber auch an höheren Ladeleistungen gearbeitet. Beispiel ist das Forschungsprojekt „BIPoLplus – berührungsloses, induktives und positionstolerantes Laden" im Spitzencluster Elektromobilität Süd-West. Im Fokus steht hier die Erforschung berührungsloser Ladesysteme mit einer Leistung von 22 kW für Elektrofahrzeuge. Projektpartner sind die Daimler AG (Projektleitung), Robert Bosch GmbH, Conductix-Wampfler GmbH, EnBW Energie Baden-Württemberg AG, Porsche AG, sowie die Forschungseinrichtungen DLR Deutsches Zentrum für Luft- und Raumfahrt, KIT Karlsruher Institut für Technologie und die Universität Stuttgart.

### 6.4.2 Wechselakku

Um den Nachteil der langen Ladezeiten zu umgehen, wird auch über ein Konzept nachgedacht, bei dem das Laden des Akkus außerhalb des Fahrzeugs unabhängig vom Fahrbetrieb stattfindet. Der vollgeladene Akku wird bei Bedarf mit dem leergefahrenen Fahrzeugakku getauscht, das Fahrzeug ist wieder fahrbereit. Dieser Akkuwechsel lässt sich theoretisch in ähnlich kurzer Zeit durchführen wie das Tanken eines Benzinfahrzeugs. Als flächendeckende Lösung kommt das System nicht in Betracht, dazu müssten in den Fahrzeugen die Akkus und deren Befestigung standardisiert werden. Eine solche Standardisierung findet aber nicht statt. Auch wäre ein Wechsel für den Kunden risikobehaftet, könnte er doch für einen guten Akku einen Wechselakku mit deutlich schlechterem Zustand eintauschen.

Das System könnte allerdings dort Anwendung finden, wo viele gleichartige Fahrzeuge eines Besitzers im Umlauf sind, beispielsweise bei Fahrzeugflotten. Diese Möglichkeit kann in der Praxis für den Elektro-Lkw E-Force One genutzt werden. Eine Ladung an 400 V/63 A-Anschluss mit 44 kW dauert lediglich sechs Stunden. Sollte der Lastwagen im Dauereinsatz fahren, könnten die Batterien dank eines Schnellwechselsystems innerhalb von fünf Minuten getauscht werden. Die beiden Batterien mit einer Gesamtkapazität von 240 kWh sitzen dort, wo sich üblicherweise die Tanks befinden, und können bedingt durch das Schienen-Befestigungssystem mit entsprechenden Vorrichtungen schnell ausgetauscht werden:

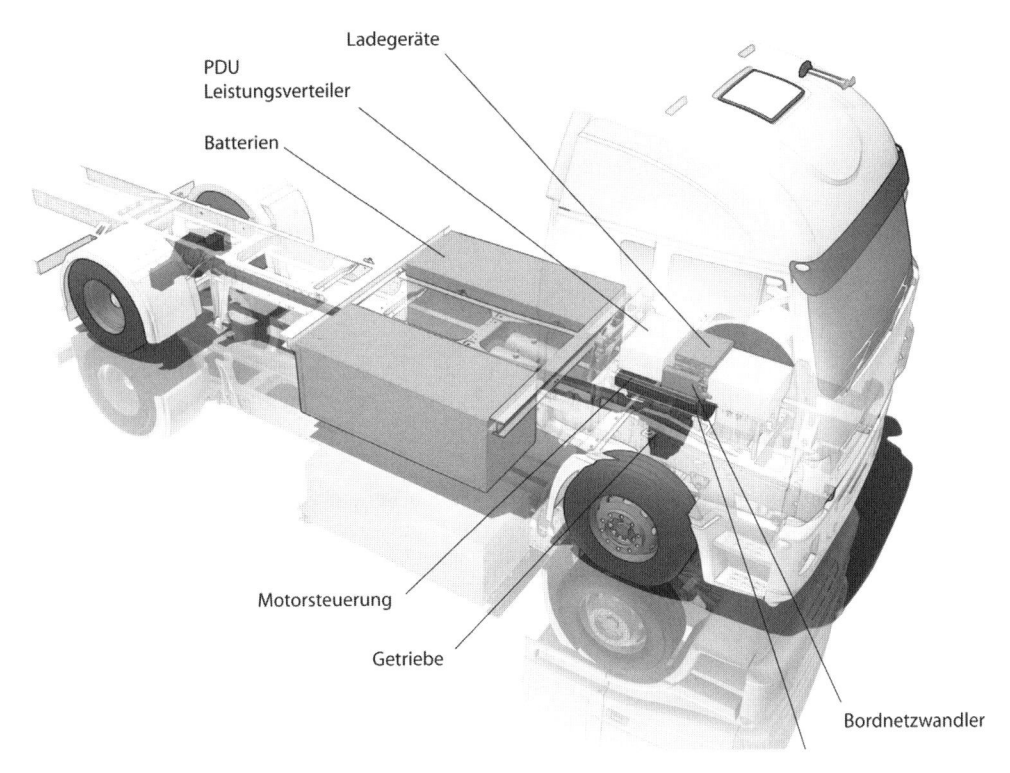

Bild 6.11 Akku-Tauschmöglichkeit. Quelle: E-Force One AG

### 6.4.3 Intelligentes Laden, Vehicle to Grid

Bereits in heutigen Fahrzeugen kann das Laden extern, beispielsweise über Internet oder mit Smartphone-Apps gestartet und kontrolliert werden. Mit dieser Technik ist es durchaus möglich, nicht mehr allein den Startzeitpunkt des Ladens festzulegen. Vielmehr könnte der Nutzer auch angeben, wann das Fahrzeug vollgeladen sein muss. Der Energieanbieter könnte dann den Ladevorgang optimieren, indem er ihn (bei genügend Zeitreserven) so steuert, dass vorrangig dann geladen wird, wenn ausreichend oder zu viel Strom im Netz angeboten wird und er daher kostengünstig ist. Auf der anderen Seite könnte das Laden bei Spitzenanforderungen unterbrochen und damit das Stromnetz entlastet werden.

Noch weiter geht die Idee, die Fahrzeugbatterie als Energiespeicher zu nutzen. Dann würde, wenn das Fahrzeug nicht im Einsatz ist, in Zeiten, wenn das Angebot an elektrischer Energie die Nachfrage nicht befriedigen kann oder der Strom sehr teuer ist, Strom vom Fahrzeugakku ins Netz zurückgespeist werden. Voraussetzung ist, dass der Akku beim nächsten Fahrzeugstart wieder geladen ist. Dieses Konzept wird als **Vehicle to Grid (V2G)-Technik** bezeichnet und erfordert eine ausgeklügelte Kommunikation und Steuerungstechnik zwischen Ladestation und Fahrzeug. Auch setzt diese Nutzung voraus, dass die Lebensdauer des Akkus nicht durch die zusätzlichen Ladezyklen merklich verkürzt wird. Da es diesbezüglich noch zu wenig Praxiserfahrung gibt und die Akkuentwicklung noch in vollem Gang ist, lässt sich derzeit nicht abschätzen, ob und wann diese Technik flächendeckend eingesetzt werden kann.

### 6.4.4 Dichte von Ladestationen

Eine verlässliche Aussage zur erforderlichen Dichte öffentlicher Ladestationen ist schwer zu treffen. Es handelt sich dabei um das, was landläufig als Henne-Ei-Problem bezeichnet wird. Eine große Anzahl von Fahrzeugen erfordert eine große Anzahl von Ladestationen. In der Phase des Markthochlaufs gibt es aber nur relativ wenig Elektrofahrzeuge. Da der Aufbau von Ladesäulen in der Regel einer hohen Investition bedarf, gibt es bisher auch nur wenige öffentliche Säulen – was das Reichweitenproblem für Elektrofahrzeuge vergrößert, so dass diese geringe Anzahl von Ladesäulen ein Kaufhindernis darstellen könnte.

Um den Aufbau von Ladesäulen von den wirtschaftlichen Zwängen zumindest in einer Hochlaufphase zu entkoppeln, wird er derzeit verstärkt von öffentlichen Trägern und den oben angesprochenen Projekten mit entsprechenden Fördermaßnahmen vorangetrieben. Trotzdem ist es denkbar, dass die derzeitige Unsicherheit in der Verfügbarkeit von Ladepunkten die Kaufentscheidung für interessierte Elektrofahrer, die häufige Überlandfahrten durchführen wollen, hin zu den Plug-In Hybriden lenken könnte. Bei denen können wegen ihrer großen Gesamtreichweite die meisten Ladevorgänge zu Hause stattfinden.

Konkret lassen sich die Anforderungen an den Aufbau einer Ladeinfrastruktur folgendermaßen zusammenfassen:

- Es braucht ein ausreichend dichtes Netz an Ladesäulen vorrangig entlang der Fernstraßen.
- Die Zugangs- und Nutzungsmöglichkeit muss einfach sein, ebenso wie das notwendige Abrechnungssystem.
- Die Nutzung einer Säule muss im Vorfeld planbar und sicherzustellen sein. Es wäre nicht hinnehmbar, wenn die Gefahr bestünde, dass man eine Ladestelle anfährt und es stehen möglicherweise drei Fahrzeuge vor einem, was ja eine zusätzliche Wartezeit von mindestens 90 Minuten zur Folge hätte.

Die Frage, was ein ausreichend dichtes Netz ist, hat die Europäische Union versucht zu definieren. In einer Pressemitteilung (Brüssel, 24. Januar 2013) hat die Europäische Kommission eine Zielvorgabe für die Anzahl der öffentlich zugänglichen Ladestationen genannt. Danach sollen 10 % der Gesamtzahl der Ladestationen öffentlich zugängliche Stationen sein. Für Deutschland wurde dazu die Zahl von 150 000 solcher öffentlichen Stationen ab dem Jahr 2020 vorgeschlagen. Für das Jahr 2020 hat die Bundesregierung das Ziel von 1 000 000 geplanten Elektrofahrzeugen auf deutschen Straßen ausgegeben, so dass nach dem Vorschlag der EU auf weniger als 10 Fahrzeuge eine öffentliche Station kommen würde. Das wäre sicher für die Fahrzeugbesitzer eine angenehme Dichte. Wenn man aber bedenkt, dass die allermeisten Ladevorgänge zu Hause stattfinden und das öffentliche Laden eher die Ausnahme ist, würde das für die Stationen eine sehr geringe Nutzungsfrequenz bedeuten, was in der Folge die Wirtschaftlichkeit solcher Stationen in Frage stellt. Welche Anzahl tatsächlich sinnvoll ist, dafür wird es in den nächsten Jahren konkrete Hinweise geben aus den angesprochenen zahlreichen Feldversuchen, die derzeit in Deutschland stattfinden. Zudem auch aus den Praxiserfahrungen, die derzeit nicht nur in Deutschland, sondern auch in den anderen Ländern gemacht werden.

# 7 Verbrauch und Reichweite von E-Fahrzeugen

Ein maßgeblicher Vorteil von Elektrofahrzeugen ist bekanntermaßen ihr geringer Energieverbrauch, einer ihrer größten Nachteile die geringe Reichweite. Für beides müssen die Hersteller in ihren Unterlagen Angaben machen, die nach genormten Versuchen ermittelt werden. Damit ist zwar eine grundsätzliche Vergleichbarkeit der Fahrzeuge gegeben. Da aber auch bei den genormten Tests die Ergebnisse von vielen fahrzeugspezifischen Größen beeinflusst sind, Gewicht und Stirnfläche als Beispiele, lassen die Angaben keinen direkten Rückschluss auf die tatsächliche Effektivität des Fahrzeugantriebs zu. Daher ist auch eine Übertragbarkeit von Verbrauch und Reichweite auf reale Fahrbedingungen nur bedingt möglich. In diesem Abschnitt werden die Grundlagen erarbeitet, wie die tatsächliche, fahrzeugspezifische Effektivität beurteilt werden kann, und wie diese Erkenntnisse auf reale Verhältnisse übertragen werden können.

## 7.1 Physikalische Grundlagen

Elektromotoren übertragen ebenso wie Verbrennungsmotoren ihre Antriebsleistung und damit die Antriebsenergie durch eine Drehbewegung, physikalisch als **Rotation** bezeichnet, an den Antriebsstrang. Das Fahrzeug selbst führt aber eine Linearbewegung, physikalisch **Translation**, aus. Zum Antrieb des Fahrzeugs muss daher die Motordrehung über geeignete Getriebe in die Fahrzeugbewegung übersetzt werden.

### 7.1.1 Berechnungsgrößen

Die physikalischen Zusammenhänge dazu lassen sich nach den Gesetzen der technischen Mechanik berechnen. Zur Umrechnung rotatorischer Größen in translatorische wird der Energieerhaltungssatz der Mechanik angesetzt. Der Zusammenhang zwischen Drehmomenten und Kräften und den kinematischen Größen, wie Drehbeschleunigung und Translationsbeschleunigung, wird nach den Gleichungen zum **dynamischen Gleichgewicht** von Körpern nach dem Prinzip von **d'Alembert** bzw. nach dem **Newton**'schen Gesetz „$F = m \cdot a$" berechnet.

In der folgenden Tabelle sind dazu die maßgeblichen Kenngrößen der Rotation und der Translation zusammengestellt.

Tabelle 7.1 Physikalische Größen zur Berechnung der Fahrzeugbewegung

| Physikalische Größe | Einheit | Bemerkung |
|---|---|---|
| Leistung $P$ | kW | Im Kfz-Bereich oft noch in PS angegeben |
| Geschwindigkeit $v$ | m/s | Im Kfz-Bereich in km/h angegeben |
| Drehzahl $n$ | U/min | Umgerechnet in die Einheit $1/s$ auch als Frequenz $f$ bezeichnet |
| Kreisfrequenz $\omega$ | rad/s | Einheit häufig verkürzt in $1/s$ angegeben über die Gleichung $\omega = 2\pi f$ aus der Frequenz bestimmbar |
| Antriebskraft $F_A$ | N | Über das Newton'sche $F = m \cdot a$ Basis für die Berechnung der kinematischen Größen Beschleunigung $a$, Geschwindigkeit $v$ und Weg $s$ |
| Antriebsmoment $M_A$ | Nm | Entspricht dem Motormoment, allgemein als Drehmoment angegeben |
| Beschleunigung translatorisch: $a$ | m/s² | Über die kinematischen Zusammenhänge sind daraus Geschwindigkeit und Weg berechenbar |
| Winkelbeschleunigung rotatorisch: $\alpha$ | 1/s² | Über die kinematischen Zusammenhänge ist daraus die Kreisfrequenz $\omega$ berechenbar |

**Verluste** bei der Energieübertragung können oft nicht explizit berechnet werden. Sie werden über **Wirkungsgrade** häufig in der Berechnung berücksichtigt.

## 7.1.2 Berechnungsgleichungen für die Beschreibung der Fahrzeugbewegung

Die grundlegenden Gleichungen ergeben sich aus dem dynamischen Kräftegleichgewicht zwischen der Antriebskraft des Fahrzeugs und den Fahrwiderständen, einschließlich der dynamischen Trägheitskraft infolge der Beschleunigung:

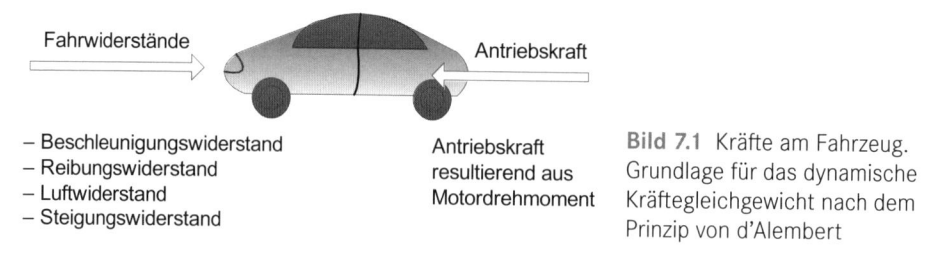

Fahrwiderstände → ← Antriebskraft

- Beschleunigungswiderstand
- Reibungswiderstand
- Luftwiderstand
- Steigungswiderstand

Antriebskraft resultierend aus Motordrehmoment

Bild 7.1 Kräfte am Fahrzeug. Grundlage für das dynamische Kräftegleichgewicht nach dem Prinzip von d'Alembert

**Berechnung der Fahrzeugbeschleunigung aus dem Motormoment**

Die Berechnung erfolgt in drei Schritten:

1. Berechnung der Fahrzeug-Antriebskraft $FA$ aus dem Antriebsmoment $MA$ des Motors.
2. Ermittlung der resultierenden Beschleunigungskraft $F_{Beschl}$ durch das Kräftegleichgewicht nach d'Alembert.

3. Berechnung der Fahrzeugbeschleunigung *a* mit der Newton'schen Gleichung $F = m \cdot a$. Daraus ergeben sich dann die Geschwindigkeit und der zurückgelegte Weg des Fahrzeugs.

### Erster Schritt: Ermittlung der Antriebskraft

Über den Energieerhaltungssatz der Mechanik lässt sich der Zusammenhang zwischen Antriebsmoment des Motors und Antriebskraft des Fahrzeugs herstellen: Es gilt, die vom Motor abgegebene (Rotations-)Energie, $E_{rot}$, ist gleich der Translations-Energie des Fahrzeugs, $E_{trans}$. Diese Gleichsetzung gilt dann natürlich auch für die entsprechenden Leistungen, $P_{rot}$ und $P_{trans}$. Für die erste grundlegende Betrachtung werden Reibungsverluste zunächst nicht berücksichtigt. Diese fließen später durch Beachtung der entsprechenden Wirkungsgrade in die Betrachtungen ein.

Mit

$$P_{rot} = M_A \omega \tag{7.1}$$

und

$$P_{trans} = F_A v \tag{7.2}$$

ergibt sich gemäß Erhaltungssatz:

$$M_A \omega = F_A v \tag{7.3}$$

Über den Zusammenhang

$$\omega = 2\pi f = \pi n / 30 \tag{7.4}$$

gilt:

$$F_A = M_A \frac{n\pi / 30}{v} \tag{7.5}$$

($F_A$ in N, $M_A$ in Nm, $n$ in U/min und $v$ in m/s)

### Zweiter Schritt: Ermittlung der resultierenden Beschleunigungkraft

Nach dem dynamischen Kräftegleichgewicht nach d'Alembert erhält man die resultierende Beschleunigungskraft aus der berechneten Antriebskraft minus den Fahrwiderständen aus Reibung, Luftwiderstand und Steigung.

### Dritter Schritt: Ermittlung der Fahrzeugbeschleunigung

Mit dem Newton'schen $F = m \cdot a$ lässt sich die Fahrzeugbeschleunigung wie folgt berechnen:

$$a = F_{\text{Bescht}} / m \tag{7.6}$$

Mit $F_{\text{Beschl}}$ der resultierenden Beschleunigungskraft in N, $m$: Fahrzeugmasse in kg und $a$ in m/s². Bei der Fahrzeugmasse sind die „Drehmassen" der rotierenden Bauteile mitzuberücksichtigen.

Geht man zunächst von einer konstanten Beschleunigung aus, so erhält man über die kinematischen Berechnungsformeln die daraus resultierenden Gleichungen für Geschwindigkeit und Weg des Fahrzeugs:

$$v = at \tag{7.7}$$

$$S = \frac{a}{2} t^2 \tag{7.8}$$

Da im Normalfall die Beschleunigung nicht konstant ist, müssen die Zusammenhänge durch Integration bzw. Differentiation ermittelt werden. Alternativ kann in einer Simulation eine schrittweise Berechnung durchgeführt werden, wobei die Schrittweite soweit verkleinert wird, dass abschnittsweise konstante Beschleunigung angenommen werden kann.

### 7.1.3 Energie und Verbrauch

#### Antriebsenergie

Es gibt zwei Ansätze, wie die zum Betrieb eines Fahrzeugs eingesetzte bzw. verbrauchte Energie, die Antriebsenergie $E_A$, berechnet werden kann:

**Erste Möglichkeit:** Berechnung aus der Antriebskraft und dem zurückgelegten Weg. Hier gilt, zunächst für eine konstante Antriebskraft:

$$E_A = F_A S \tag{7.9}$$

bzw. bei nicht konstanter Kraft:

$$E_A = \int F_A \, ds \tag{7.10}$$

**Zweite Möglichkeit:** Berechnung über die eingesetzte Antriebsleistung und die Zeit. Hier gilt, zunächst bei konstanter Antriebsleistung:

$$E_A = P_A t \qquad (7.11)$$

Ist die Antriebsleistung veränderlich, gilt:

$$E_A = \int P_A \, \mathrm{d}t \qquad (7.12)$$

**Verbrauch**

Die Antriebsenergie wird beim Elektroantrieb durch den Akku in Form elektrischer Energie bereitgestellt und über den Antriebsstrang in die mechanische Antriebsenergie umgewandelt. Der Energieerhaltungssatz bestimmt, dass die beiden Energieformen (unter Beachtung der Verluste) äquivalent sein müssen, so dass sich aus der Antriebsenergie und den Verlusten, häufig über Wirkungsgrade berücksichtigt, der Energieverbrauch berechnen lässt. Angegeben wird der Verbrauch bei Elektrofahrzeugen in kWh pro 100 km.

Beim Verbrennungsmotor wird die Energie durch Verbrennung von Benzin oder Diesel erzeugt. Hier kann der Energie-/Kraftstoffverbrauch über den spezifischen Verbrauch des Motors berechnet werden. Dieser ist stark vom Fahrzustand (Drehmoment und Drehzahl) abhängig und lässt sich in der Regel aus den motorspezifischen Kennfeldern ablesen. Der Verbrauch wird üblicherweise in Liter Kraftstoff pro 100 km angegeben.

Sollen beide Antriebskonzepte miteinander verglichen werden, muss der Kraftstoffverbrauch der Verbrennungsmotoren über den Energiegehalt des Kraftstoffes in kWh umgerechnet werden (siehe Kapitel 4):

| Kraftstoff | Energiegehalt in kWh/kg | Energiegehalt in kWh/l |
|---|---|---|
| Benzin | 12,0 | 8,9 |
| Diesel | 12,0 | 10 |

Im nächsten Abschnitt soll der Verbrauch rein fahrzeugseitig berechnet werden. Die Einbeziehung der Energieerzeugung erfolgt später.

### 7.1.4 Antriebskraft und Fahrwiderstände

Um ein Fahrzeug anzutreiben, muss die oben eingeführte Antriebskraft alle auf das Fahrzeug wirkenden Fahrwiderstände überwinden.

Das sind:
- Beschleunigungswiderstand
- Rollreibung
- Luftwiderstand
- Steigungswiderstand
- aktiver Bremswiderstand

Entsprechend den einzelnen Fahrwiderständen teilt sich die eingesetzte Antriebsenergie auf die Überwindung aller wirkenden Fahrwiderstände auf.

Für eine Verbrauchsberechnung ist dabei zu beachten, dass ein bestimmter Anteil der Energie, beispielsweise durch die **Reibungsverluste**, in Wärme umgewandelt wird und damit aus Sicht der Mechanik verloren ist. Andere Anteile wiederum werden beispielsweise in Form von kinetischer Energie im Fahrzeug „gespeichert" und können in der einen oder anderen Form zurückgewonnen werden. Zu unterscheiden ist dabei, ob die Energie **mit oder ohne Zwischenspeicherung** zurückgewonnen werden kann. Am Beispiel der kinetischen Energie des Fahrzeugs soll dies nachfolgend beleuchtet werden. Sie kann zum einen dadurch zurückgewonnen werden, dass man das Fahrzeug ohne aktiven Antrieb (aber auch ohne aktives Bremsen) weiterrollen oder ausrollen lässt. Das funktioniert bei allen Fahrzeugen unabhängig vom Motorenkonzept. Unterschiede zeigen sich aber, wenn die kinetische Energie aufgrund der Fahrsituation aktiv „gebremst" werden muss. Bei herkömmlichen Fahrzeugen mit Verbrennungsmotor geschieht dies entweder durch das Ausnutzen des Bremsmoments des Motors beim Gas-Wegnehmen im **Schubbetrieb** oder durch das **Bremsen** mit den Radbremsen. In beiden Fällen wird die gespeicherte mechanische Energie letztlich in Wärme umgewandelt und ist im Sinne der Mechanik verloren.

Im Gegensatz dazu bieten Fahrzeuge mit Elektroantrieb die Möglichkeit des Bremsens durch den Elektromotor. Dieser wirkt beim Bremsvorgang als Generator und kann so die kinetische Energie in elektrische wandeln. Diese wird dann in den Akku zurückgespeist (zwischengespeichert) und kann später zum weiteren Antrieb des Fahrzeug genutzt werden. In der Fachsprache wird dies als **Rekuperation** bezeichnet (siehe Bild 7.2).

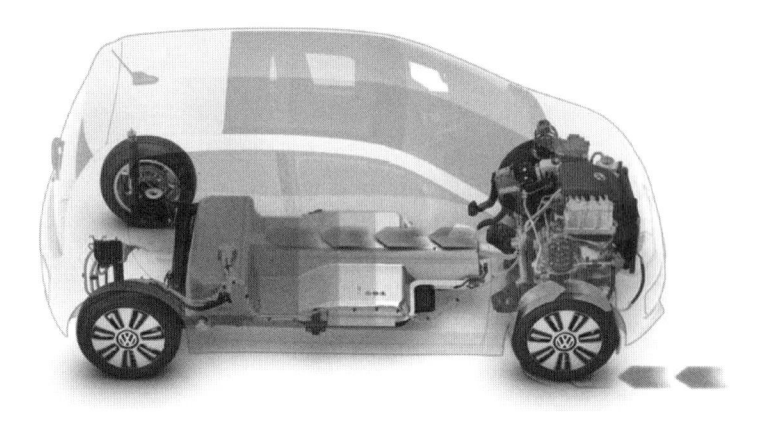

**Bild 7.2** Zwischenspeicherung von kinetischer Energie durch Rekuperation.
Quelle: Volkswagen Aktiengesellschaft

Folgende Übersicht in Tabelle 7.2 zeigt die Fahrzustände, die entsprechenden Berechnungsformeln und die grundsätzlichen Möglichkeiten der Rückgewinnung von Energie:

**Tabelle 7.2** Übersicht Fahrzustände

| Fahrzustand, Fahrwiderstand | Berechnungsformel für den Fahrwiderstand, $F_W$ | Energie-Wertung (aus Sicht der Mechanik) |
|---|---|---|
| Beschleunigung | $F_B = F_{BTrans} + F_{Brot}$ $= \left( m + \dfrac{J_{red}}{r_A^2} \right) a$ ($\dfrac{J_{red}}{r_A^2}$ berücksichtigt die „Drehmasse" der rotierenden Teile. Häufig wird dieser Anteil über den sogenannten Drehmassenzuschlagsfaktor berücksichtigt.) | Kinetische Energie, wiedergewinnbar konventioneller Antrieb: nur direkt nutzbar Elektroantrieb: Zwischenspeicherung möglich |
| Bremsen (konventionell) | $F_{Br} = m \cdot (-) \, a$ (− a: Verzögerung) | Umwandlung von kinetischer Energie in Wärme, nicht wiedergewinnbar |
| Bremsen (Rekuperation) | $F_{Br} = m \cdot (-) \, a$ | zwischenspeicherbar, wiedergewinnbar |
| Rollwiderstand | $F_R = f \cdot m \cdot g$ Mit $f$: Rollreibungsfaktor | Rollwiderstand |
| Luftwiderstand | $F_L = 0{,}5 \cdot \rho \cdot cw \cdot AStirn \cdot v^2$ | Umwandlung in Wärme, nicht wiedergewinnbar |
| Steigung | $F_{St} = m \cdot g \cdot \sin\alpha$ Mit $\alpha$: Steigungswinkel | Potentielle Energie, wiedergewinnbar |

Der Zusammenhang zwischen der Antriebskraft des Fahrzeugs, $F_A$ und den hier dargestellten Fahrwiderstandskräften ist durch das Prinzip von d'Alembert gegeben (dynamisches Kräftegleichgewicht: Summe aller Kräfte = 0):

$$F_A = \sum F_{Wi} = F_B + F_{Br} + F_R + F_L + F_{St} \tag{7.13}$$

Aus dieser Gleichung lässt sich zunächst die resultierende Beschleunigungskraft $F_B$ berechnen, wenn alle anderen Fahrwiderstände bekannt sind. Da der Beschleunigungswiderstand proportional zur Fahrzeugbeschleunigung $a$ ist, lässt sich aus der Gleichung 7.13 diese Beschleunigung errechnen:

$$a = \frac{F_B}{\left( m + \dfrac{J_{red}}{r_A^2} \right)} \tag{7.14}$$

## 7.2 Verbrauchssimulationen

In diesen Abschnitten werden konkrete Berechnungen zum Energieverbrauch von Elektrofahrzeugen durchgeführt. Auf Basis von Fahrzeugdaten, die sich in ihrer Größenordnung an einem durchschnittlichen Kompaktklasse Pkw orientieren (= „Berechnungsfahrzeug"), werden für unterschiedliche Fahrsituationen und Randbedingungen zunächst die theoretischen Verbräuche errechnet und daraus maßgebliche grundsätzliche Erkenntnisse abgeleitet. Durch Vergleich mit Verbrauchswerten, wie sie in der Praxis gemessen werden, lassen sich daraus die realistischen Wirkungsgrade abschätzen. Damit lässt sich folgern, welches Entwicklungspotential noch erwartet werden kann.

In einem weiteren Schritt werden die ermittelten Ergebnisse mit den Werten von herkömmlichen Fahrzeugen mit Verbrennungsmotoren verglichen.

### 7.2.1 Einflussgrößen

Um grundsätzliche, quantifizierte Aussagen zu gewinnen, werden folgende Daten als Basisdaten zugrunde gelegt:

Tabelle 7.3 Daten des Berechnungsfahrzeugs

| | |
|---|---|
| Fahrzeugmasse (inkl. Fahrer) | 1600 kg<br>+ 10 % Drehmassenzuschlag (für Anteil Massenträgheit rotierende Teile) |
| Leistung | 85 kW |
| Max. Antriebsdrehmoment $M_A$ | 270 Nm (bis 3000 U/min) |
| Max. Antriebskraft $F_A$ | 8143 N (bis zu einer „Eckgeschwindigkeit" von 35 km/h) |
| Rollreibungsfaktor $f$ | 0,01 (feinrauer Asphaltbeton, Haken S. 140) |
| Stirnfläche des Fahrzeugs | 2,1 m² |
| cw-Wert (Luftwiderstandsfaktor des Fahrzeugs) | 0,3 |
| Akkukapazität | 24 kWh |

### 7.2.2 Leistung und Antriebskraft in Abhängigkeit von der Geschwindigkeit

Aus den im Kapitel 5 dargestellten Grundlagen lassen sich folgende Aussagen zu den Verläufen von Leistung und Antriebskraft machen:

- Bis zur Eckgeschwindigkeit lässt sich vom Elektromotor sein maximales Drehmoment abrufen. Damit steht dem Fahrzeug bis zu dieser Geschwindigkeit auch die maximale Antriebskraft zur Verfügung.

- Ab der Eckgeschwindigkeit bis zur Maximalgeschwindigkeit lässt sich vom Motor die maximale Leistung abrufen.

Damit ergeben sich die in Bild 7.3 dargestellten Verläufe von max. Antriebskraft und max. Leistung.

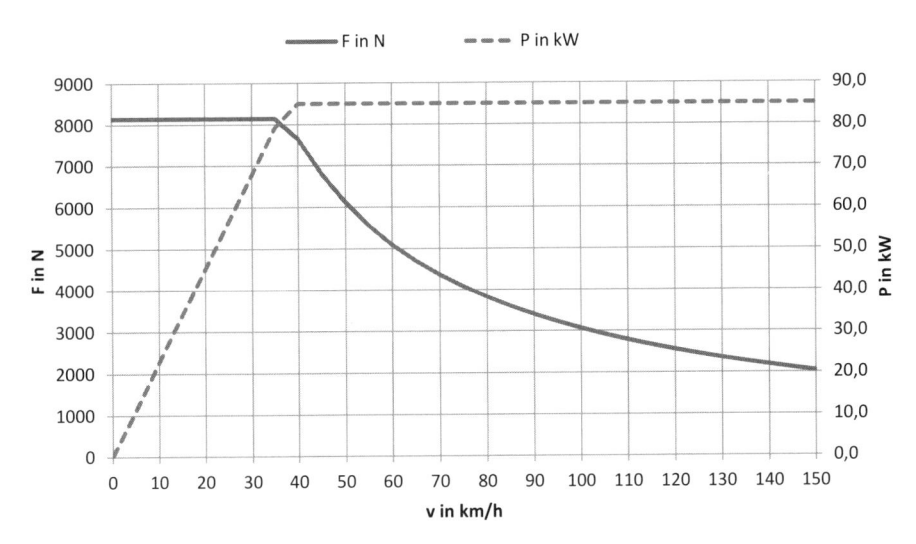

**Bild 7.3** Verlauf von max. Antriebskraft und max. Leistung

### 7.2.3 Fahrwiderstände und Verbrauch

Mit den oben festgelegten Basisdaten und den Berechnungsformeln gemäß Tabelle 7.2 lassen sich Widerstandskurven in Abhängigkeit von der Fahrgeschwindigkeit berechnen.

Für einen ersten Überblick sind im folgenden Diagramm die Kurven für die vier genannten Einzel-Fahrwiderstände dargestellt:

1. Fahrwiderstand durch Beschleunigung; angenommene Fahrzeugbeschleunigung:
   $a = 1$ m/s²
2. Rollreibungswiderstand
3. Luftwiderstand
4. Steigungswiderstand bei einer angenommenen Steigung von 3 %

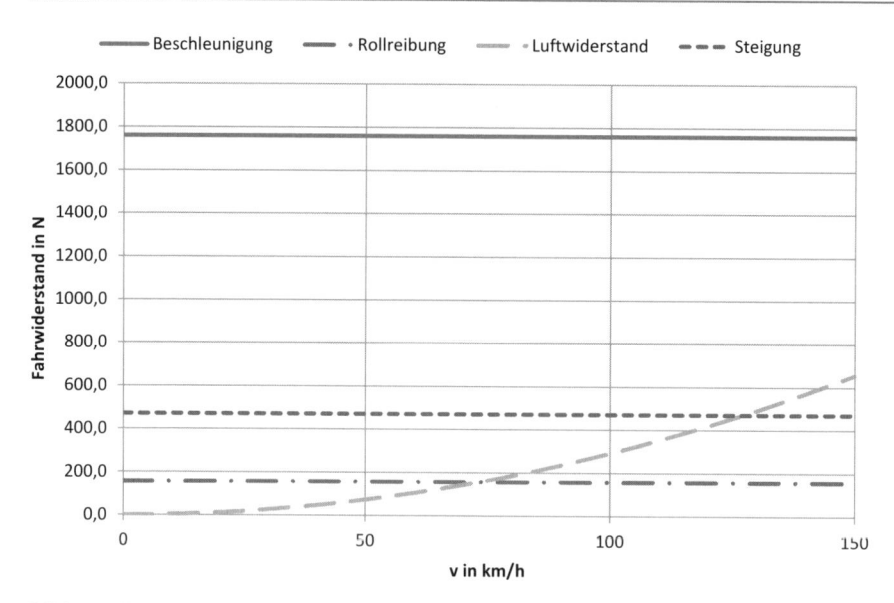

**Bild 7.4** Fahrwiderstandskurven

Man erkennt, dass selbst bei einer moderaten Beschleunigung beim Beschleunigungswiderstand der größte Einzelanteil der Fahrwiderstände zu verzeichnen ist. Bei kleineren Geschwindigkeiten wirkt sich dann eine ebenfalls moderate Steigung deutlich aus, während die Rollreibung über den gesamten Drehzahlbereich eine untergeordnete Rolle spielt. Das würde sich natürlich ändern, wenn ein gröberer Untergrund mit höheren Reibwerten überwunden werden müsste. Bei einem Erdweg als Untergrund könnten sich die Werte um den Faktor 3 bis 7 erhöhen, bei losem Schnee gar um den Faktor 10. Für diese Untergründe wird dann die Rollreibung zu einer bestimmenden Größe!

Eine Sonderstellung nimmt der Luftwiderstand ein, da sich der Widerstand überproportional, mit dem Quadrat der Geschwindigkeit, ändert. Er spielt bei kleinen Geschwindigkeiten eine untergeordnete Rolle. Bei großen Geschwindigkeiten wird er schnell zur bestimmenden Größe. Die zur Überwindung des Beschleunigungswiderstands und des Steigungswiderstands eingesetzte Antriebsenergie kann, anders als bei Roll- und Luftreibung, wieder zurückgewonnen werden und entweder passiv zur Reichweitenverlängerung genutzt werden. Oder sie kann zwischengespeichert werden und für den späteren aktiven Antrieb des Fahrzeugs genutzt werden.

### Einfluss einzelner Fahrwiderstände auf den Verbrauch

Die oben berechneten Fahrwiderstände sind für den Fahrzeugnutzer abstrakt. Einen direkteren Bezug hat er zu dem daraus resultierenden Energieverbrauch, der sich aus den Kräften in drei Schritten berechnen lässt:

**Erster Schritt:** Gemäß dem dynamischen Kräftegleichgewicht nach d'Alembert errechnet sich die erforderliche Antriebskraft aus der Summe der Fahrwiderstände entsprechend den Anforderungen des jeweiligen Fahrzustands (Beschleunigungswunsch, Steigung usw.).

**Zweiter Schritt:** Aus der Antriebskraft und der jeweiligen Geschwindigkeit lässt sich mit folgender Gleichung die (Momentan-)Leistung errechnen:

$$P(t) = F_A(t)v \qquad (7.15)$$

**Dritter Schritt:** Die Energie erhält man durch Integration der Leistung über die Fahrzeit. Bezieht man die Energie auf die zurückgelegte Fahrstrecke, ergibt das den Energieverbrauch, der sich auf eine Fahrstrecke von 100 km normieren lässt.

### Beispielrechnung: Verbrauch für ausgewählte Szenarien

In diesem Abschnitt soll zur Orientierung der Energie-Verbrauch in kWh/100 km für die im Folgenden aufgelisteten vier stationären Betriebsszenarien entsprechend den oben dargestellten drei Berechnungsschritten berechnet werden. Die Ergebnisse sind in Tabelle 7.4 dargestellt.

Tabelle 7.4 Kenngrößen der ausgewählten Betriebsszenarien

| Betriebsszenario | Verbrauch in kWh/100 km |
|---|---|
| Konstantfahrt mit **v = 50 km/h**, keine Steigung, keine Beschleunigung | 6,4 |
| Konstantfahrt mit **v = 100 km/h**, keine Steigung, keine Beschleunigung | 12,5 |
| Konstantfahrt mit $v$ = 100 km/h, **Steigung 3%**, keine Beschleunigung | 25,5 |
| $v$ = 100 km/h, keine Steigung, Beschleunigung **a = 1 m/s$^2$** (Momentanbetrachtung) | 61,4 |

Die Ergebnisse sind in folgendem Übersichtsdiagramm, Bild 7.5, grafisch dargestellt:

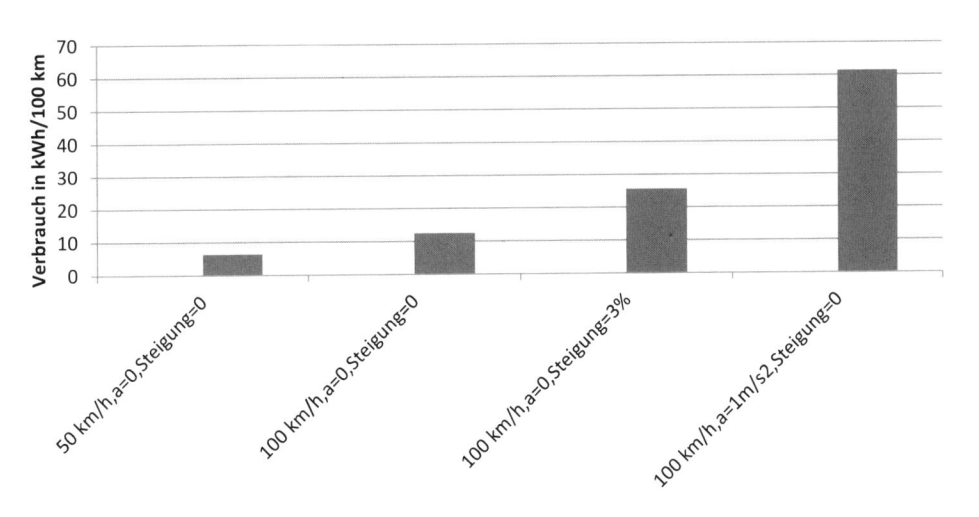

Bild 7.5 Energieverbrauch bei den 4 Szenarien

Es zeigen sich, quantifiziert, folgende Einflüsse:

- Ein deutlich höherer Energieverbrauch bei einer höheren Geschwindigkeit (annähernd Faktor 2 bei einer Erhöhung von 50 km/h auf 100 km/h).
- Nochmalige Verdopplung des Verbrauchs, wenn zusätzlich eine Steigung überwunden werden muss. Dieser Mehrverbrauch kann bei Elektrofahrzeugen beim Bergabfahren weitgehend rekuperiert, also zurückgewonnen werden.
- Sehr starker Einfluss der Beschleunigung, siehe vierte rechte Säule. Da die Beschleunigung in die Erhöhung der kinetischen Energie umgesetzt wird, ist auch dieser Verbrauch rekuperierbar.

### 7.2.4 Einfluss der Rekuperation auf den Verbrauch

Da sich gerade die Möglichkeit der Rekuperation bei Elektrofahrzeugen und Verbrennungsmotor-Fahrzeugen grundlegend unterscheiden, wird der Einfluss dieser Energierückgewinnung in diesem Abschnitt gesondert untersucht. Dazu wird der Energieverbrauch für ausgesuchte Fahrprofile **mit und ohne Rekuperation** berechnet. Für diese Übersichtsbetrachtung geht man zunächst noch davon aus, dass die wiedergewonnene Energie mit einem Wirkungsgrad von 100 % in den Akku zurückgespeist werden kann. Die realistischen Wirkungsgrade liegen vermutlich in der Größenordnung von mehr als 90 %, so dass die Vereinfachung für diese grundsätzliche Betrachtung vertretbar ist.

**Auswirkung von Beschleunigung und Verzögerung auf die Rekuperation Fahrprofil ohne Steigung**

Als Erstes wird der Einfluss von Beschleunigung und Abbremsen untersucht. Zur Berechnung wird folgendes Beschleunigungsprofil zugrunde gelegt:

**Phase 1**: Fahrzeug wird mit $a = 1$ m/s$^2$ auf 50 km/h beschleunigt.

**Phase 2**: Die Geschwindigkeit von 50 km/h wird 15 s gehalten.

**Phase 3**: Fahrzeug wird mit $a = -1$ m/s$^2$ zum Stillstand abgebremst.

Mit den Daten ergibt sich folgender Verlauf des Fahrprofils (Bild 7.6):

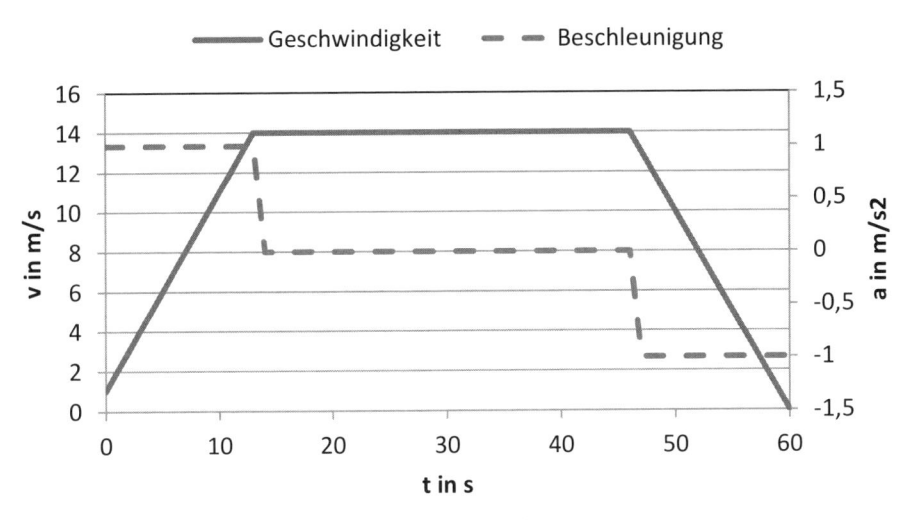

**Bild 7.6** Fahrprofil zur Untersuchung der Rekuperation

Für ein Fahrzeug entsprechend den oben beschriebenen Fahrzeugdaten benötigt man (für eine ebene Strecke) folgenden Verlauf der Antriebskraft (Bild 7.7):

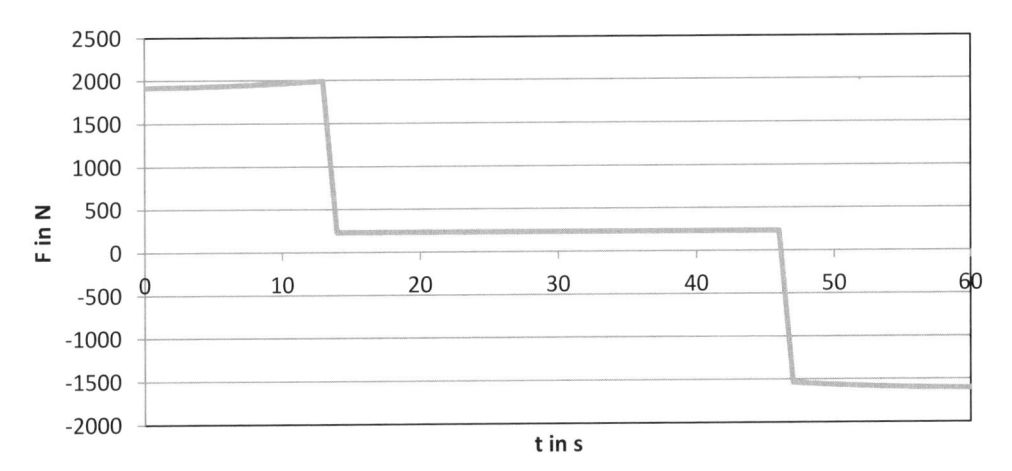

**Bild 7.7** Verlauf der Antriebskraft

Entsprechend dem vorgegebenen Beschleunigungsverlauf ist in der dritten Phase des Fahrprofils die negative Bremskraft zu erkennen. Diese Kraft muss in einem **Verbrennungsmotor**-angetriebenen Fahrzeug durch Motorreibung oder die Fahrzeugbremse erzeugt werden. Die daraus resultierende Energie wird in Wärme umgewandelt und ist damit aus Sicht der Mechanik verloren. Bei Elektrofahrzeugen kann die Energie rekuperiert werden und vermindert dadurch den Energiebedarf in der Gesamtbilanz.

Dies ist im Bild 7.8 zu erkennen. Dargestellt ist die aus der Antriebskraft resultierende Antriebsleistung, die, über die Fahrzeit integriert, die benötigte Energie ergibt. Und, hochgerechnet auf die übliche Bezugsstrecke von 100 km, den Energieverbrauch darstellt:

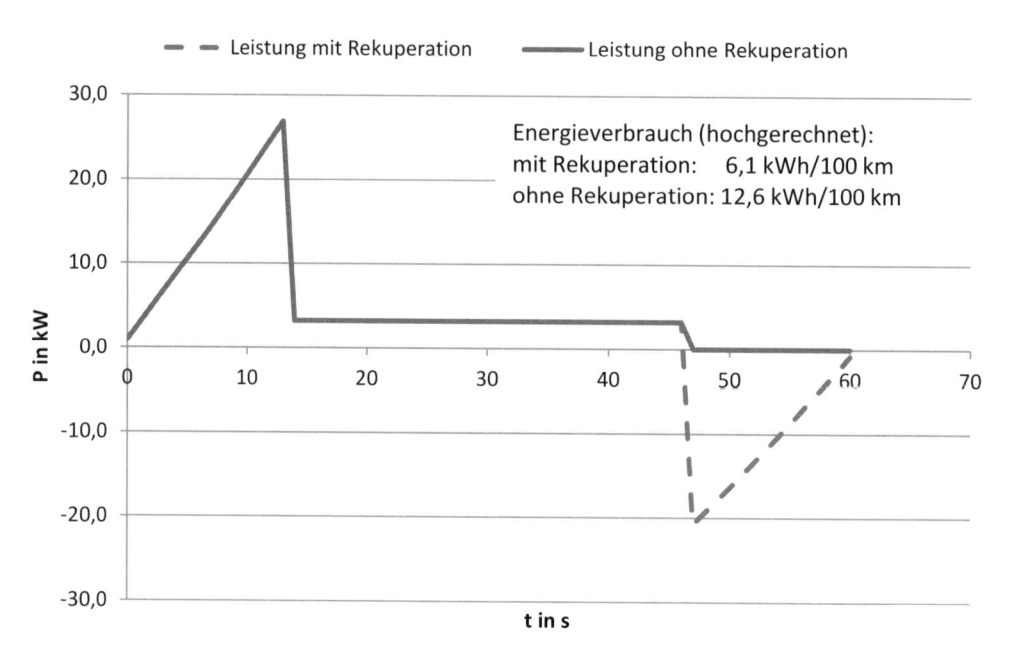

**Bild 7.8** Verlauf der Antriebsleistung. Die Fläche unterhalb der Kurven (in Richtung der Zeitachse) zeigt die Energie.

Dabei gibt der gestrichelte Kurventeil im dritten Abschnitt die Leistung wieder, die durch die Rekuperation wieder in das Fahrzeug eingebracht wird und dadurch die Energiebilanz verbessert. Der Bilanzenergiebedarf sinkt von 12,6 kWh auf 6,1 kWh. Das bedeutet, mehr als die Hälfte der zum Antrieb des Fahrzeugs notwendigen Energie wird als kinetische Energie im Fahrzeug gespeichert und geht beim konventionellen Bremsen in Form von Wärme verloren.

Anmerkung: Im Realbetrieb müssen für die theoretische Energiemenge der Rekuperation die Verluste beim Rückladen des Akkus berücksichtigt werden. Hier darf man von einem Wirkungsgrad von mehr als 90 % ausgehen, was den tatsächlichen Gewinn in der Praxis entsprechend schmälert.

### Fahrprofil mit zusätzlicher Steigung von 3 %

Das folgende Bild 7.9 zeigt die Verhältnisse, wenn das Fahrprofil nicht auf ebener Strecke gefahren wird, sondern zusätzlich eine kontinuierliche Steigung von 3 % überwunden werden muss:

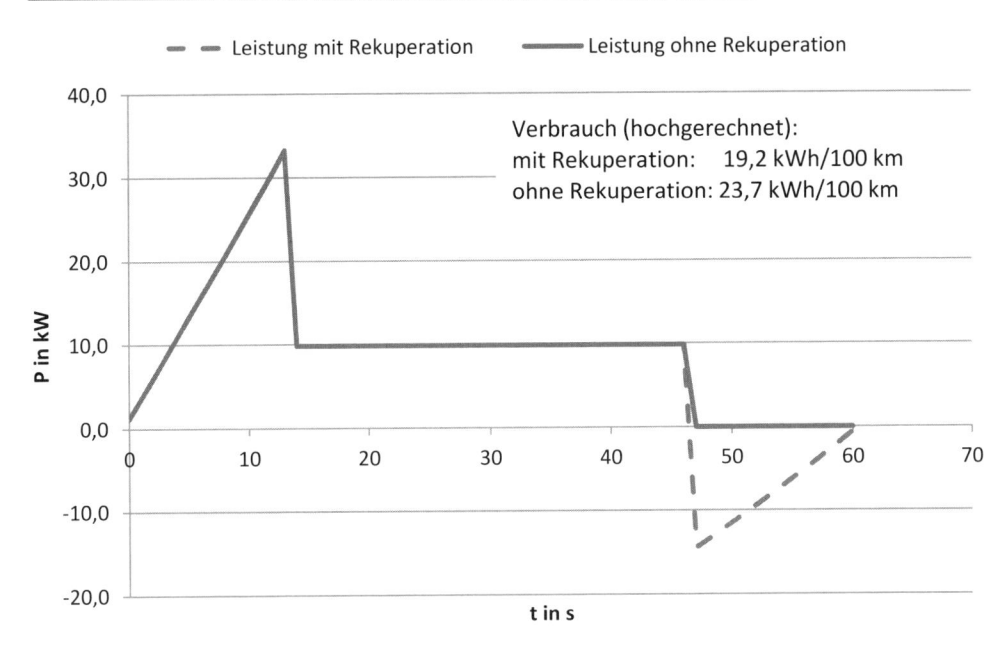

**Bild 7.9** Leistung und Energiebedarf bei zusätzlicher Steigung

Es ist zu erkennen, dass der Steigungswiderstand die erforderliche Antriebsleistung steigert und den Energieverbrauch (ohne Rekuperation) nahezu verdoppelt. Weil die Steigung beim Abbremsen als zusätzliche Bremskraft wirkt, fehlt dieser Anteil bei der Rekuperation. Die „Sparquote" sinkt selbst für den theoretischen Fall auf etwa 19 %.

### Fahrprofil mit einem Gefälle von 3 %

Der gegenteilige Effekt tritt natürlich dann ein, wenn statt der Steigung ein entsprechendes Gefälle vorliegt. Hier sinkt der Energieverbrauch mit Rekuperation auf − 7 kWh/100 km. Sprich, der Akku hat nach dem Zyklus eine höhere Restkapazität als davor (siehe Bild 7.10).

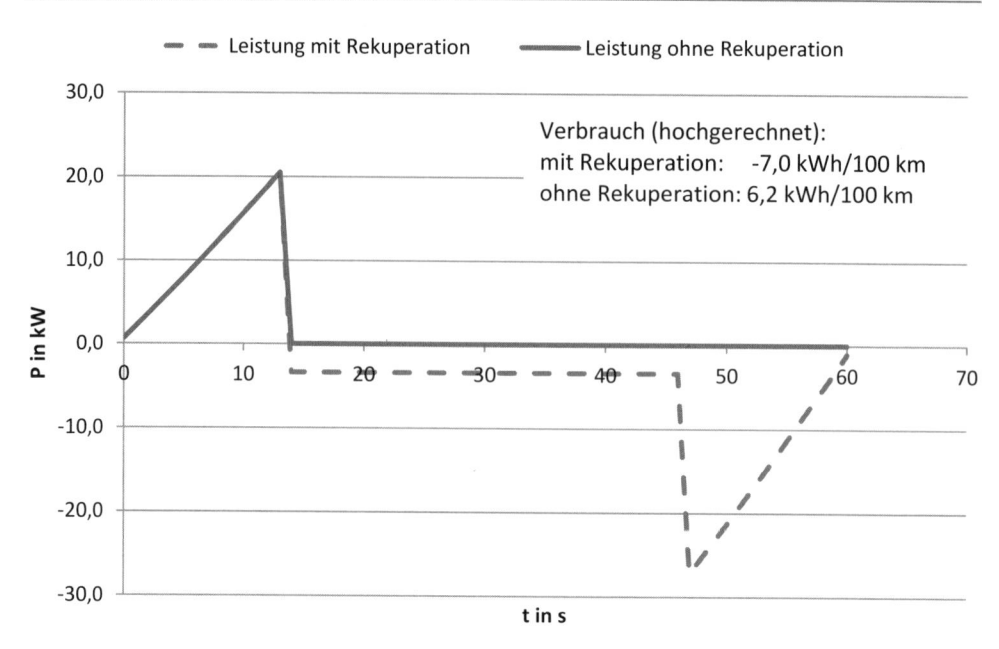

**Bild 7.10** Leistung und Energiebedarf bei Gefälle

## 7.3 Verbrauch Elektrofahrzeuge im NEFZ

Der „Neue Europäische Fahrzyklus" (abgekürzt NEFZ, englisch New European Driving Cycle, NEDC) ist ein von der EU für Europa vorgeschriebener Fahrzyklus, mit dem die entsprechenden Messwerte für Verbrauch und Reichweite von Fahrzeugen vergleichbar gemacht werden sollen.

### 7.3.1 Der NEFZ-Fahrzyklus

Dieser NEFZ ist Basis für die Angaben der Fahrzeughersteller zu Verbrauch, Reichweite und $CO_2$-Emission ihrer Fahrzeuge. Die mit dem NEFZ ermittelten Werte sind Voraussetzung für die Genehmigung der Fahrzeuge in Europa.

Maßgeblich ist dabei Regelung Nr. 101 der Wirtschaftskommission für Europa mit folgendem Inhalt:

*„Regelung Nr. 101 der Wirtschaftskommission der Vereinten Nationen für Europa (UN/ECE) - Einheitliche Bedingungen für die Genehmigung der Personenkraftwagen, die nur mit einem Verbrennungsmotor oder mit Hybrid-Elektro-Antrieb betrieben werden, hinsichtlich der Messung der Kohlendioxidemission und des Kraftstoffverbrauchs und/oder der Messung des Stromverbrauchs und der elektrischen Reichweite sowie der nur mit Elektroantrieb betriebenen Fahrzeuge der Klassen M 1 und N 1 hinsichtlich der Messung des Stromverbrauchs und der elektrischen Reichweite"* (Wirtschaftskommission der Vereinten Nationen für Europa)

## 7.3 Verbrauch Elektrofahrzeuge im NEFZ

Es sind folgende relevante **Fahrzeugklassen** definiert:

Kraftfahrzeuge mit mindestens vier Rädern und einer bauartbedingten Höchstgeschwindigkeit von mehr als 25 km/h.

Klasse M 1: Für die Personenbeförderung ausgelegte und gebaute Kraftfahrzeuge mit höchstens acht Sitzplätzen außer dem Fahrersitz.

Klasse N 1: Für die Güterbeförderung ausgelegte und gebaute Kraftfahrzeuge mit einer zulässigen Gesamtmasse bis zu 3,5 Tonnen.

Der **Fahrzyklus** muss nach festgelegten Vorgaben (mehrmals) durchfahren werden. Die Fahrten finden dabei nicht auf der Straße, sondern auf einem Rollenprüfstand statt. Der Zyklus setzt sich aus mehreren Teilzyklen zusammen:

- einem Stadtfahrzyklus, der sich wiederum aus vier (identischen) Grund-Stadtfahrzyklen zusammensetzt.
- einem außerstädtischen Fahrzyklus.

Definiert ist der Zyklus durch das folgend dargestellte Geschwindigkeits-Weg-Profil, das eine Gesamtfahrstrecke von 11 022 km bei einer mittleren Geschwindigkeit von 33,6 km/h ergibt:

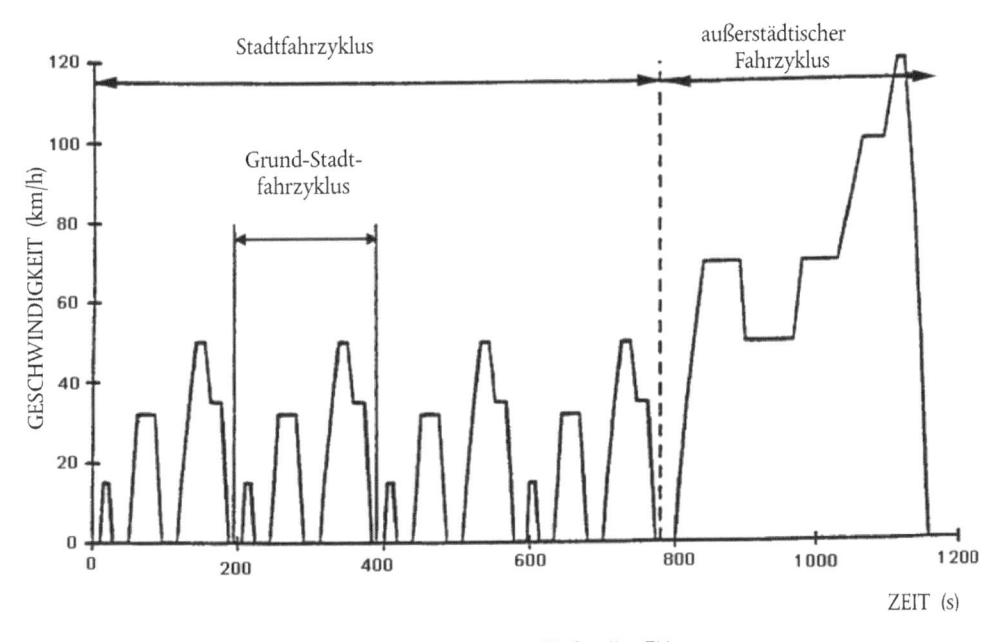

Bild 7.11 NEFZ: Fahrzyklen und Geschwindigkeitsprofil. Quelle: EU

Aus dem Bild sind folgende wesentlichen Kennzeichen herauszulesen, die sich für Elektrofahrzeuge als wichtig herausstellen werden:

- Während des Tests sind viele Stoppzeiten vorgeschrieben.
- Im Mittel sind die Geschwindigkeiten niedrig und die Beschleunigungswerte gering.
- Es gibt viele Verzögerungsphasen.

- Die im Test zu fahrende maximale Geschwindigkeit ist mit 120 km/h vergleichsweise niedrig, und sie muss nur für eine kurze Zeit gefahren werden.

Daraus lassen sich folgende Schlussfolgerungen ziehen:

Fahrzeuge, die während der vielen **Stoppzeiten** Kraftstoff verbrauchen (ohne dass eine Wegstrecke zurückgelegt wird), haben Nachteile. Das wird in modernen Fahrzeugen mit Verbrennungsmotoren durch eine Start-Stopp-Automatik umgangen. Einen Vorteil haben hier die Elektrofahrzeuge, da sie keine Leerlaufdrehzahl benötigen und im Stillstand daher keine Energie verbrauchen. Auch ein Aufwand für das Wiederstarten entfällt.

Wegen der **geringen Geschwindigkeiten und Beschleunigungen** sind für das Durchfahren des Zyklus keine hohen Leistungen erforderlich. Daher haben Fahrzeuge, die hinsichtlich Kraftstoffverbrauch im unteren Leistungsbereich optimiert sind, Vorteile.

Die Energie, die bei den vielen **Verzögerungsphasen** bei herkömmlichen Fahrzeugen durch aktives Bremsen in Wärmeverluste gewandelt werden muss, kann bei Elektrofahrzeugen für die weitere Fahrt durch Rekuperation wieder aktiv genutzt werden und führt so zu einem deutlichen Verbrauchsvorteil.

### Wie wird der Test bei Elektrofahrzeugen durchgeführt?

Zur Durchführung der Prüfung muss das (Elektro-)Fahrzeug entsprechend vorbereitet sein. So muss es vor dem Test eine Strecke von mindestens 300 km mit den im Prüffahrzeug eingebauten Batterien zurückgelegt haben. Beim Test sind alle Beleuchtungs-, Lichtsignal- und Hilfseinrichtungen ausgeschaltet. Dies gilt auch für die Klimaanlage des Fahrzeugs. Das Wärmeregelsystem der Batterie hingegen muss voll funktionsfähig sein. Die Prüfungen werden bei Temperaturen zwischen 20 °C und 30 °C durchgeführt.

Der Prüfablauf umfasst vier Prüfgänge:

1. Laden des Akkus
2. zweimaliges Durchfahren des Gesamtzyklus
3. Aufladen des Akkus
4. Berechnung des Energieverbrauchs

Das Aufladen des Akkus muss innerhalb von 30 Minuten nach der Prüfung gestartet werden. Geladen wird nach dem Verfahren, das bei der normalen Aufladung während der Nacht angewandt wird. Das Energiemessgerät wird dazu zwischen Netzsteckdose und Fahrzeugsteckdose geschaltet. Für den Energieverbrauch bei Elektrofahrzeugen heißt das, **die Verluste des Ladens gehen in die Verbrauchsangabe** ein.

Da der Test auf dem Rollenprüfstand stattfindet, muss dieser mit den Fahrwiderständen des Fahrzeugs programmiert werden, wie sie bei realen Fahrten auftreten. Auch hier schreibt die Verordnung die Randbedingungen detailliert vor. Der Fahrwiderstand wird dafür durch sogenannte Ausrollversuche in einem vorgegebenen Geschwindigkeitsfenster gemessen und berechnet. Die Versuche werden in entgegengesetzter Richtung wiederholt, so dass Steigungs- und Windeinflüsse minimiert werden. Die Steigung muss im Bereich (+/− 2 %) liegen. Dabei darf die Windgeschwindigkeit nicht mehr als 3 m/s betragen, die Fahrbahn muss trocken, die Umgebungstemperatur zwischen 5 °C und 35 °C liegen. In der Verordnung wird von einer statistischen Genauigkeit der Fahrwiderstandsmessung von plus/minus 4 % ausgegangen. Als „Bezugsmasse" für die Messungen ist die Leermasse des Fahrzeugs, vergrößert um eine einheitliche Masse von 100 kg, gem. Richtlinie einzusetzen. Neben den doch relativ großen Toleranzen werden auch noch weitere Punkte als kritisch angesehen:

Es werden die „idealen" Randbedingungen (keine Nebenverbraucher usw.) und die relativ kleinen Beschleunigungen und Geschwindigkeiten, keine Steigung usw. als nicht unbedingt realitätsnah angesehen. Daher sind die Messergebnisse auch nicht eins zu eins auf die Verbräuche in der Praxis zu übertragen. Aus diesen Gründen hat auch die EU festgelegt, dass die EU-Kommission prüfen soll, ob der Test angepasst werden muss.

Auch an der Einführung eines weltweit einheitlichen Tests wird gearbeitet, dem von den Vereinten Nationen definierten weltweiten Prüfzyklus für Personenkraftwagen und leichte Nutzfahrzeuge *(World Light Duty Test Procedure, WLTP)*, der den tatsächlichen Fahrbetrieb besser widerspiegelt. Da der NEFZ-Test aber derzeit gültig ist und vor allem aber für eine weitgehend objektive Vergleichbarkeit der Angaben zu verschiedenen Fahrzeugen sorgt, werden die folgenden Verbrauchsberechnungen auf Grundlage des seit langem eingeführten Verfahrens ausgeführt.

### 7.3.2 NEFZ-Verbrauchssimulationen

Für die in diesem Abschnitt berechneten Verbrauchsergebnisse werden als Fahrzeugdaten die oben aufgeführten Basisdaten zugrunde gelegt. Zur Modellbildung des NEFZ wird das zugrunde liegende Beschleunigungsprofil verwendet, das ebenfalls in der EU-Verordnung R101 festgeschrieben ist.

Für die Simulationen wird der NEF-Zyklus allerdings modifiziert, indem auf die Berücksichtigung der Stoppzeiten im Test verzichtet wird. Dies ist deshalb gerechtfertigt, da der Antrieb des Elektrofahrzeugs im Stillstand abgeschaltet wird, so dass kein Verbrauch entsteht. Weiter wurde nur ein Grund-Stadt-Fahrzyklus abgebildet. Die tatsächliche, viermalige Durchfahrt wird in den Auswertungen durch entsprechende Multiplikation nachgebildet. Damit erhält man den folgenden dargestellten Beschleunigungsverlauf (Bild 7.12). Man erkennt, dass sowohl Beschleunigungen als auch Verzögerungen im moderaten Bereich, im Wesentlichen unter 1 m/s² (etwa 0,1 g), liegen:

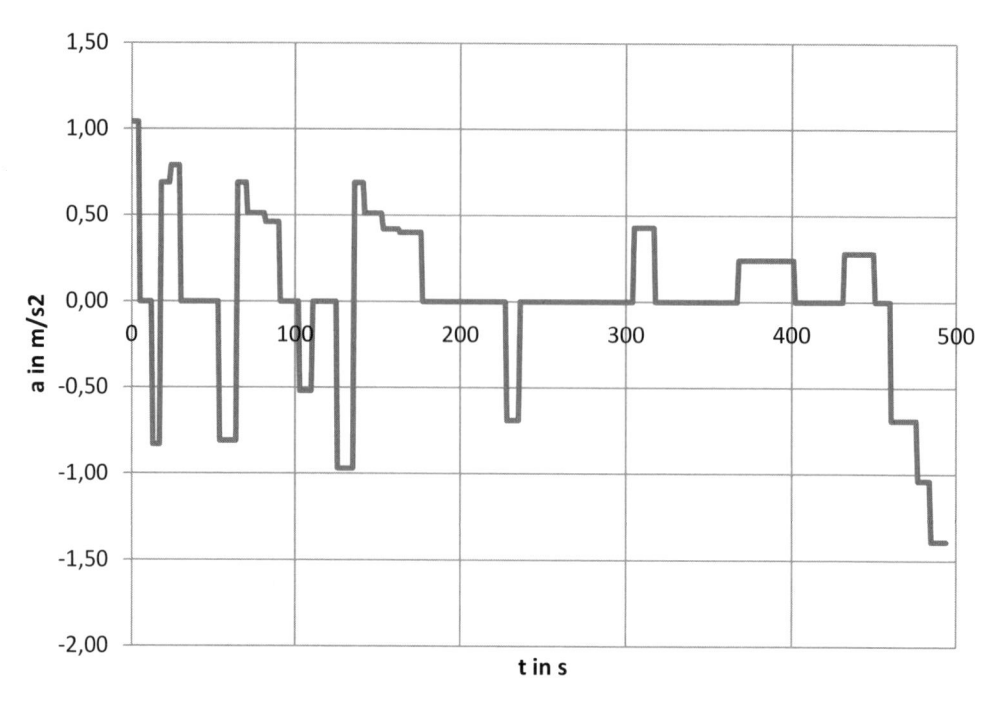

**Bild 7.12** NEFZ: Beschleunigungsverlauf

Mit diesen Daten lässt sich der für den Antrieb des Fahrzeugs erforderliche Verlauf der Antriebskraft errechnen (Bild 7.13). Die sich ergebenden negativen Kräfte zur Verzögerung des Fahrzeugs müssen dabei durch das Bremsmoment des Motors erbracht werden. Diese Bremsenergie kann bei Elektromotoren ja durch Rekuperation zurückgewonnen werden. Ist keine Rekuperation möglich, muss die erforderliche Verzögerung durch aktives Bremsen sichergestellt werden. Diese wird dadurch in Wärme gewandelt und somit im Sinne der Mechanik verloren. Beide Fälle, mit und ohne Rekuperation, sollen in diesem Abschnitt parallel betrachtet werden.

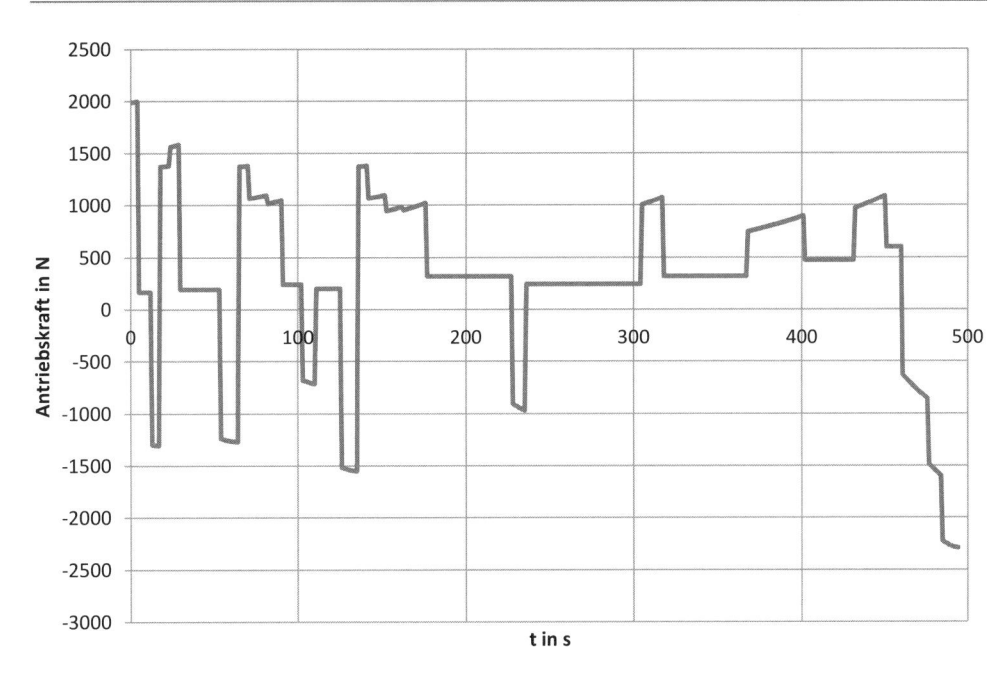

**Bild 7.13** NEFZ: Verlauf der Antriebskraft des Fahrzeugs

Mit diesen Verläufen lässt sich der vom Fahrzeug abgerufene Leistungsverlauf berechnen, wie er in folgender Grafik für die Fälle mit und ohne Rekuperation dargestellt ist:

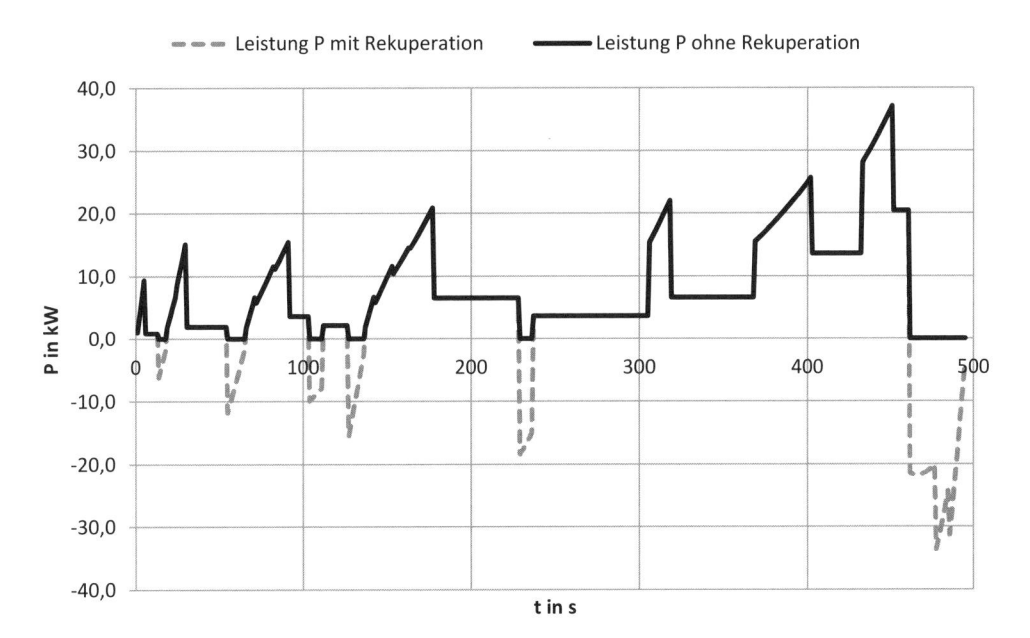

**Bild 7.14** NEFZ: Verlauf der erforderlichen Antriebsleistung

Zu erkennen sind die negativen Leistungsanteile bei der Simulation mit Rekuperation. Diese werden genutzt, um den Fahrzeugakku wieder zu laden, so dass der Energieverbrauch um den entsprechenden Anteil verkleinert wird.

Über die beschriebene Integration der Leistung ergibt sich der theoretische, der physikalische, Energieverbrauch, der in folgender Aufstellung für die unterschiedlichen Randbedingungen zusammengefasst ist:

- Energieverbrauch **ohne** Rekuperation: 12,9 kWh/100 km
- Energieverbrauch **mit** Rekuperation: 8,4 kWh/100 km
  (ohne Verluste bei der Rekuperation)
- Energieverbrauch mit Rekuperation: 8,9 kWh/100 km
  **(Verluste bei der Rekuperation** von 10 %)

Zum Vergleich

- Der Energiegehalt von 1 Liter Diesel entspräche 10 kWh.
- Typischer Verbrauchswert eines E-Fahrzeugs der Kompaktklasse (NEFZ) ist 13 kWh/100 km.

Dies ergibt folgendes Bild:

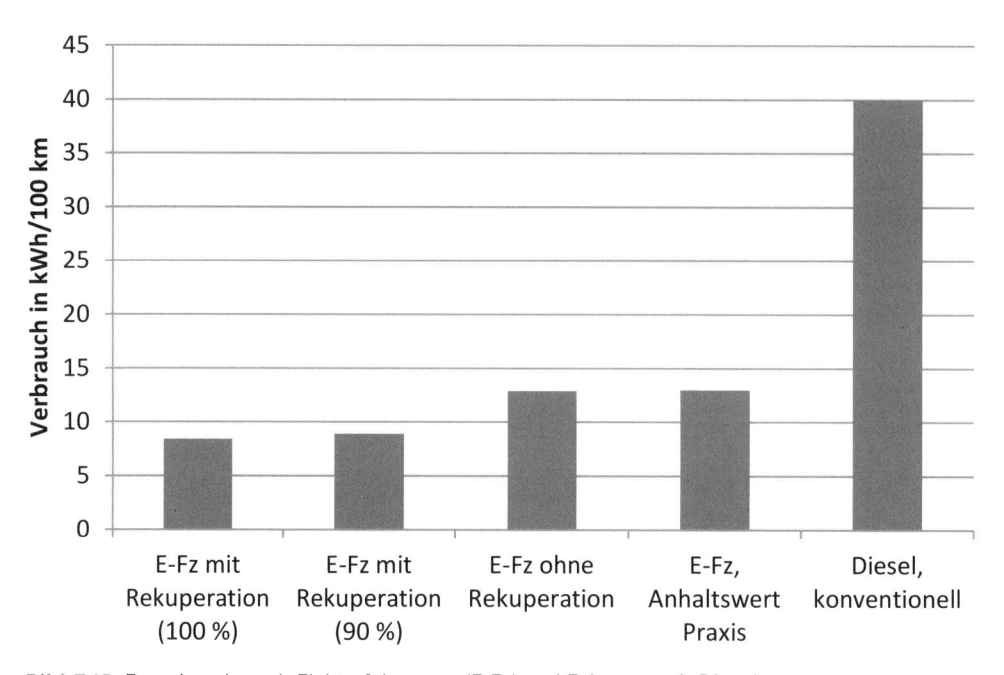

**Bild 7.15** Energieverbrauch Elektrofahrzeuge (E-Fz) und Fahrzeug mit Dieselmotor

**Schlussfolgerungen:**

Aus den im Bild dargestellten Werten lassen sich folgende Schlussfolgerungen ableiten:

- Die Effizienz des Elektroantriebs (Anhaltswert aus der Praxis) liegt um etwa Faktor drei höher als bei einem vergleichbaren Antrieb mit Dieselmotor.

- Die Rekuperation hat ein Einsparpotential von mehr als 30 % (Verbrauch 8,4 zu 12,9 kW/100 km).
- Aus dem Verbrauch eines Real-Elektrofahrzeugs (hier mit typisch 13 kWh/100 km angenommen) und dem physikalischen NEFZ-Verbrauch (mit Rekuperation, ohne Verluste) lässt sich der (Zyklus-)Wirkungsgrad für das Realfahrzeug zu 65 % errechnen.
- Für das Dieselfahrzeug kommt man auf einen Wirkungsgradwert von 32 %, bezogen auf den physikalischen Verbrauch **ohne** Rekuperation. Setzt man für die Nutzenergie den physikalischen Verbrauch **mit** Rekuperation ein, verringert sich dieser Wert auf 21 %, ein Drittel des Wertes des Elektrofahrzeugs.

**Betrachtung des Wirkungsgrads und der Verluste bei Elektrofahrzeugen:**

Die wesentlichen Verluste entstehen:

- beim Laden
- in der Leistungselektronik/Inverter
- im Elektromotor
- im mechanischen Antriebsstrang

Setzt man jeweils einen mittleren Wirkungsgrad von 90 % an, so käme man auf einen rechnerischen Gesamtwirkungsgrad von $0,9^4 = 0,64 = 64\%$. Da dies dem oben abgeschätzten Wert aus den Simulationen weitgehend entspricht, kann man davon ausgehen, dass auch die angenommenen Teilwirkungsgrade in ihrer Größenordnung so zutreffen.

### 7.3.3 Einfluss von Änderungen ausgewählter Konstruktionsparameter

#### Einfluss des Luftwiderstandsbeiwerts

Die wesentlichen Einflüsse hinsichtlich des Energieverbrauchs durch konstruktive Maßnahmen neben der Auslegung des Antriebsstrangs sind das **Gewicht** des Fahrzeugs und sein **Luftwiderstand**.

#### Einfluss des Luftwiderstands

In die Berechnung des Luftwiderstands gehen multiplikativ, mit gleicher Wichtung, der **Luftwiderstandsbeiwert**, der cw-Wert, und die **Querschnittsfläche** des Fahrzeugs ein. Da der Fahrzeugquerschnitt häufig durch andere Anforderungen vorbestimmt ist, soll hier im Wesentlichen der Einfluss des cw-Wertes untersucht werden. Dessen Einfluss auf den physikalischen Energieverbrauch (NEFZ) ist in folgendem Diagramm dargestellt:

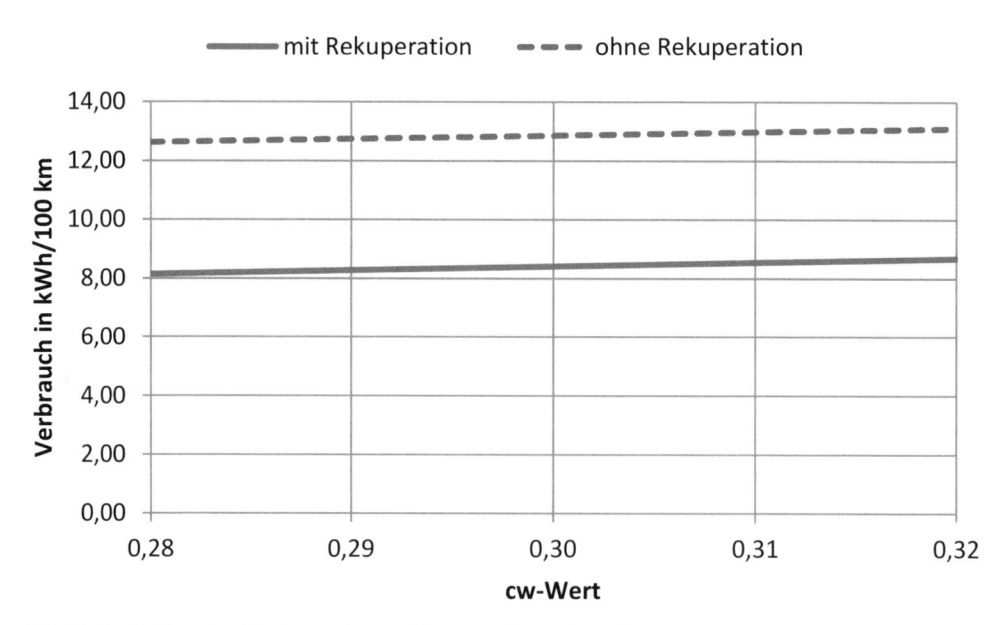

**Bild 7.16** Einfluss der Variation des cw-Wertes auf den Energieverbrauch

Daraus lässt sich ableiten:
- Im Mittel für beide Fälle (mit und ohne Rekuperation) ergibt sich durch Verringerung des cw-Werts um 0,01 ein Verbrauchsvorteil von 0,126 kWh/100 km (NEFZ-Verbrauch).
- Der Einspareffekt wird bei Nutzung der Rekuperation um etwa 13 % größer, da bei Verringerung des cw-Werts auch der bremsende Einfluss des Luftwiderstands reduziert wird, so dass entsprechend mehr Energie aus der Verzögerung rekuperiert werden kann.

Ergänzung: Diese Ergebnisse lassen sich auch auf den Einfluss einer Verringerung der Querschnittsfläche übertragen, da diese Fläche den proportional gleichen Anteil am Luftwiderstand hat wie der cw-Wert.

### Einfluss der Fahrzeugmasse

Bild 7.17 zeigt den Einfluss der Fahrzeugmasse auf den Energieverbrauch (NEFZ):

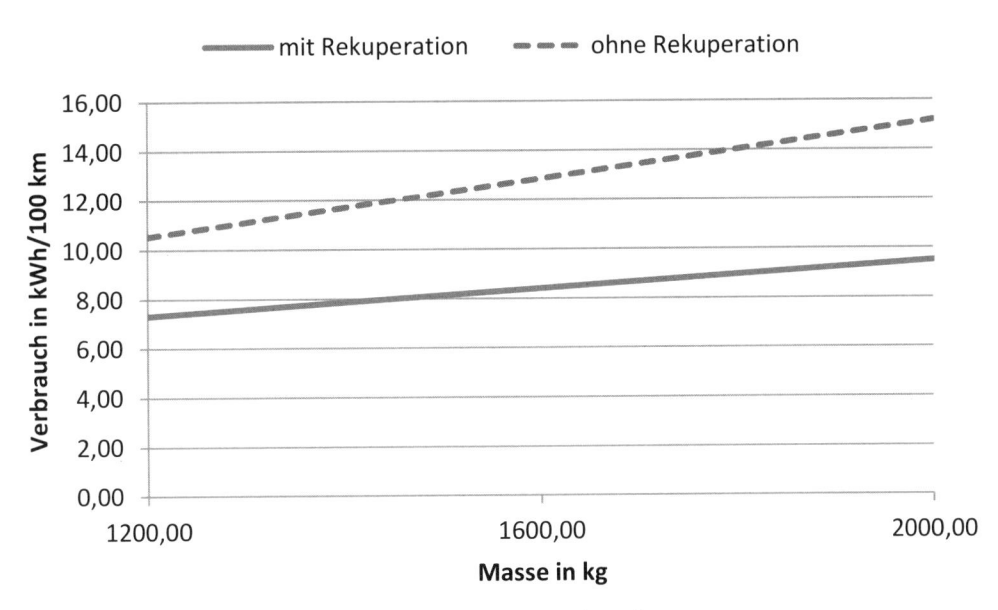

**Bild 7.17** Einfluss der Fahrzeugmasse auf den Energieverbrauch

Daraus lassen sich folgende Einflusswerte herauslesen, die Verringerung der Fahrzeugmasse um 100 kg ergibt im Mittel:

- eine Verringerung des Energieverbrauchs von 0,58 kWh/100 km, **ohne Rekuperation**. Bezogen auf den Verbrauch bei $m$ = 1600 kg ist das eine Einsparung von **4,5 %**.
- eine Verringerung des Energieverbrauchs von 0,27 kWh/100 km, **mit Rekuperation**. Bezogen auf den Verbrauch bei $m$ = 1600 kg ist das eine Einsparung von **3,2 %**.

Der Einfluss der Masse auf den Energieverbrauch ist also deutlich geringer, wenn die Rekuperation genutzt werden kann. Ursache: Eine Veränderung der Masse ändert proportional die **kinetische Energie**. Da diese beim Beschleunigen zunächst ins Fahrzeug eingebracht werden muss, beim Verzögern aber wieder zurückgewonnen und gespeichert werden kann, gleicht sich der Einfluss zu einem großen Teil wieder aus. In Konsequenz heißt das, bei Elektrofahrzeugen lohnt sich der konstruktive Aufwand für eine Gewichtsreduktion nicht in dem Maße wie bei konventionellen Fahrzeugen ohne Rekuperationsmöglichkeit.

### 7.3.4 NEFZ-Verbrauch bei Plug-In-Hybriden

Plug-In-Hybride sind ab 2014 verstärkt in den Fokus des öffentlichen Interesses gerückt, weil sie mit einem geringen Kraftstoffverbrauch und somit mit einem geringen $CO_2$-Ausstoß glänzen. Um das werten zu können, muss man allerdings die besonderen Aspekte der Verbrauchsmessungen bei den Hybrid-Fahrzeugen beachten, da sie die notwendige Antriebsenergie nicht nur aus dem Elektromotor beziehen, sondern, bei längeren Strecken, aus dem Verbrennungsmotor.

Grundsätzlich wird der Verbrauch auch hier nach der Regelung Nr. 101 (ECE R101) der Wirtschaftskommission der Vereinten Nationen für Europa auf Basis des NEFZ gemessen. Da der Energieverbrauch sich aber wegen der zwei Antriebe aus einer Kombination von Strom- und Kraftstoffverbrauch zusammensetzt, sind spezifische Festlegungen notwendig. Diese sind im Anhang 8 der Regelung 101 festgelegt. Die wesentlichen spezifischen Bestimmungen sind:

Der NEFZ ist zweimal zu durchfahren, bei den Plug-In-Hybriden mit zwei unterschiedlich definierten Zuständen:

- Zustand A: Die Prüfung ist mit voll aufgeladenem Energiespeicher durchzuführen. Zu Beginn des Tests ist der Akku also voll aufgeladen. Der Energieverbrauch für den ersten Zyklus im Zustand A erfolgt wie bei den Elektrofahrzeugen (durch die Messung der Energie beim Wiederaufladen des Akkus aus dem Netz). Da bei den heutigen Plug-In-Hybriden das einmalige Durchfahren des Zyklus aufgrund ihrer elektrischen Reichweite rein elektrisch machbar ist, ergibt der Test mit Zustand A den Verbrauch des Elektroantriebs.

- Zustand B: Die Prüfung ist mit einem elektrischen Energiespeicher durchzuführen, der die Mindestladung aufweist (maximale Entladung, Akku ist „leer"). Damit muss der Zyklus B mit Verbrennungsmotor durchfahren werden und man erhält folglich auch den Verbrauch des Verbrennungsmotor-Antriebs.

Betrachtet man den **Kraftstoffverbrauch** (Diesel oder Benzin) so gilt für den Zustand-A-Test: Im ersten Durchlauf kommt der Verbrennungsmotor nicht zum Einsatz. Damit liegt der Kraftstoffverbrauch bei 0 l/100km! Es wird allein elektrische Energie verbraucht.

Im Zustand B (leerer Akku) dagegen kommt im Wesentlichen der Verbrennungsmotor zum Einsatz. Sein Verbrauch wird in Litern für den Zyklus gemessen und auf Liter pro 100 km umgerechnet.

**Wie wird nun der Gesamtverbrauch aus den zwei Messzyklen ermittelt?**

Dazu ist in ECE R101 eine Formel definiert, nach der der Gesamt-**Kraftstoffverbrauch** (Diesel bzw. Benzin) berechnet wird. Sie lautet:

$$C = \frac{D_e C1 + D_{av} C2}{D_e + D_{av}} \quad (7.16)$$

Mit:

C = der Kraftstoffverbrauch in l/100 km,

C 1 = der Kraftstoffverbrauch in l/100 km bei voll aufgeladenem elektrischem Energiespeicher (Zustand A, erster Teilzyklus),

C 2 = der Kraftstoffverbrauch in l/100 km bei einem elektrischen Energiespeicher, der die Mindestladung aufweist (maximale Entladung), Zustand B, zweiter Teilzyklus,

De = die elektrische Reichweite des Fahrzeugs in km,

Dav = 25 km, die angenommene durchschnittliche Strecke zwischen zwei Batterieaufladungen. Für diese Strecke kommt nur der Verbrennungsmotor zum Einsatz.

## 7.3 Verbrauch Elektrofahrzeuge im NEFZ

Im Zustand A schaffen alle Plug-In-Hybride den etwa elf Kilometer langen NEFZ rein elektrisch, der Verbrennungsmotor kommt nicht zum Einsatz. Sein **Kraftstoff**verbrauch liegt daher bei C 1 = null Liter/100 km!

Damit vereinfacht sich obige Formel zu:

$$C = \frac{D_{av} C2}{D_e + D_{av}} \qquad (7.17)$$

Interpretation: Zur Berechnung des Kraftstoffverbrauchs wird der Verbrauch im Verbrennungsmotor (in Liter/100 km) um den Faktor *25 km/(25 km + elektrische Reichweite)* gewichtet. Man geht damit von folgendem Szenario aus: Das Fahrzeug fährt 25 km mit Verbrennungsmotor und verbraucht dabei eine bestimmte Kraftstoffmenge (ein Viertel des Kraftstoffverbrauchs für 100 km). Dann fährt das Fahrzeug entsprechend seiner elektrischen Reichweite rein elektrisch, verbraucht also keinen Kraftstoff! Damit hat sich die Gesamtfahrstrecke um die elektrische Reichweite ohne weiteren Kraftstoffeinsatz erhöht. Und der Kraftstoffverbrauch, der auf die Gesamtfahrstrecke bezogen wird, sinkt entsprechend!

Natürlich muss zum Gesamt-**Energie**verbrauch auch noch die verbrauchte elektrische Energie addiert werden. Da diese aber keinen $CO_2$-Beitrag liefert, bleibt das Hauptaugenmerk auf dem (niedrigen) **Kraftstoff**verbrauch. Wie stark dieser Einfluss der Verbrauchsverringerung ist, hängt von der elektrischen Reichweite ab und ist in folgender Grafik dargestellt:

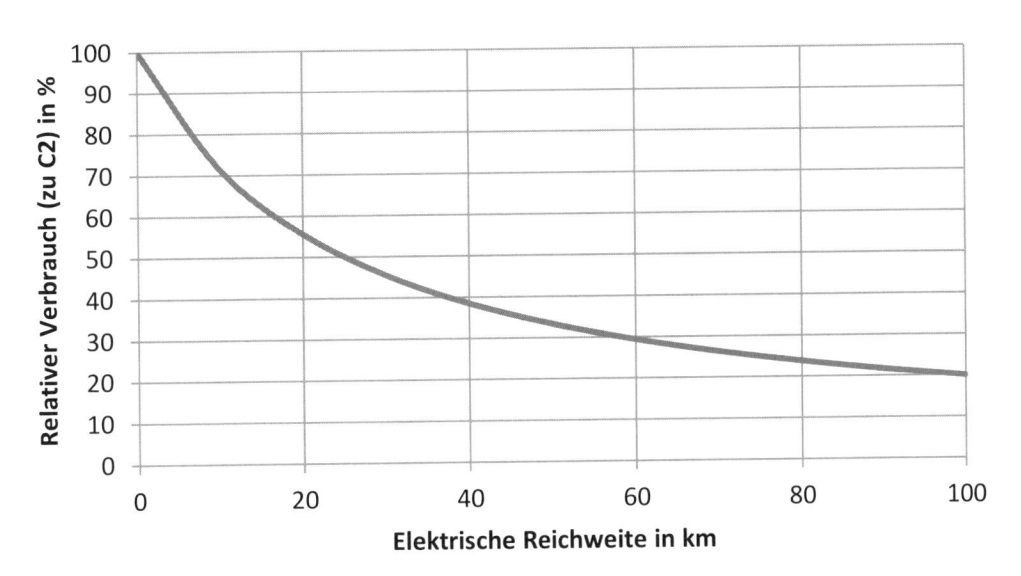

**Bild 7.18** Einfluss der elektrischen Reichweite auf den Kraftstoffverbrauch

Diese Berechnungsmethode führt in der Praxis zu geringen Verbrauchswert-Angaben. Da diese letztendlich auch die $CO_2$-Bilanz bestimmen, leisten die Plug-Ins einen wertvollen Beitrag zur Reduzierung des $CO_2$-Flottenausstoßes. Und es erklärt auch, warum selbst große Hybridfahrzeuge nur Verbräuche um die 2 Liter/100 km aufweisen können!

### Beispiel

Ein Fahrzeug habe einen (rein) verbrennungsmotorischen Verbrauch von 6 l/100 km gemäß den Messungen des zweiten Teilzyklus B. Und eine elektrische Reichweite von 50 km. Das ergibt einen Gesamt-**Kraftstoff**verbrauch gemäß Gleichung 7.17 von:

$$C = \frac{25\,\text{km}}{50\,\text{km} + 25\,\text{km}} \cdot 6\,\text{l}/100\,\text{km} = 2\,\text{l}/100\,\text{km} \tag{7.18}$$

### Praxis

In der Praxis hängt der Kraftstoffverbrauch von der Fahrstrecke ab. Liegt sie unter der elektrischen Reichweite, ist der Kraftstoffverbrauch null. Bei langen Autobahnfahrten und hohen Geschwindigkeiten kann er durchaus auf die Werte von konventionellen Fahrzeugen steigen!

Da aber die meisten Fahrten bei unter 50 km liegen, kann das Plug-In-Fahrzeug tatsächlich überwiegend elektrisch fahren (mit allen Vorteilen).

### 7.3.5 Elektrische Reichweite (NEFZ)

Die Bestimmung der Reichweite von Elektrofahrzeugen (einschließlich Plug-In-Hybriden) ist ebenfalls in der Regelung *ECE R101* bestimmt. Deren Anhang 9 beinhaltet:

*„Nach dem im Folgenden beschriebenen Prüfverfahren können die elektrische Reichweite (ausgedrückt in km) von Fahrzeugen, die nur mit Elektroantrieb betrieben werden, oder die elektrische Reichweite und die Gesamtreichweite von extern aufladbaren Fahrzeugen mit Hybrid-Elektro-Antrieb gemessen werden."*

Die Prüfbedingungen bzgl. des Zustands des Fahrzeugs und der klimatischen Bedingungen entsprechen denen, die auch bei den Verbrauchsmessungen zugrunde liegen. Die Durchführung der Prüfung erfolgt nach folgenden Schritten:

- Vollladen des Akkus
- Durchfahren des NEF-Zyklus, und zwar so oft bzw. so lange, bis das Fahrzeug bei 50 km/h nicht mehr die vorgeschriebenen Beschleunigungen oder Geschwindigkeiten erreichen kann. Oder wenn die serienmäßig eingebauten Instrumente des Fahrzeugs anzeigen, dass das Fahrzeug angehalten werden muss (da sonst eine schädliche Tiefentladung des Akkus drohen könnte). Das Fahrzeug wird dann durch Ausrollen und letztendlich aktivem Abbremsen bei 5 km/h angehalten.
- Die dann erreichte Zyklen-km-Zahl ist die **elektrische Reichweite** des Fahrzeugs.

Zwar ist bei der Reichweitenbestimmung derselbe Fahrzyklus zugrunde gelegt wie bei der Verbrauchsbestimmung, allerdings gibt es einen entscheidenden Unterschied: Die Reichweitenbestimmung erfolgt mit zuerst vollgeladener Batterie. Daher gehen **Verluste beim Laden nicht** in diesen Messwert ein. Im Gegensatz zur Verbrauchsmessung, die ja einschließlich der Ladeverluste bestimmt wird. Daher ist eine direkte Umrechnung von Verbrauch und Akkukapazität in die Zyklus-Reichweite nicht möglich, ohne dass die Ladeverluste eingerechnet werden.

**Beispiel Zusammenhang Verbrauch, Akkukapazität und Reichweite**

Annahmen:
- NEFZ-Energieverbrauch: $E_{NEFZ}$ = 13 kWh/100 km
- Akkukapazität: 20 kWh
- NEFZ-Reichweite: 180 km

Aus der gemessenen NEFZ-Reichweite und der Akkukapazität ergibt sich ein „Reichweiten"-Energieverbrauch von

$$E_{Reichweite} = \frac{20\,\text{kWh}}{180\,\text{km}} = 0{,}111\,\frac{\text{kWh}}{\text{km}} = 11{,}1\,\frac{\text{kWh}}{100\,\text{km}} \qquad (7.19)$$

Da der NEFZ-Energieverbrauch einschließlich Ladeverlusten bestimmt wird, kann man aus den beiden Verbräuchen unmittelbar den Ladewirkungsgrad bestimmen:

$$Ladewirkungsgrad = \frac{E_{Reichweite}}{E_{NEFZ}} = \frac{11{,}1}{13} = 85\,\% \qquad (7.20)$$

In dem Rechenbeispiel wären dann die Ladeverluste (unter den gemachten fiktiven Annahmen) 15 %. Allerdings sind die Ergebnisse solcher Rechnungen mit Vorsicht zu genießen, da die tatsächliche Akkukapazität des Versuchsfahrzeugs aus Toleranzgründen nicht zwingend der Nennkapazität entspricht. Damit erhält man nur gesicherte Aussagen, wenn die tatsächliche Akkukapazität bekannt ist.

### 7.3.6 Einfluss von Zusatzverbrauchern auf die Reichweite

Bei den Verbrauchsmessungen im NEFZ-Test sind mögliche Zusatzverbraucher abgeschaltet. Im praktischen Fahrbetrieb, bei eingeschalteten Zusatzverbrauchern, muss der Fahrzeugakku auch deren Versorgung übernehmen, was die Real-Reichweite entsprechend reduziert. Wesentliche Verbraucher, die sich sehr stark auf die Reichweite auswirken können, sind Heizung und Klimaanlage. Zwar kann man in der Praxis notfalls auf eine Klimaanlage verzichten (bis vor einigen Jahren war das noch der Normalfall), nicht jedoch auf die Heizung. Und dies nicht nur aus Komfortgründen. Können doch beispielsweise beschlagene Scheiben durch fehlendes Heizen ein Sicherheitsrisiko darstellen!

### 7.3.6.1 Reichweitenverluste durch Heizen und Kühlen

Bei Verbrennungsmotor-Fahrzeugen ist das Heizen kein Problem. Aufgrund ihres schlechten Wirkungsgrads produzieren sie so viel Abwärme, dass daraus die Fahrzeugheizung gespeist werden kann. (Obwohl bei hocheffizienten Dieselmotoren bereits Zusatzheizungen üblich sind, um zumindest in der Startphase die eingeschränkte Heizleistung zu überbrücken.)

Diese Möglichkeit, mit Abwärme zu heizen, verschließt sich allerdings bei Elektrofahrzeugen aufgrund der hohen Effizienz der Energieumsetzung. Daher benötigen sie eine Zusatzheizung, die derzeit hauptsächlich elektrisch gespeist wird, mit den genannten Folgen für die Reichweite. Wie sich eine solche Heizung mit ihrem Energieverbrauch auf die Reichweite auswirkt, zeigt folgende Modellrechnung:

**Beispiel Reichweitenverlust durch die Heizung**

Annahmen:
- Elektrofahrzeug mit 20 kWh-Akku und einem Verbrauch (ab Akku) von 13 kWh/100 km
- Heizung mit einer Heizleistung von 3 kW (typische Werte für Elektroautos: 3 bis 5 KW).
- Fahrprofil mit einer Durchschnittsgeschwindigkeit von 50 km/h

Der Einfluss der Heizung auf die Reichweite lässt sich in drei Schritten berechnen:

1. Fahrdauer für die Reichweite ohne Heizung

Ohne Heizleistung ergibt sich folgende Reichweite:

$$\text{Reichweite}(\text{oH}) = \frac{20\,\text{kWh}\,(\text{Akkukapazität})}{13\,\text{kWh}/100\,\text{km}\,(\text{Energieverbrauch})} = 154\,\text{km} \qquad (7.21)$$

2. Fahrdauer und durchschnittliche Leistung

Bei der angenommenen mittleren Geschwindigkeit von 50 km/h dauert diese Fahrt: $t = 3{,}08$ h.

Da in dieser Zeit die 20 kWh verbraucht werden, beträgt die mittlere Leistung in dieser Zeit $P = 20\,\text{kWh}/3{,}08\,\text{h} = 6{,}5$ kW.

Kommt zu dieser notwendigen Fahrleistung die Heizleistung von 3 kW hinzu, benötigt das Fahrzeug $P_{ges} = 9{,}5$ kW mittlere Leistung. Bei dieser Gesamtleistung lässt die Akkuladung eine Gesamtfahrdauer $t_2 = 20\,\text{kWh}/9{,}5\,\text{kW} = 2{,}1$ h zu.

3. Reichweite bei der reduzierten Fahrzeit (bei 50 km/h Durchschnittsgeschwindigkeit):

$$\text{Reichweite}(\text{mH}) = 50\,\frac{\text{km}}{\text{h}}\,2{,}1\,\text{h} = 105\,\text{km} \qquad (7.22)$$

Die Reichweite wird also um etwa 30% reduziert!

Wird für kalte Gegenden eine größere Heizleistung erforderlich, vergrößert sich das Problem weiter und die Reichweite sinkt Richtung der Hälfte der ursprünglichen Reichweite (unter den genannten Voraussetzungen der Beispielrechnung). Der Zusammenhang ist in Bild 7.19 dargestellt.

Diese Ergebnisse lassen sich direkt auf die Wirkung der Klimaanlage übertragen, deren Leistungsbedarf in der gleichen Größenordnung liegt. Auch hier muss eine entsprechende Reichweitenverringerung hingenommen werden.

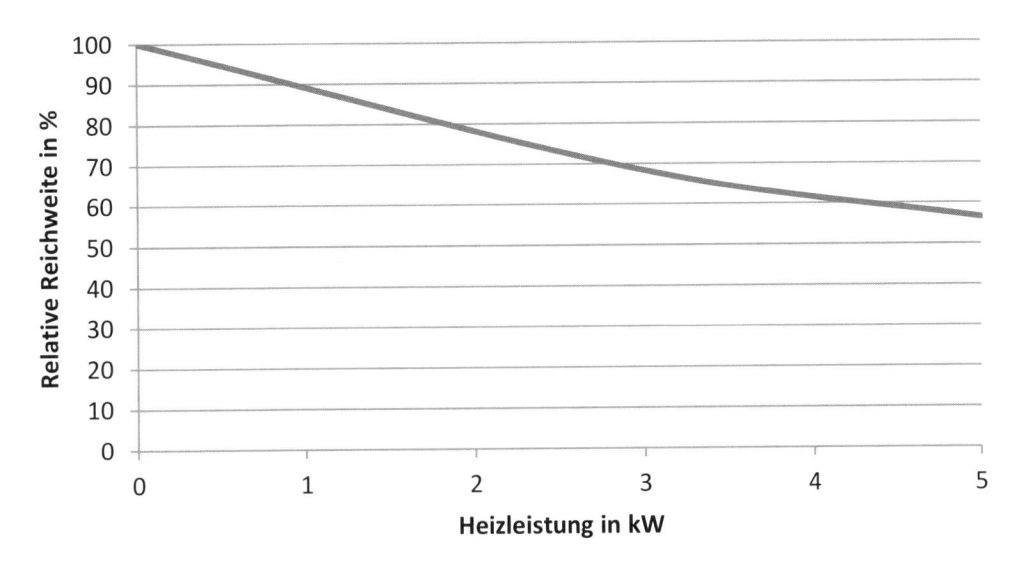

**Bild 7.19** Reichweitenreduktion durch die Fahrzeugheizung

### 7.3.6.2 Verbesserungsansätze für Heizung und Klimatisierung

Die für Elektrofahrzeuge erforderlichen Zusatzheizungen werden in der Regel elektrisch betrieben. Sie nutzen dazu die Wärmeentwicklung von Heizwiderständen mit PTC (positive temperature cofficient)-Verhalten. Die erzeugte Wärme wird über einen Wärmetauscher an den Fahrzeuginnenraum abgegeben. Schneller wäre es, wenn die Wärme nicht über einen Wärmetauscher übertragen, sondern die Fahrzeugluft direkt erwärmt würde. Das hat aber den Nachteil, dass Staubpartikel der Innenluft mit den heißen Heizwiderständen in Berührung kommen. Und dies kann zu Geruchsentwicklungen und entsprechend Belästigungen im Fahrzeuginnenraum führen.

Um die Reichweitenverminderung zu begrenzen, kann auch, mit entsprechendem konstruktiven Aufwand, die Abwärme der elektrischen Bauteile genutzt werden, was aber wegen deren (steigender) Effizienz nur einen begrenzten Beitrag liefert und das Problem nicht grundsätzlich lösen kann. Verbesserungen werden auch erzielt, indem die Isolation des Innenraums vergrößert wird, die thermischen Massen reduziert werden und die Raumverteilung der Klimatisierung in Richtung der Fahrzeuginsassen optimiert wird.

Bezogen auf die Nutzung der Klimaanlage im Sommer gibt es Verbesserungspotential durch die Optimierung der Strahlungseigenschaften der Scheiben, um den Strahlungswärmeeintrag zu reduzieren, was zu einem geringeren Bedarf an Kühlleistung führt. Um diesen sogenannten „Treibhaus-Effekt" im Auto zu verringern, wird auch an Lösungen gearbeitet, die durch eine Zwangsbelüftung beim Stand des Fahrzeuges in der Sonne ein übermäßiges Aufheizen des Innenraums begrenzen. Diese Zwangsbelüftung im Stand könnte durch Solarzellen auf dem Dach des Fahrzeuges Reichweiten-neutral erfolgen. So wird ein großer Kühlbedarf bei der Weiterfahrt verhindert.

Weitere wirkungsvolle Maßnahmen sind bereits möglich oder in der Entwicklung:

- Vorkonditionierung des Fahrzeugs

  Ist das Fahrzeug noch vom Laden mit der Stromversorgung verbunden, so kann zeitgesteuert (oder per Internetverbindung oder per App) zeitgerecht für den programmierten Fahrtbeginn das Fahrzeug vorgeheizt bzw. vorgekühlt werden, ohne dass der Akku belastet wird.

- Nutzen einer Wärmepumpe

  Durch den Einbau einer Wärmepumpe, teilweise schon als Zusatzausstattung erhältlich, lässt sich der Energieeinsatz für das Heizen deutlich reduzieren, was wieder zu einer Erhöhung der Reichweite führt. Die Wirksamkeit der Wärmepumpe wird durch deren „Leistungszahl" (abgekürzt, auf Englisch *COP* = Coefficient of Performance) gekennzeichnet. Bei einem COP von beispielsweise drei vermindert sich die erforderliche Heizleistung um diesen Verhältniswert drei.

- Einsatz von einer Zusatzheizung mit Bioethanol-Betrieb. Durch die Nutzung dieser chemischen Energieform, bei Bioethanol reichweiten- und $CO_2$-neutral, ist der Heizbetrieb vom Fahrzeugakku abgekoppelt. Allerdings wird ein ständiges Nachtanken des Brennstoffs erforderlich, was eine gewisse Komforteinbuße darstellt, aber für sehr kalte Gegenden eine aussichtsreiche Alternative darstellt.

### 7.3.7 Alternative Messzyklen und Übertragbarkeit der NEFZ-Messwerte auf reale Fahrsituationen

Neben dem NEFZ gibt es weitere Zyklen:

- Für die USA: US-Fahrzyklus FTP 75 (Federal Test Procedure)

  Die Besonderheit des Tests: Er hat drei Phasen: eine Kaltstartphase, eine Übergangsphase und eine Warmstartphase.

- Japan: JC08-Zyklus (hat den 10-15-Mode-Zyklus abgelöst)

  Der JC08-Zyklus soll hauptsächlich das Fahren in einer Stadt mit viel Stop-and-Go-Verkehr abbilden, was gerade in Ballungsräumen einen Großteil des japanischen Straßenverkehrs ausmacht.

Um die unbefriedigende Situation von national unterschiedlichen Tests und der mangelnden Realitätsnähe abzuhelfen, soll ein weltweit harmonisierter Test eingeführt werden, der

- WLTP-Zyklus (Worldwide harmonized Light vehicles Test Procedure).

Dieser Test soll dann die bisherigen, nationalen Tests ablösen. Er besteht aus vier Teilen (low, middle, high und extra high) und bildet dabei reale Fahrsituationen realitätsnäher als der NEFZ ab. Unter anderem steigt die gefahrene Höchstgeschwindigkeit auf über 120 km/h. Die erwarteten Messverbräuche werden ansteigen. Es ist im Gespräch, den Test ab dem Jahr 2020 international einzuführen.

Daneben gibt es weitere Tests, entwickelt von verschiedenen Zeitschriften, die aber nicht die objektive und für alle Fahrzeuge durchgehende Vergleichbarkeit sicherstellen. Besonders ausgearbeitet ist dabei der ADAC ECOTest, der eine Well-To-Wheel-Betrachtung und die Belastung durch andere Schadstoffe mit einschließt. Basis ist eine Kombination der Messungen im NEFZ, WLTP und einen ADAC-Autobahnzyklus, was eine realistische Vergleichbarkeit mit realen Fahrsituationen in Deutschland gewährleisten soll.

### Verbrauchsmessungen mit Realfahrten

Grundsätzlich gibt es auch die Möglichkeit, spezifische Erkenntnisse durch Verbrauchsmessung bei Realfahrten und dem anschließenden Vergleich mit zugeordneten Simulationsergebnissen zu gewinnen. Dazu wird, wie in folgenden Grafiken illustriert, eine definierte Fahrstrecke (hier eine Alpenstrecke) abgefahren und mittels GPS und Höhenmessung aufgezeichnet. Ähnlich dem Verfahren beim NEFZ wird nach Abschluss der Fahrt der Energieverbrauch bestimmt.

**Bild 7.20** Verlauf einer Alpen-Testfahrt mit dem Elektrofahrzeug. Kartendaten: 2013 Google

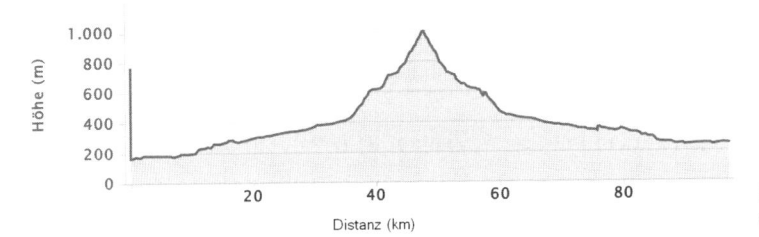

**Bild 7.21** Höhenprofil der Testfahrt

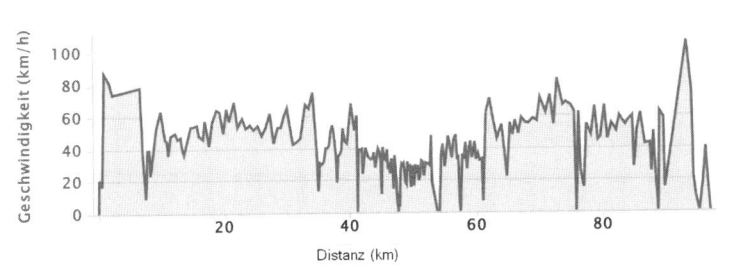

**Bild 7.22** Geschwindigkeitsprofil der Testfahrt

Die dargestellte Testfahrt ist angesichts des Höhenverlaufs und der Länge der Fahrstrecke auch ein Beleg für die **Leistungsfähigkeit heutiger Elektromobile**. Die Fahrt (mit einem Nissan LEAF) wurde ohne Nachtanken durchgeführt. Der Akku hatte am Ende noch Kapazität für weitere 20 bis 30 km! Auf Basis der Messdaten kann durch Simulation der Fahrt der physikalische Verbrauch ermittelt und mit dem Realverbrauch verglichen werden. Daraus leitet sich der **praxisnahe Gesamtwirkungsgrad** des Fahrzeugantriebs für diese spezifische Strecke ab.

Grundsätzlich kann mit solchen Erkenntnissen auch eine geplante Fahrt **vorab simuliert** und der zu erwartende streckenspezifische **Realverbrauch vorbestimmt** werden. Mit zunehmender Vernetzung des Fahrzeuges mit dem Internet lässt sich das natürlich auch während der Fahrt automatisiert durchführen, um ggf. aktuelle Einflüsse in eine Verbrauchs- und Restreichweiten-Vorhersage einfließen zu lassen.

## 7.4 Schlussfolgerungen aus den Verbrauchsermittlungen

Aus den hier vorgelegten Berechnungen und Beschreibungen lassen sich folgende Schlussfolgerungen ableiten:

- Über die vorgeschriebenen Angaben der Fahrzeughersteller zu Verbrauch und Reichweite auf Basis des einheitlichen Fahrprofils des NEFZ-Tests ist eine grundsätzliche Vergleichbarkeit der Fahrzeuge untereinander gegeben, auch wenn der Test nicht alle realen Gegebenheiten abbilden kann.
- Durch Simulation des physikalischen Verbrauchs für diese Testvorgaben lässt sich durch den Vergleich mit den Angaben der Fahrzeughersteller der fahrzeugspezifische Gesamtwirkungsgrad ermitteln.
- Mit diesen gewonnenen Erkenntnissen lassen sich über ein bekanntes Strecken- und Fahrprofil fundierte Verbrauchs- und Reichweitenvorhersagen treffen.
- Die in diesem Kapitel durchgeführten Verbrauchsberechnungen belegen die hohe Effektivität von Elektroantrieben.
- Ein großer Verbrauchsgewinn bei Elektrofahrzeugen ist durch die Möglichkeit der Rekuperation gegeben.
- Die Angaben der Hersteller für Plug-In-Hybridfahrzeuge zeigen günstige Werte hinsichtlich des **Kraftstoff**verbrauchs. Da die Berechnungsformel den Beitrag des Elektroantriebs zwar berücksichtigt, aber nicht transparent wiedergibt, besteht die Gefahr der Fehlinterpretation. Der tatsächliche Real-Verbrauch hängt in viel stärkerem Maß vom Fahr- und Streckenprofil ab als dies bei reinen Elektrofahrzeugen oder Vorbrennungsmotor-Fahrzeugen der Fall ist.

# 8 Strom für die Elektrofahrzeuge

Die Simulationen der vorangegangenen Abschnitte belegen die hohe Effektivität des Elektroantriebs und den daraus resultierenden niedrigen Energieverbrauch. Da sich diese Betrachtung zunächst aber allein auf die Betrachtung des Fahrzeugs beschränkt, der so genannten **Tank-to-Wheel**-Betrachtung, bleiben Verluste bei der Stromerzeugung unberücksichtigt. Um die gesamte Energiekette zu berücksichtigen, wird in der **Well-To-Wheel**-Betrachtung (von der Quelle zum Rad) der Primärenergieverbrauch und die $CO_2$-Belastung bei der Stromerzeugung in die Gesamtbetrachtung miteinbezogen.

Anmerkung: Da Elektrofahrzeuge keinen eigentlichen Tank besitzen, müsste man korrekterweise von „Battery-to-Wheel" statt „Tank-to-Wheel" sprechen. In der Praxis hat sich aber der Sprachgebrauch „Tank-to-Wheel" auch für Elektrofahrzeuge durchgesetzt.

## ■ 8.1 Energieerzeugung

Da es, zumindest in den Industrie-Ländern, eine gut ausgebaute Infrastruktur zur Versorgung mit elektrischer Energie gibt, können sich die Elektrofahrzeuge komfortabel mit „Strom aus der Steckdose" versorgen. In diesem Abschnitt soll dargestellt werden, aus welchen Primärenergiequellen der bereitgestellte Strom erzeugt wird. Diese Quellen bestimmen entscheidend den Gesamtenergiebedarf und die Umweltbelastung des Fahrens mit Elektrofahrzeugen. Es soll untersucht werden, wie diese Versorgung die Gesamtbilanz der Fahrzeuge beeinflusst.

### 8.1.1 Primärenergiequellen

Die wichtigsten Möglichkeiten der Stromerzeugung sind die Erzeugung aus:

- Fossilen Energiequellen:
    - Kohle
    - Erdgas
    - Erdöl
    - Atomenergie (nimmt wegen der komplexen Vorgänge bei der Energieerzeugung eine Sonderstellung ein)

- Erneuerbaren Energien:
  - Photovoltaik
  - Windenergie
  - Biomasse
  - Wasserkraft

In der Regel wird der dem Verbraucher bereitgestellte Strom aus unterschiedlichen Erzeugungsquellen gespeist. Abhängig von der aktuellen Verfügbarkeit, dem gewählten Energieversorger, von regionalen Besonderheiten und anderen technischen und wirtschaftlichen Einflüssen. Da die genutzten unterschiedlichen Primärenergiequellen sowohl unterschiedliche Wirkungsgrade (auch als Nutzungsgrad bezeichnet) und verschiedene spezifische $CO_2$-Emissionen aufweisen, werden für eine Gesamtbetrachtung die verschiedenen Erzeugungsanteile prozentual entsprechend dem jeweiligen Anteil in eine Gesamtbilanz eingerechnet. Für Deutschland geht man dabei als Berechnungsbasis vom sogenannten **Strommix** Deutschland" aus, einer Mischung aus den unterschiedlichen Primärenergiequellen.

### 8.1.2 Der Strommix Deutschland

Definiert ist der Strommix als die prozentuale Aufteilung der Stromlieferungen nach Primärenergieträgern. Diese Aufteilung hängt vom stromerzeugenden Kraftwerkspark ab und ist daher sowohl länderspezifisch als auch zeitlich veränderlich. Die folgenden grundsätzlichen Betrachtungen beruhen auf dem Strommix in Deutschland für das Jahr 2013. Hier ergeben sich folgende Anteile an der Bruttostromerzeugung für Deutschland:

**631,4 Mrd. kWh Gesamtstromerzeugung**

| Kernenergie | Steinkohle | Braunkohle | Erdgas | Sonstige | Erneuerbare Energien |
|---|---|---|---|---|---|
| 15,4% | 19,4% | 25,5% | 10,6% | 5,0% | 24,1% |

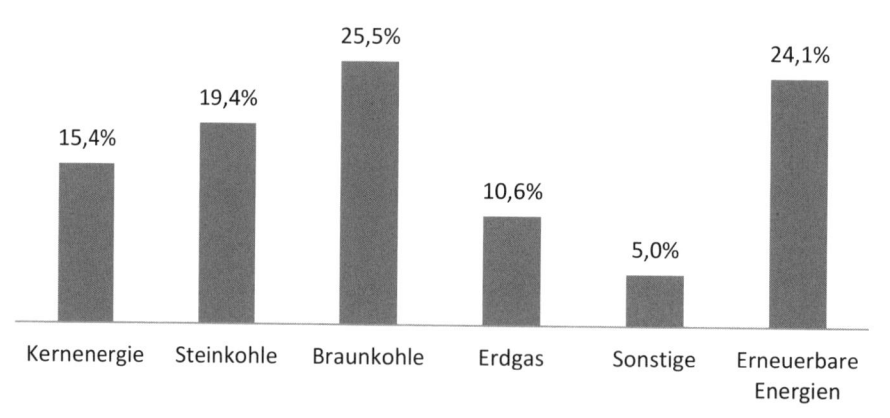

**Bild 8.1** Struktur der Stromerzeugung in Deutschland 2013. Quelle: AG Energiebilanzen e. V.

Besonders wichtig für die Umweltfreundlichkeit von Elektrofahrzeugen sind dabei die erneuerbaren Energien, wie dies im Nationalen Entwicklungsplan Elektromobilität festgelegt ist. Die einzelnen Anteile sind in folgender Grafik für 2013 festgehalten:

## 8.1 Energieerzeugung

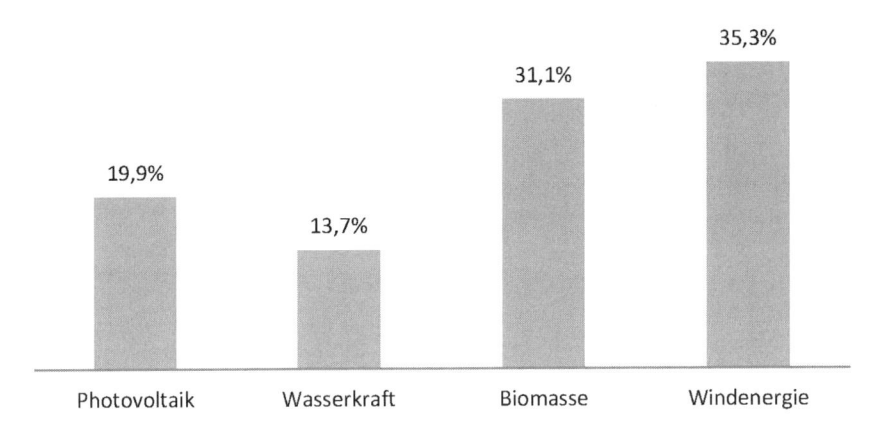

**Bild 8.2** Prozentuale Anteile der Erneuerbaren Energien. Quelle: AG Erneuerbare Energien-Statistik (AGEE-Stat, 2014)

Zur Beurteilung des Einflusses der einzelnen Energieträger hinsichtlich Effektivität und $CO_2$-Ausstoß der Elektrofahrzeuge in der Gesamtbetrachtung werden zum einen der jeweilige Wirkungsgrad bei der Stromerzeugung betrachtet (auch als Bruttonutzungsgrad bezeichnet), siehe Bild 8.3, und zum anderen die jeweiligen spezifischen $CO_2$-Emissionen (Bild 8.4). Die in Bild 8.4 dargestellten Zahlen beziehen sich auf den reinen Energieträgereinsatz, ohne Berücksichtigung der sogenannten Vorkette (Bau der Anlage, Förderung und Transport der Brennstoffe). Die Berücksichtigung der Vorkette erhöht die Werte um 3 bis 5 % bei den fossilen Energieträgern. Bei Nutzung von Wind und Wasserkraft muss mit einer „Vorkettenemission" von etwa 30 g $CO_2$/kWh gerechnet werden:

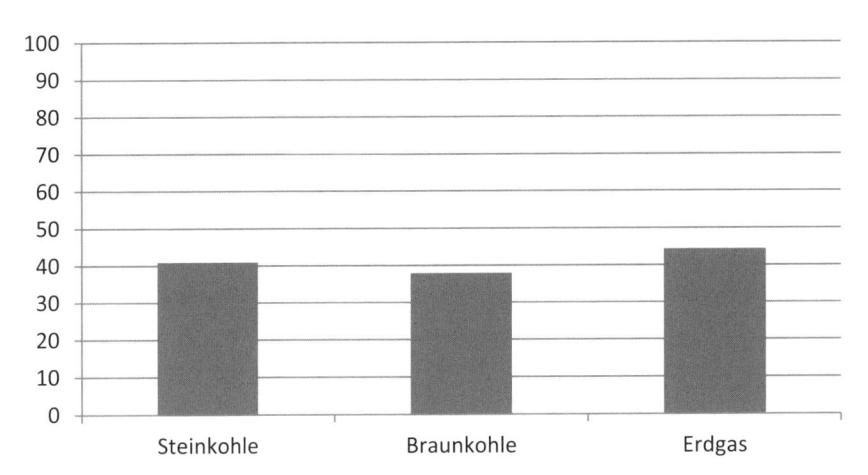

**Bild 8.3** Bruttonutzungsgrade bei der Stromerzeugung in %. Quelle: FFE, Forschungsstelle für Energiewirtschaft.

Wird ein Elektrofahrzeug allein mit Strom aus fossilen Energiequellen geladen, müsste für die Well-to-Wheel-Betrachtung ein weiterer Wirkungsgrad von etwa 40 % für die Stromerzeugung gerechnet werden, so dass die Effektivitätsvorteile gegenüber den Verbrennungsmotoren deutlich kleiner werden, wie anschließende Beispielrechnung belegt. Erst durch die Nutzung von Strom aus erneuerbaren Energiequellen können die Elektroautos ihre diesbezüglichen Vorteile konsequent ausnutzen.

### Beispielrechnung

Energieverbrauch Elektrofahrzeug vs. Dieselfahrzeug. **Well-to-Wheel**-Betrachtung:

Annahmen:

Verbrauch E-Fahrzeug: 15 kWh/100 km (NEFZ)

Verbrauch Dieselfahrzeug: 4 Liter Diesel/100 km (NEFZ). Das entspricht einem Energiegehalt von **40 kWh/100 km**.

Berechnung Well-to-Wheel-Verbrauch des Elektrofahrzeugs:

Bei einem Kraftwerkswirkungsgrad von 40 % (0,4) für die Stromerzeugung aus fossilen Quellen beträgt der **Energieeinsatz:**

$$E_{Well-to-Wheel} = 15\frac{kWh}{100\,km} \cdot \frac{1}{0,4} = 37,5\,kWh \tag{8.1}$$

Er ist damit immer noch um 2,5 kWh/100 km geringer als beim Dieselfahrzeug.

### Hinweis

Moderne Gas- und-Dampf-Kombikraftwerke (GuD-Kraftwerke) erreichen höhere Wirkungsgrade von ca. 60 %.

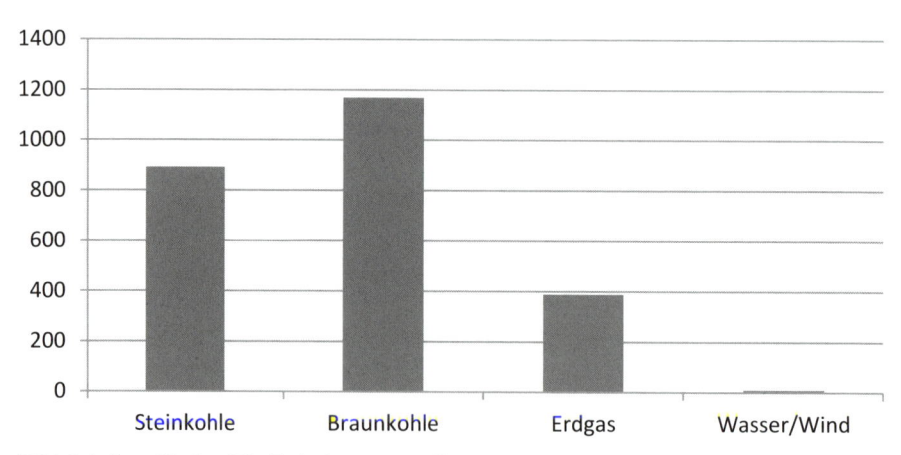

**Bild 8.4** Spezifische $CO_2$-Emission ausgewählter Energieträger in g/kWh (ohne Vorkette). Quelle: FFE, Forschungsstelle für Energiewirtschaft.

Während hier Steinkohle und noch mehr die Braunkohle sehr hohe Werte aufweisen, steuern die erneuerbaren Energien nur einen sehr kleinen Beitrag zur Gesamtbilanz bei. Mehr noch, die $CO_2$-Emissionen aus erneuerbaren Energien werden gemäß Bilanzierungsregeln des UNFCCC (United Nations Framework Convention on Climate Change) zur Treibhausgasberichterstattung unter dem Kyoto-Protokoll als $CO_2$-neutral bilanziert und gehen in die Berechnung der Emissionen mit dem Wert „0" ein (Umweltbundesamt, S. 6).

Werden diese spezifischen $CO_2$-Emissionen entsprechend ihrem Anteil am deutschen Strommix gemittelt, so ergibt sich eine $CO_2$-Emission von **595 g/kWh** für 2013, bezogen auf den Strominlandsverbrauch (Umweltbundesamt). Dieser Wert wird mit dem Ausbau der erneuerbaren Energien künftig noch sinken.

### Überschlagsrechnung

$CO_2$-Emission eines Elektrofahrzeugs, geladen mit dem „Strommix". Well-to-Wheel-Betrachtung:

Annahme: Energieverbrauch (ab Stromsteckdose):

- 15 kWh / 100 km

Dies ergibt dann folgende Bilanz des $CO_2$-Ausstoßes:

$$CO_2\text{-Ausstoß} = 15 \frac{\text{kWh}}{100\,\text{km}} \cdot 595 \frac{\text{g}}{\text{kWh}} = 89\,\text{g}/\text{km} \tag{8.2}$$

Dieser Überschlagswert für die tatsächliche Emission liegt unter dem für das Jahr 2020 vorgeschriebenen Flotten-Grenzwert von 95 g/km und deutlich unter dem Emissionswert eines Verbrenners der Kompaktklasse. Deren Emissionswerte liegen typischerweise über 105 g/km. Fazit: Elektrofahrzeuge haben bezüglich $CO_2$-Emissionen deutliche Vorteile gegenüber den Verbrennungsmotor-Fahrzeugen, die sich mit zunehmendem Einsatz erneuerbarer Energien noch vergrößern. Darüber hinaus hat der Gesetzgeber ohnehin festgelegt, dass Elektrofahrzeuge grundsätzlich mit Nullemission in die Berechnung des **Flotten-$CO_2$**-Werts eingehen.

### 8.1.3 Erneuerbare Energien

Für die Verwendung erneuerbaren/regenerativer Energien für das Laden von Elektrofahrzeugen sprechen folgende Argumente:
- die geringen $CO_2$-Emissionen
- die Schonung der knappen Ölressourcen
- die Chance für eine nachhaltige Mobilität

Aus diesen Gründen ist die Elektromobilität und deren Verknüpfung mit den erneuerbaren Energien im *Nationalen Entwicklungsplan Elektromobilität* ein zentrales Handlungsfeld der neu ausgerichteten Energiepolitik der Bundesregierung.

Dazu passt auch, dass die politischen Vorgaben der EU ebenfalls in diese Richtung gehen: Die Richtlinie 2009/28/EG (Erneuerbare-Energien-Richtlinie) ist Teil des Europäischen Klima- und Energiepakets. Hier ist festgeschrieben, dass ein Mindestanteil von 10 % Erneuerbare Energien im Verkehrssektor bis zum Jahr 2020 erreicht werden soll.

Folgende Grafik zeigt die Entwicklung des Anteils der erneuerbaren Energien am Bruttostromverbrauch in Deutschland in den vergangenen Jahren:

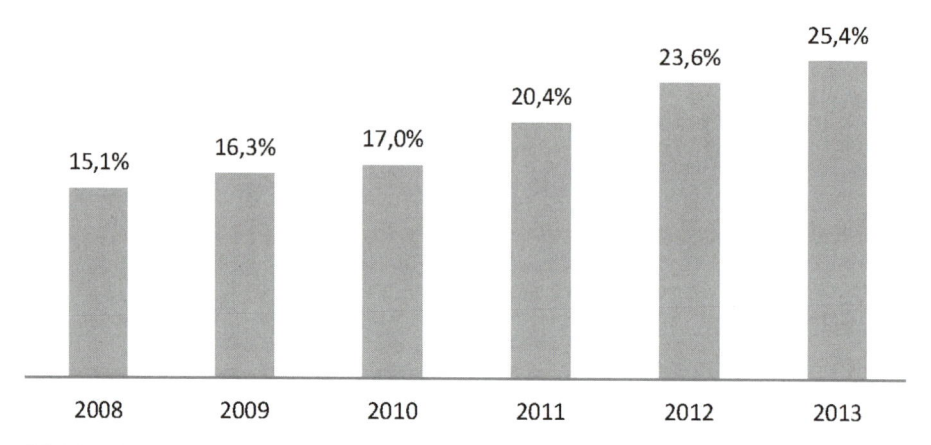

**Bild 8.5** Entwicklung des Anteils der erneuerbaren Energien am Bruttostromverbrauch in Deutschland. Quelle: ZSW nach Arbeitsgruppe Erneuerbare Energien-Statistik (AGEE-Stat)

Der Anteil für das Jahr 2013 bedeutet einen Verbrauch an erneuerbaren Energien von etwa 150 TWh = $150 \cdot 10^9$ kWh, mit nach wie vor steigender Tendenz: Im Herbst 2014 haben die erneuerbaren Energien die Braunkohle als wichtigste Quelle von Strom abgelöst!

Die Verknüpfung mit der Elektromobilität wirft grundsätzlich zwei Fragen auf:

1. Reicht das Angebot an regenerativer Energie, um einen steigenden Bedarf für Elektromobilität zu decken?
2. Können die tageszeitlichen und jahreszeitlichen Schwankungen der Energiebereitstellung aus diesen Quellen so gepuffert werden, dass ein sicheres und bedarfsgerechtes Laden gewährleistet ist?

Die zweite Frage wird gesondert im Abschnitt 8.2 untersucht.

Die erste Frage soll hier anhand einer Modellrechnung beantwortet werden:

### Modellrechnung

Reicht der Strom für Elektrofahrzeuge?

**Ausgangslage**:

- Im Jahr 2020 sollen in Deutschland 1 Million Elektrofahrzeuge fahren (Ziel Bundesregierung). Ein Teil davon werden zwar Plug-In-Hybride sein. Hier soll aber so gerechnet werden, als ob alles reine Elektrofahrzeuge wären (hinsichtlich Stromverbrauch der kritischere Fall).
- Der mittlere Stromverbrauch sei 15 kWh/100 km. Es wird davon ausgegangen, dass vorrangig Fahrzeuge der Kompaktklasse vertreten sind.
- Im Mittel 15 000 Jahreskilometer

- Die Produktion des Stroms aus erneuerbaren Quellen soll $193 \cdot 10^9$ kWh betragen (Leitszenario BMU, 2009).

**Berechnung**:

Gesamtbedarf für die Elektrofahrzeuge:

$$E_{Bedarf} = 10^6 \text{ Fahrzeuge} \cdot 15000 \text{ km} \frac{15 \text{ kWh}}{100 \text{ km}} = 2{,}25 \cdot 10^9 \text{ kWh} \tag{8.3}$$

Das entspricht nur etwas mehr als 1 % des Angebots an Strom aus erneuerbaren Energiequellen!

Daraus lässt sich folgendes Fazit ziehen: Es ist **kein Problem**, die steigende Zahl von Elektrofahrzeugen mit **Strom aus erneuerbaren Quellen** zu versorgen.

### 8.1.3.1 Strom aus Photovoltaik-Anlagen

Photovoltaik-Anlagen bestehen aus mehreren Photovoltaik-Modulen, in denen wiederum die eigentlichen Solarzellen zusammengefasst sind. Die Solarzellen wandeln einfallendes Sonnenlicht mithilfe des Photoelektrischen Effekts in elektrischen Strom. Der Strom wird in der Regel nicht unmittelbar verwendet, sondern ins Stromnetz eingespeist und so praktisch zwischengespeichert. Dazu muss der Gleichstrom der Anlage über Wechselrichter in Wechselstrom umgewandelt werden. Da die Anlagen modular aufgebaut sind, können sie in Größe und Leistung flexibel aufgebaut werden und so sowohl auf Hausdächer als auch in großem Maßstab auf Freiflächen errichtet werden.

Die Stromerzeugung durch Photovoltaikanlagen in Deutschland ist in den vergangenen Jahren stark gewachsen, wie die Grafik 8.6 zeigt:

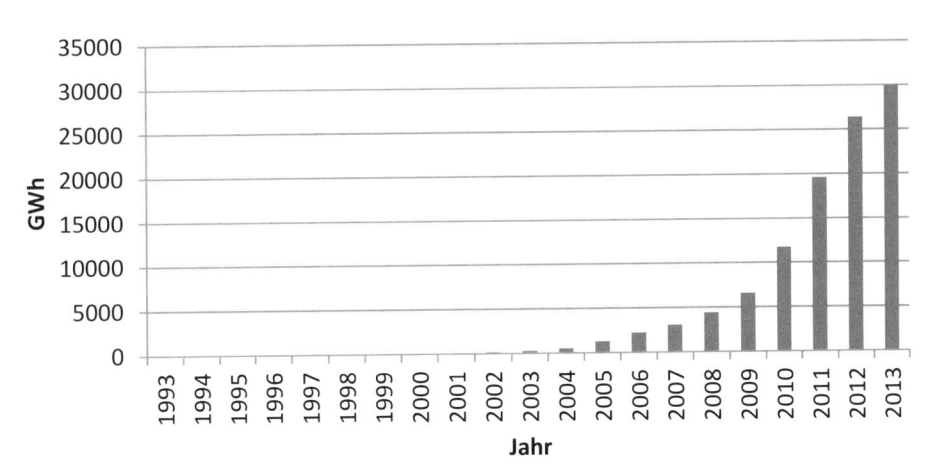

**Bild 8.6** Entwicklung der Stromerzeugung von Photovoltaikanlagen in Deutschland. Quelle: AG Erneuerbare Energien-Statistik ((BMWi), AGEE-Stat, 2014)

Zur Auslegung von Photovoltaik-Anlagen sind folgende Parameter maßgebend:
- die Fläche der Zellen
- der Wirkungsgrad der Module bzw. Nennleistung der Zelle. Diese wird angegeben in kW-Peak, der Ausgangsleistung der Zelle bei einer Bestrahlungsdichte von 1 kW/m². Dieser Wert hängt vom Wirkungsgrad der Zelle ab (in der Praxis 10–15%)
- die Terrestrische Solarkonstante; entspricht der Leistung des auf die Erde einfallenden Sonnenlichts, senkrecht zu einer 1-m²-Fläche bei unbedecktem Himmel. Sie beträgt 1 kW/m²
- eingestrahlte Energie des Sonnenlichts pro Jahr und m²

Für in der Praxis ausgeführte Photovoltaik-Anlagen lassen sich folgende Anhaltswerte angeben:
- Energieertrag einer Anlage pro Jahr: 800 bis 1000 kWh pro kW-Peak
- Flächenbedarf der Anlage: 7 bis 10 m² pro kW-Peak

In der Zusammenfassung kann für Überschlagsrechnungen folglich mit folgendem Kennwert gerechnet werden:

**Pro Quadratmeter Anlagenfläche erzielt man 100 kWh pro Jahr.**

## Was bedeutet das für das Laden von Elektrofahrzeugen?

Das Laden mit Solarstrom soll mit Bild 8.7 und der folgenden Abschätzung veranschaulicht werden:

**Bild 8.7** Photovoltaik-Anlage zum Laden von Elektrofahrzeugen. Quelle: BMW Group

## Abschätzung

Wie viel Fläche für eine Solaranlage wird für die Stromversorgung eines Elektroautos benötigt?

**Annahmen**:
- Verbrauch des Fahrzeugs 15 kW/100 km
- 15 000 Jahreskilometer

**Ergebnis** Energieverbrauch:

$$E_{Bedarf} = 15000\,\text{km}\,\frac{15\,\text{kWh}}{100\,\text{km}} = 2250\,\text{kWh} \tag{8.3}$$

Nach oben genannten Zahlen ist eine Anlage erforderlich mit 2,3 kW bis 2,8 kW-Peak und einer **Fläche von etwa 22,5 m²**.

Was Abmessungen von kleiner 5 m · 5 m bedeutet.

Das Problem ist allerdings, dass der Solarstrom nicht immer dann fließt, wenn Strom getankt wird. Das heißt, eine geeignete Speichermöglichkeit ist zwingend notwendig.

Das Problem der jahreszeitlichen und tageszeitlichen Schwankungen der Solar-Energie-Erzeugung wird im Abschnitt 8.2 behandelt.

### 8.1.3.2 Windenergie

Windenergieanlagen nutzen die Bewegungsenergie des Windes. Der an den Flügeln des Windrades vorbeiströmende Wind versetzt diese in Rotation, über einen Generator wird diese kinetische Energie in elektrische Energie umgewandelt. In modernen Anlagen werden Wirkungsgrade von 50 % erreicht.

**Bild 8.8** Windkraftanlage

Zur derzeit bestehenden Technik, **Windanlagen an Land** zu bauen, wird aktuell verstärkt daran gearbeitet, **Offshore-Anlagen** vor den Küsten im Meer zu installieren, da hier der Wind gleichmäßiger zur Verfügung steht als an Land.

Die Entwicklung der Windenergienutzung zeigt folgende Grafik:

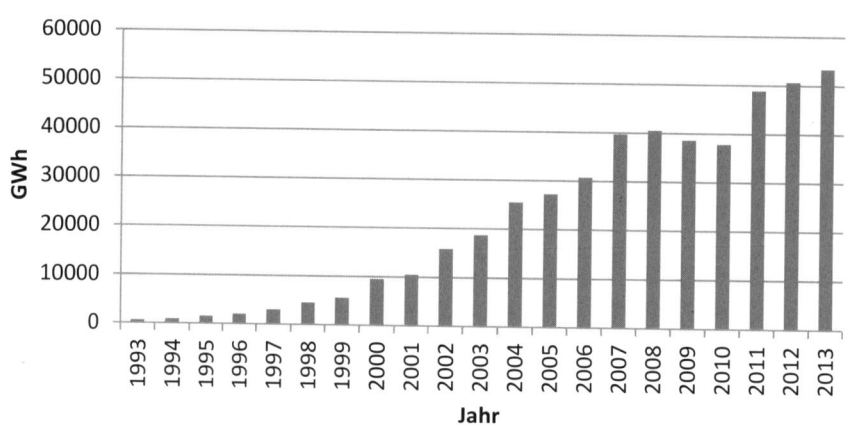

**Bild 8.9** Entwicklung der Stromerzeugung von Windkraftanlagen in Deutschland.
Quelle: AG Erneuerbare Energien-Statistik ((BMWi), AGEE-Stat, 2014)

### Abschätzung

Wie viel Elektrofahrzeuge kann eine typische Windkraftanlage versorgen?

**Annahmen:**

- Windkraftanlage 2 MW mit einer Energieerzeugung von 3,5 GWh/Jahr
- Mittlerer Energiebedarf der Elektrofahrzeuge: 2250 kWh/Jahr

**Ergebnis:**

$$\text{Anzahl der Elektrofahrzeuge} = \frac{3{,}5\,\text{Gwh}}{2250\,\text{kWh}} = 1555\,\text{Fahrzeuge} \qquad (8.4)$$

Allerdings müssen auch hier die (vorrangig) jahreszeitlichen Schwankungen berücksichtigt werden, die eine entsprechende Stromspeicherung erforderlich machen!

### 8.1.3.3 Strom aus Biomasse

Aus der Biomasse wird in Biogasanlagen zunächst Methangas gewonnen. Das passiert, indem die (nasse) Biomasse durch Bakterien unter Sauerstoffabschluss in luftdichten Behältern in das methanhaltige Biogas umgewandelt, vergärt wird. Als Biomasse werden folgende Stoffe eingesetzt:

- Gülle, nachwachsende Rohstoffe aus der Landwirtschaft, Reste aus der Pflanzenproduktion
- biogener Anteil des Abfalls
- biogene feste und flüssige Brennstoffe, z. B. Holz
- Klär- und Deponiegas

Das entstehende Biogas wird abgefangen, gereinigt und meistens in Blockheizkraftwerken in Kraft-Wärmekopplung von einer Gasmotor-Generator-Kombination zu Strom gewandelt.

**Bild 8.10** Gasmotor zum Antrieb eines Generators in einer Biogasanlage

Als Alternative kann das Biogas, wenn es entsprechend aufbereitet wird, als Biomethan oder Bioerdgas in das Erdgasnetz eingespeist und damit zur späteren Nutzung gespeichert werden. Aber auch zur Betankung von Erdgasfahrzeugen kann das Gas genutzt werden.

Derzeit werden in Deutschland über 7850 Biogasanlagen mit einer installierten elektrischen Leistung von mehr als 3,5 GW betrieben. Die durchschnittliche Anlagenleistung entwickelte sich von etwa 60 $kW_{el}$ im Jahr 1999 auf mehr als 440 $kW_{el}$ im Jahr 2013 (FNR).

Die Stromerzeugung aus Biomasse hat sich in den vergangenen Jahren ebenfalls deutlich nach oben entwickelt, wie folgendem Bild zu entnehmen ist:

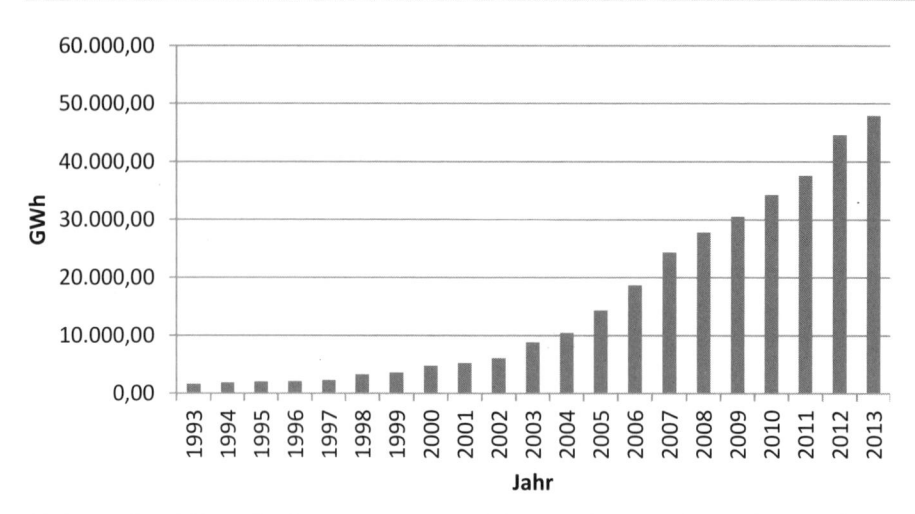

**Bild 8.11** Entwicklung der Stromerzeugung aus Biomasse in Deutschland. Quelle: AG Erneuerbare Energien-Statistik ((BMWi), AGEE-Stat, 2014)

### Abschätzung

Wie viel Elektrofahrzeuge können durch eine typische Biogasanlage mit Strom versorgt werden?

**Annahmen:**

- Biogasanlage mit 400 kW elektrischer Leistung, verfügbar an 350 Tagen/Jahr
- Durchschnittlicher Verbrauch der Elektrofahrzeuge: 2250 kWh/Jahr

**Ergebnis:**

$$E_{Biogas} = 400\,kW\,350 \cdot 24\,h = 3{,}36\,Mio.\,kWh \tag{8.5}$$

$$\text{Anzahl der Elektrofahrzeuge} = \frac{3{,}36\,Mio.\,kwh}{2250\,kwh} = 1493\,\text{Fahrzeuge} \tag{8.6}$$

Die Anzahl liegt in der gleichen Größenordnung wie oben für die Windkraftanlage berechnet wurde.

## 8.1.3.4 Wasserkraft

Bei den Wasserkraftwerken wird unterschieden zwischen Laufwasserkraftwerken an Flüssen, dort meist an Staustufen, und Pumpspeicherkraftwerken, bei denen das Wasser aus höher gelegenen Stauseen über Druckleitungen den Turbinen (siehe Bild 8.12) bei entsprechend hohem Druck zugeleitet wird. In beiden Fällen erfolgt die Stromerzeugung, indem die Turbinen einen Generator antreiben, der wiederum den Strom erzeugt.

Bild 8.12 Laufrad einer Pelton-Turbine

Die Leistung ergibt sich aus der Wassermenge pro Zeit und der Fallhöhe des Wassers, die den Wasserdruck vor Turbine bestimmt. In Deutschland gibt es rund 7000 Kleinkraftwerke mit einer Leistung bis 1 MW und etwa 400 große Kraftwerke (> 1 MW), die in der Regel von den Energieversorgen betrieben werden. Darunter sind die ca. 30 Pumpspeicherkraftwerke, in denen Strom aus dem Netz zwischengespeichert werden kann: Aktuell nicht benötigter Strom wird genutzt, um Wasser mit Elektropumpen in die Speicherseen hochzupumpen. Diese gespeicherte Energie geht nicht in die Bilanz der Stromerzeugung ein. Hier wird allein die Stromerzeugung gerechnet, die sich aus den Wassermengen der natürlichen Zuflüsse zu den Stauseen ergibt. Folgende Grafik in Bild 8.13 zeigt, dass die Energiebereitstellung durch Wasserkraft in Deutschland praktisch keine Steigerungsraten aufweist. Dagegen ist die Bedeutung von Wasserkraftwerken in Österreich und der Schweiz deutlich größer!

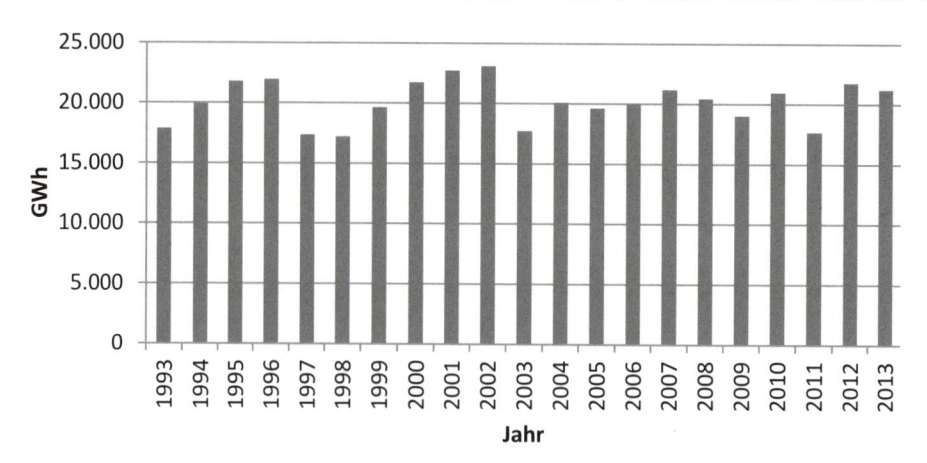

**Bild 8.13** Entwicklung der Stromerzeugung aus Wasserkraft in Deutschland.
Quelle: AG Erneuerbare Energien-Statistik ((BMWi), AGEE-Stat, 2014)

### Abschätzung

Wie viel Elektrofahrzeuge **könnten theoretisch** allein durch Wasserkraft in Deutschland mit Strom versorgt werden?

**Annahmen:**

Energie aus Wasserkraft: 20 000 GWh/Jahr

Durchschnittlicher Verbrauch der Elektrofahrzeuge: 2250 kWh/Jahr.

**Ergebnis:**

$$\text{Anzahl der Elektrofahrzeuge} = \frac{20000\,\text{GWh}}{2250\,\text{kWh}} = 8{,}9\,\text{Mio. Fahrzeuge} \qquad (8.7)$$

Es könnten also fast zehnmal so viele Elektrofahrzeuge allein mit der Wasserkraft (D) versorgt werden, wie für das Jahr 2020 auf Deutschlands Straßen erwartet werden.

## ■ 8.2 Speicherung von Strom

Für eine gesicherte Energie-/Stromversorgung muss sichergestellt sein, dass die Energieerzeugung und -bereitstellung dem jeweils aktuellen Bedarf entspricht. Dabei kann es zwei kritische Zustände geben:

1. Es wird mehr Energie erzeugt, als der Strommarkt aufnehmen kann.
2. Der Strombedarf ist höher als die erzeugte Energie des Stromversorgers.

Im ersten Fall muss die Stromerzeugung angepasst werden. Oder die überschüssige Energie wird zwischengespeichert. Die Anpassung bei konventionellen Kraftwerken, die mit fossilen Quellen betrieben werden, kann sowohl durch Regulierung der Leistung des Kraftwerks geschehen. Oder es werden bei größeren und länger andauernden Überschussproduktionen einzelne Kraftwerke komplett abgeschaltet. Dies hat jedoch Nachteile hinsichtlich Betriebskosten und Effektivität der Stromerzeugung. Daher wird zuerst versucht, über das Netz einen Ausgleich zu finden und den Strom an andere Abnehmer, auch im **internationalen Verbund**, zu verkaufen. Da dies häufig dann erforderlich ist, wenn generell Stromüberschuss herrscht, erzielt man häufig nur Preise, die unter den Erzeugungskosten liegen. Weiter wird auch die Möglichkeit genutzt, die zu viel erzeugte Energie mit geeigneten Möglichkeiten zwischenzuspeichern und sie dann im Bedarfsfall wieder abzurufen. Im zweiten Fall, bei höherem Bedarf, werden Kraftwerke wieder zugeschaltet, ggf. Energie auf dem Markt zugekauft oder aus den vorher gefüllten Speichern wieder abgerufen. In der Praxis findet so ein ständiger Ausgleich zwischen **Stromerzeugung** und **Strombedarf** statt, unter Nutzung aller beschriebenen Möglichkeiten.

Verschärft werden diese Bedingungen noch bei der Nutzung erneuerbarer Energien, da die Energieerzeugung sowohl tageszeitlichen als auch jahreszeitlichen Schwankungen unterworfen ist. Weil dies aufgrund natürlicher Gegebenheiten geschieht (mal scheint die Sonne, mal auch nicht), wird die Planbarkeit erschwert und der Zwang zum entsprechenden Ausgleich deutlich verstärkt. Aus diesen Gründen kommt mit der Zunahme erneuerbarer Energien im Zuge der Energiewende dem Netzausgleich und der Energiespeicherung eine steigende Bedeutung zu. Das bedeutet auch, soll für die Elektromobilität vorrangig erneuerbare Energie genutzt werden, so muss auch für diese Nutzung die ausreichende Speichermöglichkeit sichergestellt sein.

### 8.2.1 Speichertechnologien

Energiespeicher werden entsprechend den genutzten physikalischen Prinzipien klassifiziert. Sie werden aufgeteilt in

- mechanische Speicher, bei denen die Energie in Form mechanischer Energie – kinetische oder potentielle Energie – gespeichert wird. Dazu zählen:
  - Pumpspeicherwerk
  - Druckluftspeicher
  - Schwungrad
- elektrische Speicher
  - Spulen
  - Kondensatoren
- elektrochemische Speicher
  - Akkumulatoren
  - Wasserstoff- und Erdgas-Systeme

Ein weiteres wichtiges Unterscheidungsmerkmal für Speicher ist ihre Kapazität und die Speicherdauer. So haben die elektrischen Speicher eine geringe Kapazität und werden vorrangig für den Ausgleich von kurzzeitigen Netzstörungen und Lastspitzen genutzt. Dagegen können Akkumulatoren zur kurz- und mittelfristigen Speicherung von Strom genutzt werden. Hingegen eignen sich die Pumpspeicherwerke sowohl für kurzfristige als auch für langfristige Speicherung. Sie weisen dabei ein großes Speicherpotential bei hoher nutzbarer Leistung auf. Sie eignen sich auch zum Ausgleich jahreszeitlicher Schwankungen.

Noch größere Speicherkapazitäten sind bei den elektrochemischen Gas-Speichersystemen möglich. Sie werden zum Ausgleich langfristiger Schwankungen eingesetzt. Wegen der großen Speicherkapazität wird deren Bedeutung im Rahmen der Energiewende steigen.

### 8.2.2 Beschreibung wichtiger Stromspeicher

In diesem Abschnitt werden die elektrochemischen Speicher und die Pumpspeicherwerke näher beschrieben und ihr Zusammenhang mit der Elektromobilität untersucht.

#### 8.2.2.1 Akkumulatoren

In der Energiewirtschaft werden Akkumulatoren zu Stromspeicherung und Spitzenlastausgleich mit Leistungen von mehreren MW bereits seit Längerem genutzt. In Deutschland werden derzeit verschiedene Batteriesysteme in Verbindung mit erneuerbaren Energien getestet. Auch in privaten Haushalten kommen solche Stromspeicher zum Einsatz, wenn beispielsweise der produzierte Solarstrom zur eigenen Nutzung zwischengespeichert werden soll. Das macht wirtschaftlich dann Sinn, wenn die Einspeisevergütung verringert wird und die Preise für die Akkus sinken. In diesen Überlegungen spielen Elektrofahrzeuge in mehrfacher Hinsicht eine Rolle:

Sie sind diesbezüglich Verbraucher, deren **Nutzungsverhalten** großen zeitlichen Änderungen unterworfen ist. Hier setzt die Überlegung an, Elektroautos dann zu laden, wenn Strom in ausreichendem Maß zur Verfügung steht und daher kostengünstig ist. Das setzt intelligente Ladestationen voraus, welche die Informationen zur **Verfügbarkeit** des Ladestroms vom Energieversorger nutzen können. Zudem müssen sie über ein Zeitmanagementsystem verfügen, das den Ladevorgang zwar nach Verfügbarkeit des Stroms steuern kann, jedoch unter der zwingenden Beachtung des vom Nutzer eingegebenen Zeitpunkts, wann das Fahrzeug vollgeladen sein muss. Eine weitere Möglichkeit eröffnet sich, wenn man zulässt, dass Elektrofahrzeuge, die mit der Ladestation verbunden sind, als Energiespeicher für den Energieversorger nutzbar gemacht werden können. Hier ist geplant, bei hohem Strombedarf im Netz, dass Strom vom Akku ins Netz zurückgespeist wird und später, bei höherer Stromverfügbarkeit wieder aus dem Netz geladen wird. Bevor diese Technik genutzt werden kann, ist aber eine ausreichend intelligente Vernetzung erforderlich. Daran wird derzeit unter dem Begriff „**smart grid**" grundsätzlich geforscht. Ebenso wichtig ist, dass die dadurch entstehende größere Anzahl an Ladezyklen nicht die Lebensdauer des Akkus unzulässig reduziert. Das ist derzeit aber noch nicht der Fall, so dass diese Option zwar heute schon denkbar ist, wohl aber erst in einigen Jahren umgesetzt werden kann. Angesichts des im Vergleich zum Gesamtangebot sehr geringen Anteils am Strombedarf der Elektrofahrzeuge wird das auch mittelfristig nur eine untergeordnete Rolle spielen und allenfalls zur **Pufferung** von Spitzenschwankungen genutzt werden.

Dagegen eröffnet sich auch in näherer Zukunft eine weitere Möglichkeit in der Speichertechnik. Denn grundsätzlich können die Fahrzeugakkus der Elektrofahrzeuge auch dann noch genutzt werden, wenn sie für den Fahrzeugbetrieb wegen zu geringer Restkapazität nicht mehr geeignet sind. Dann besteht die Möglichkeit, sie in einer **„Second Life"**-Phase beispielsweise als Stromspeicher für Solaranlagen zu verwenden.

Um die notwendigen Randbedingungen zu dieser Zweitnutzung des Akkus abzuklären, wird im Rahmen eines Forschungsprojekts in Hamburg, Förderprojekt „Hamburg – Wirtschaft am Strom", sind derzeit bereits zwei Batteriespeicher aus gebrauchten Akkus elektrischer BMW-Fahrzeuge in Betrieb. Solche Speicher sollen später als Speicher für erneuerbare Energien oder Puffer für Schnelllader wiederverwendet werden.

### Abschätzung

Nutzung eines Second-Life-Akkus als Speicher für Solarenergie in Privathäusern.

**Annahmen:**

- Eingesetzt wird ein Fahrzeugakku, ursprünglich 20 kWh, mit einer Restkapazität von 60 %. Die nutzbare Kapazität beträgt folglich 12 kWh.
- Stromverbrauch des Haushalts (3 Personen): 4000 kWh pro Jahr
- Das bedeutet einen durchschnittlichen Tagesverbrauch von etwa 11 kWh.

**Erkenntnis:** Der angenommene Second-Life-Akku kann damit mehr als einen Tagesbedarf speichern. Dies ermöglicht eine deutlich verbesserte Eigennutzung des am Haus produzierten Solarstroms.

### 8.2.2.2 Pumpspeicherwerke

In Pumpspeicherwerken wird bei Stromüberschuss Wasser aus einem Basis-Speicherbecken mit elektrischen Pumpen in ein höher gelegenes Speicherbecken gepumpt. Die Energie wird so in Form von potentieller Energie gespeichert. Bei Strombedarf wird das Wasser über Druckleitungen nach unten geleitet und treibt dort Turbinen an, die so den benötigten Strom erzeugen.

Pumpspeicherkraftwerke dienen zum einen zur langfristigen Energiespeicherung. Sie können aber auf der anderen Seite bei Bedarf sehr kurzfristig in Betrieb genommen werden und ermöglichen dabei auch schnelle Leistungsänderungen. Zudem sind sie „schwarzstartfähig", d. h. sie können nach einem Stromausfall für die Wiederaufnahme der Versorgung eingesetzt werden. Der Wirkungsgrad beträgt 65 % bis 85 % (ohne Berücksichtigung von Verlusten beim Transport im Stromnetz). Insbesondere in Österreich und der Schweiz sind sie wichtige Eckpfeiler in der Energieversorgung. Aber auch in Deutschland gibt es über 30 große und kleine Pumpspeicherkraftwerke. Das neueste und leistungsfähigste ist das Pumpspeicherwerk Goldisthal (Thüringen), mit einer Leistung von 1060 MW und einer durchschnittlichen Jahresstromerzeugung von 1800 GWh.

**Bild 8.14** Lüner See (Österreich), Beispiel für ein oberes Speicherbecken. Besonderheit: zu dem Zeitpunkt fast vollständig geleert.

### Überschlagsrechnung

Wie viele Elektrofahrzeuge (Jahresverbrauch im Mittel 2250 kWh pro Jahr) könnten theoretisch durch den Strom aus dem Pumpspeicherwerk Goldisthal mit Strom versorgt werden?

$$\text{Anzahl der Elektrofahrzeuge} = \frac{1800\,\text{GWh}}{2250\,\text{kWh}} = 0{,}8\,\text{Mio. Fahrzeuge} \qquad (8.8)$$

Was fast der Anzahl der für das Jahr 2020 geplanten Elektrofahrzeuge auf Deutschlands Straßen entspricht (1 Mio.).

### 8.2.2.3 Erdgasspeicher

Erdgas kann in Übertagespeicher (Kugelspeicher, Bild 8.15) und mit deutlich mehr Kapazität in Untertagespeichern (Poren- und Kavernenspeicher) gespeichert werden.

**Bild 8.15** Gaskugel als Erdgasspeicher

In Deutschland werden in knapp 50 Erdgasspeichern (ohne Übertagespeicher) mehr als 23 Milliarden Kubikmeter Erdgas gespeichert. Damit kann der bundesweite durchschnittliche Gasverbrauch für etwa 80 Tage (!) gespeichert werden. Vorrangig dient das der sicheren Gasversorgung. Neben der Nutzung zur Wärmeerzeugung kann das Gas in Gaskraftwerken verstromt werden, aber auch mit Gasmotoren in Kraft-Wärmekopplungstechnik genutzt werden und so ebenfalls zur Strombereitstellung im Bedarfsfall dienen.

### Überschlagsrechnung

Wie viel Energie kann in den Erdgasspeichern gespeichert werden?

Daten:

- Speicherkapazität: 23 Milliarden Kubikmeter Erdgas
- Energiegehalt (je nach Zusammensetzung) 8 – 11 kWh/m³, hier gerechnet mit 10 kWh/m³

Damit ergibt sich ein Energiegehalt, $E_{Erdgas}$:

$$E_{Erdgas} = 23 \cdot 10^9 \, m^3 \, 10 \frac{kWh}{m^3} = 230 \cdot 10^9 \, kWh = 230000 \, GWh \tag{8.9}$$

Zum Vergleich: In den deutschen Pumpspeicherwerken können 40 GWh gespeichert werden!

Damit ist die Gasspeicherung die Energiespeicherung mit der mit großem Abstand höchsten Speicherkapazität. Allerdings wird diese nicht vorrangig für die Stromerzeugung eingesetzt.

#### 8.2.2.4 Power-to-Gas

Anders als im vorangegangenen Abschnitt handelt es sich bei dem Thema Power-to-Gas nicht um eine isolierte Möglichkeit, Energie zu speichern. Vielmehr wird bei dieser Systemlösung die Überschussproduktion bei der Erzeugung erneuerbarer Energie mitberücksichtigt. Das System läuft nach folgendem Konzept ab: Überschussstrom aus der Erzeugung durch erneuerbare Energien wird durch Elektrolyse in Wasserstoff umgewandelt. Der Wasserstoff kann entweder direkt gespeichert werden. Oder er wird chemisch in Methan/Erdgas gewandelt und in die bestehende Gasinfrastruktur eingespeist, verteilt und gespeichert. Bei Bedarf kann das Methan in Gaskraftwerken oder Gasmotoren in Strom zurückgewandelt werden.

### Die Einzelschritte:

1. **Elektrolyse:**

   Für die Wasserelektrolyse stehen derzeit drei Verfahren zur Verfügung:

   - Die alkalische Elektrolysetechnik mit einem basischen Flüssigelektrolyten. Dieses ausgereifte Verfahren wird seit vielen Jahren in Großanlagen genutzt.
   - Die PEM (Proton Exchange Membrane)-Elektrolysetechnik, wie sie in Brennstoffzellenfahrzeugen zum Einsatz kommt. Der Einsatz in größeren Anlagen ist derzeit noch beschränkt.

- Die Hochtemperatur-Elektrolysetechnik mit höheren Wirkungsgraden ist noch im Stadium der Grundlagenforschung.

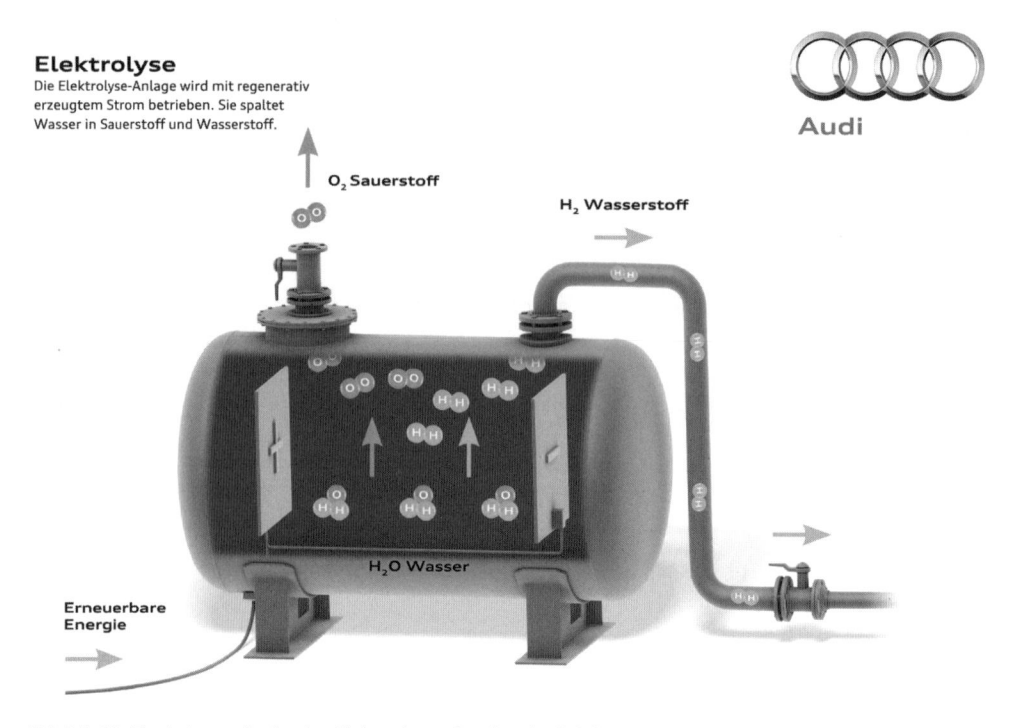

**Bild 8.16** Funktionsprinzip der Elektrolyse. Quelle: Audi AG

2. **Die Methanisierung:**

Durch Reaktion des Wasserstoffs mit Kohlenstoffdioxid ($CO_2$) bzw. Kohlenstoffmonoxid (CO) entsteht synthetisches Methan ($CH_4$). Das benötigte $CO_2$ kann dabei aus regenerativen Quellen, beispielsweise aus Biogasanlagen stammen, so dass eine nachhaltige Gasproduktion ermöglicht wird.

3. **Speicherung des Gases:**

Das synthetische Gas kann in das vorhandene Gasnetz eingespeist, gespeichert und später in entsprechende Anlagen bedarfsgerecht wieder in Strom zurückgewandelt werden. Zusätzlich kann dieses Gas auch zur Betankung von Erdgasfahrzeugen genutzt werden.

Damit ergibt sich folgendes Systembild:

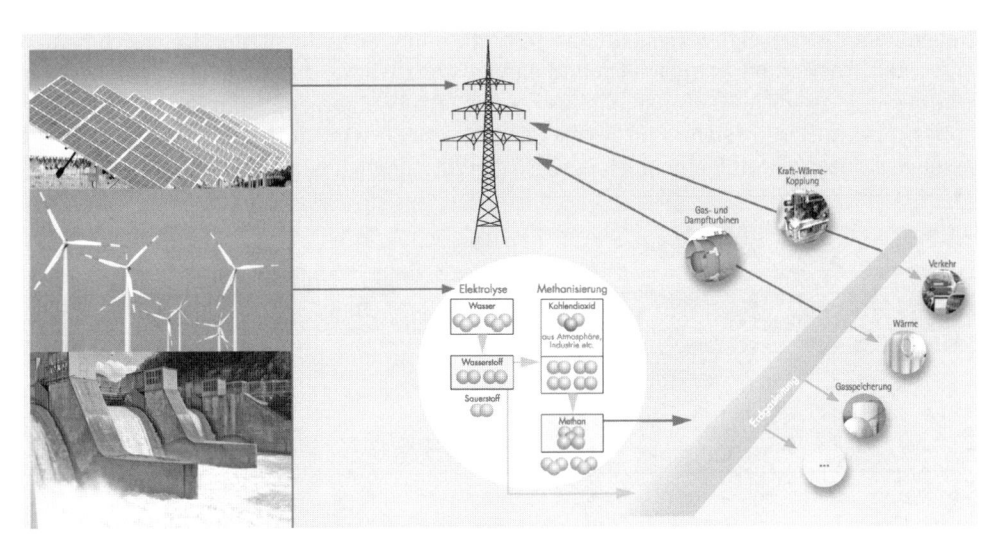

Bild 8.17  Anlageschema Power-to-Gas. Quelle: ASUE

Somit besteht die grundsätzliche Möglichkeit, Strom aus erneuerbaren Energien auch in großen Mengen zu speichern. Die praktische Nutzbarkeit wird seit Juni 2013 durch eine realisierte Anlage der Audi AG im Emsland belegt und wissenschaftlich begleitet. Das Projekt läuft auch unter der Bezeichnung „e-gas".

Bild 8.18  Die Audi-e-Gas-Anlage im Emsland. Quelle: Audi AG

Neben dem hier gezeigten Gesamtkonzept besteht die Möglichkeit, den im ersten Schritt erzeugten Wasserstoff zu speichern und dann als Kraftstoff für Brennstoffzellenfahrzeuge zu nutzen. Eine solche $H_2$-Tankstelle für Brennstoffzellenfahrzeuge und Busse gibt es beispielsweise in Berlin (siehe Bild 8.19). Der Wasserstoff wird dort aus Windkraft vor Ort erzeugt, so dass dadurch eine nachhaltige Mobilität möglich wird.

**Bild 8.19** Wasserstofftankstelle in Berlin. Quelle: Total/Pierre Adenis

Der breite Einsatz dieser Techniken hängt neben Wirtschaftlichkeitsbetrachtungen auch an der Entwicklung der Brennstoffzellenfahrzeuge. Mit welcher Dynamik das erfolgt, müssen die kommenden Jahre zeigen.

# 9 Umweltbilanz von Elektrofahrzeugen

Die Umweltaspekte von Kraftfahrzeugen müssen in drei Phasen entlang des Lebenszyklus des Fahrzeugs analysiert werden:

1. Fahrzeugherstellung
2. Nutzungsphase (einschließlich Energiebereitstellung)
3. Verwertungsphase

Herstellungs- und Verwertungsphase können im Rahmen dieses Buches wegen der Komplexität nur pauschal beurteilt werden. Die für den Verbraucher wichtigste Nutzungsphase wird dagegen differenzierter im Abschnitt 9.3 dargestellt.

## 9.1 Beurteilungsmöglichkeiten für eine Umweltbilanz

Es gibt unterschiedliche Möglichkeiten die Umweltbilanz von Produkten zu beurteilen:

### $CO_2$-Bilanzierung und Carbon Footprint

Wenn das Augenmerk schwerpunktmäßig auf die Auswirkung eines Produkts hinsichtlich seines Treibhauspotentials (Global Warming Potential) gerichtet wird, kann die Umweltbeurteilung anhand der Emissionen von Treibhausgasen im Laufe der Produktlebenszyklen ermittelt werden. Zu den Treibhausgasen zählen neben dem $CO_2$ noch weitere, zum Beispiel Methan und Fluorkohlenwasserstoff. Für eine bessere Vergleichbarkeit werden die Emissionen der verschiedenen Treibhausgase in $CO_2$-Äquivalente umgerechnet. Häufig wird diese Bilanzierung als „Carbon Footprint" (klimarelevanter Fußabdruck) bezeichnet. Neben diesem „Fußabdruck" für Produkte (Product Carbon Footprint) kann er auch für ein ganzes Unternehmen ermittelt werden (Corporate Carbon Footprint).

### Ökobilanz nach DIN EN ISO 14040 und 14044

Sehr viel komplexer ist die Umwelt-Bilanzierung nach den ISO-Normen 14040 und 14044. Sie gilt derzeit als wichtigste Form der produktbezogenen Bewertung der Umweltauswirkungen von Produkten (und auch von Prozessen und Dienstleistungen) entlang ihres gesamten Lebenswegs.

Die Normen behandeln folgende Bereiche:

- DIN EN ISO 14040: Umweltmanagement – Ökobilanz – Grundsätze und Rahmenbedingungen (ISO 14040:2006). Englischer Titel: Environmental management – Life cycle assessment – Principles and framework (ISO 14040:2006). Die Norm legt die Grundsätze und Rahmenbedingungen für die Erstellung der produktbezogenen Ökobilanz fest.
- DIN EN ISO 14044: Umweltmanagement – Ökobilanz – Anforderungen und Anleitungen (ISO 14044:2006). Englischer Titel: Environmental management – Life cycle assessment – Requirements and guidelines (ISO 14044:2006). Diese Norm regelt die Anforderungen im Detail.

Die konkreten Arbeitsschritte bei der Erarbeitung einer Ökobilanz lassen sich in vier Phasen unterteilen:

1. Festlegung des Untersuchungsrahmens

   Hier wird das Ziel und der Rahmen der Umweltprüfung festgelegt. Es werden die Grenzen des betrachteten Systems und der Detaillierungsgrad definiert.

2. Sachbilanz

   Hier werden die Stoff- und Energieströme während aller Schritte des Lebenswegs erfasst und die Emissionen in Luft, die Einleitungen ins Wasser und die Verunreinigung des Bodens festgehalten.

3. Wirkungsabschätzungen

   Bei dieser Abschätzung werden die potentiellen Wirkungen des Produkts auf Mensch und Umwelt beurteilt, wie beispielsweise das Treibhauspotenzial, Sommersmogpotenzial, Eutrophierung (Überdüngung) und Versauerungspotenzial. Betrachtet werden auch die Beanspruchung fossiler Ressourcen, Naturraumbeanspruchung und die Schädigung von Ökosystemen.

4. Auswertung

   Hier erfolgt die Zusammenfassung der Ergebnisse, Schlussfolgerungen werden gezogen und Empfehlungen ausgesprochen.

### Beurteilung der Umweltauswirkungen bei der Herstellung von Anlagen zur Erzeugung erneuerbarer Energien

Durch die enge Verknüpfung der Elektromobilität mit der Energiewende rücken auch die Umweltaspekte der Herstellung von Solar- und Windkraftanlagen in den Fokus. Hier interessiert vor allem die Frage, wie viel Primärenergie zur Erstellung, Nutzung und Beseitigung einer Anlage (= kumulierter Energieaufwand) in Relation zur späteren Energieernte aufgewendet werden muss.

Bewertet wird dabei entweder die energetische Amortisationszeit (englisch: pay-back time), die angibt, in welcher Zeit eine Anlage so viel erneuerbare Energie abgibt, wie sie dem kumulierten Energieaufwand entspricht. Oder es wird der so genannte „Erntefaktor" angegeben. Dieser besagt, wie oft eine Anlage in ihrer Lebenszeit den kumulierten Energieaufwand als erneuerbare Energie wieder abgibt. Als **Anhaltswerte** können bei Photovoltaik Anlagen von einem Faktor größer 10 und bei Windkraftanlagen etwa von dem Faktor 50 ausgegangen werden.

## 9.2 Herstellungs- und Verwertungsphase der E-Fahrzeuge

Die Verwertungsphase untergliedert sich nochmals in zwei Teilaspekte, entsprechend den Möglichkeiten, die am Ende des Lebenszyklus zur Weiterbearbeitung des Fahrzeugs möglich sind:

- Recycling und
- Entsorgung, wo eine Wiederverwendung nicht möglich oder wirtschaftlich ist.

Besonders komplex in der Beurteilung ist die erste Phase der Herstellung. Diese wird auch dadurch erschwert, weil sich die Verhältnisse dynamisch innerhalb weniger Jahre weiterentwickeln. So hat sich beispielsweise bei VW bei der Produktion der Energieverbrauch je Fahrzeug zwischen 2010 und 2013 um mehr als 10 % verringert.

Eine sehr differenzierte und umfassende Analyse der Umweltbilanz der Elektromobilität hat *das ifeu-Institut für Energie- und Umweltforschung* in einem vom Bundesministerium für Umwelt, Naturschutz und Reaktorsicherheit (BMU) geförderten Projektes „UMBReLa" durchgeführt. Die Ergebnisse wurden im Oktober 2011 veröffentlicht. Die durchgeführten Analysen ergaben, dass Elektrofahrzeuge in der Gesamtbetrachtung eine ähnliche Klimabilanz haben wie Verbrennungsfahrzeuge, wenn für die Stromversorgung der durchschnittliche deutsche Strommix zugrunde gelegt wird. Diese Bilanz verbessert sich aber deutlich zu Gunsten der Elektrofahrzeuge, wenn zur Stromerzeugung vermehrt regenerativ erzeugte Energien eingesetzt werden. Deren Anteil wächst tatsächlich deutlich, wie in Kapitel 8 gezeigt.

Bei den Untersuchungen zeigte sich, dass ein wesentlicher Aspekt hinsichtlich der Klimabilanz der Einfluss der **Batterieherstellung** ist. Auch hier wirken sich Verbesserungen in Leistungsfähigkeit und Haltbarkeit, wie sie derzeit bereits zu verzeichnen sind, positiv auf die Klimabilanz der Elektrofahrzeuge aus. Insbesondere, da in der Untersuchung das Potential der Recyclingmöglichkeit noch nicht berücksichtigt werden konnte. Zum damaligen Zeitpunkt lagen noch keine aussagekräftigen Daten vor. Wegen der hohen Bedeutung fördert das Bundesumweltministerium im bis 2016 datierten Projekt „LithoRec II" die Entwicklung eines Recyclings von Lithium-Ionen-Batterien im großen Maßstab.

Zusammenfassend lässt sich sagen, dass Elektrofahrzeuge großes Potential haben, die Umweltbilanz der zukünftigen Mobilität zu verbessern.

## 9.3 Nutzungsphase

Relevant für die Umweltgesichtspunkte von Elektromobilen in der Nutzungsphase sind die folgenden Teilaspekte:

- Lärm
- Luftschadstoffe
- Kraftstoffverbrauch bzw. $CO_2$-Bilanz des Fahrzeugbetriebs

## 9.3.1 Lärm

Straßenverkehr ist eine dominierende Lärmquelle in Deutschland. Durch Verkehrslärm fühlt sich ein großer Teil der deutschen Bevölkerung gestört oder belästigt. Insbesondere im Stadtverkehr, bei den dort herrschenden Geschwindigkeiten, spielt das Motorgeräusch der Verbrennungsmotoren eine prägende Rolle. Hier können Elektrofahrzeuge eine deutliche Verbesserung bringen, da ihr Antrieb leise ist. So leise, dass überlegt wird, ob nicht Warnsignale andere Verkehrsteilnehmer auf die leisen Fahrzeuge aufmerksam machen müssen. Bei höheren Geschwindigkeiten überwiegen aber die Reifen-Fahrbahngeräusche, so dass außerorts der Unterschied zwischen Elektro- und Verbrennerfahrzeug geringer wird bzw. ganz verschwindet.

## 9.3.2 Luftschadstoffe

Elektrofahrzeuge sind vor Ort emissionsfrei und haben daher bezüglich des Schadstoffausstoßes deutliche Vorteile gegenüber Verbrennern. Natürlich muss für eine Gesamtbilanz auch der Schadstoffausstoß bei der Stromerzeugung berücksichtigt werden. Wenn der Strom **nicht regenerativ** erzeugt wird, so kann man aus der Zusammenfassung der Ergebnisse der IFEU-Studie global keinen entscheidenden Vorteil für Elektrofahrzeuge herauslesen. Vor Ort aber, vor allem in den belasteten Städten, können Elektrofahrzeuge deutliche Vorteile in der Schadstoffbelastung bringen.

Maßgeblich für die Schadstoffbelastung durch Kraftfahrzeuge ist dabei die derzeit gültige EURO-5-Norm, künftig die EURO-6-Norm, die enge Grenzwerte für die Abgase von Kraftfahrzeugen stellt. Es werden Grenzwerte für folgende, lokal emittierte Schadstoffe festgelegt:

- Kohlenmonoxid
- Stickstoffoxide
- Kohlenwasserstoffe
- Partikel

Die Verschärfung der Grenzwerte stellt für die Verbrennungsmotoren eine zunehmend steigende Herausforderung mit entsprechenden Kosten dar, während sie für Elektrofahrzeuge im Wesentlichen nicht relevant ist.

Allein bei der Feinstaubbelastung leisten die E-Fahrzeuge einen Beitrag. Zwar geht der Feinstaub bei Kraftfahrzeugen zum Großteil auf die Verbrennungsmotoren zurück. Aber auch Abrieb von Kupplung und Bremsbelägen steuern ihren Anteil bei. Dank Elektromotor und Rekuperation haben Elektrofahrzeuge aber auch hier einen geringeren Anteil, da Kuppelvorgänge vollständig und Bremsvorgänge (mit der Fahrzeugbremse) weitgehend entfallen. Allein der Feinstaub, der auf Reifenabrieb und Aufwirbelung von Straßenstaub zurückgeht, betrifft Elektroautos gleichermaßen.

Als Fazit bleibt festzuhalten, dass Elektrofahrzeuge großes Potential haben, die Schadstoffbelastung vor allem in den verkehrsbelasteten Ballungsgebieten wirksam zu reduzieren.

**Bild 9.1** Autoabgase aus dem Auspuff eines Verbrennungsmotors als Emissionsquelle

### 9.3.3 $CO_2$-Ausstoß als Maß für die Klimaschädlichkeit des Autoverkehrs

Besonderes Augenmerk richtet der Gesetzgeber auf den $CO_2$-Ausstoß der Kraftfahrzeuge. Er hat seit vielen Jahren in Form einer EU-Verordnung Grenzwerte festgelegt, die sich zudem kontinuierlich verschärfen. Als Schub für die Verbreitung von Elektrofahrzeugen kristallisiert sich dabei heraus, dass hinsichtlich des $CO_2$-Ausstoßes eine reine Vor-Ort-Betrachtung vorgenommen wird. Damit schlagen Elektrofahrzeuge als lokal emissionsfreie Fahrzeuge mit null Gramm $CO_2$-Ausstoß zu Buche.

**Anmerkung:**

Sachlich wäre die Beschränkung auf lokale Emissionen dann gerechtfertigt, wenn für die Erzeugung des Stroms zwingend die Verwendung von erneuerbaren Energien vorgeschrieben wäre. Daher wird in diesem Abschnitt nicht weiter auf den (realistischeren) „Well-to-Wheel"-Ausstoß eingegangen, sondern auf die Wirkung der Elektrofahrzeuge bezüglich der Verordnung als „Nullemissionsfahrzeuge".

**Was ist der Kern der EU $CO_2$-Verordnung?**

Diese besagt, dass ab dem Jahr 2020 der Grenzwert für die gesamte Neuwagenflotte eines Herstellers in der Europäischen Union (entspricht allen in Europa neu zugelassenen Fahrzeugen des Herstellers) auf maximal 95 g/km im Durchschnitt festgelegt ist. Der Wert entspricht einem durchschnittlichen Kraftstoffverbrauch von 4,1 Litern Benzin bzw. 3,6 Litern Diesel auf 100 km!

Zur Einordnung: Gemäß den Angaben des Kraftfahrt-Bundesamtes (KBA) lag der Durchschnitt aller Neuwagen im Jahr 2012 in Deutschland bei 141,8 g $CO_2$ pro Kilometer! Dieser hohe Ist-Wert zeigt, dass allein mit herkömmlichen Mitteln, also weitere Optimierung der Verbrennungsmotoren, der neue Grenzwert wohl nicht erreicht werden kann.

Hier helfen die Elektrofahrzeuge: Mit ihren null Gramm $CO_2$ vermindern sie mathematisch den Durchschnittswert. Die Auswirkung auf den Durchschnittswert wird zusätzlich noch dadurch verstärkt, dass Fahrzeuge, die weniger als 50 g $CO_2$/km emittieren, mit höherer Gewichtung in die Mittelwertbildung eingehen. Unter 50 g $CO_2$ schaffen nur die reinen E-Fahrzeuge oder Plug-In-Hybride mit großer elektrischer Reichweite. Diese sogenannten „Supercredits" besagen, dass solche Fahrzeuge mit folgender Gewichtung für die $CO_2$-Bilanzen angerechnet werden. Ein Fahrzeug mit weniger als 50 g $CO_2$-Ausstoß zählt:

- ab 2020 als zwei Fahrzeuge
- ab 2021 als 1,67 Fahrzeuge
- ab 2022 als 1,33 Fahrzeuge
- ab 2023 als ein Fahrzeug

Fazit: Um die $CO_2$-Grenzwerte tatsächlich erreichen zu können, müssen die Zulassungszahlen für Elektroautos noch kräftig steigen. Einen großen Teil zu diesen steigenden Zahlen werden vermutlich die Plug-In-Hybride beitragen, die ab 2014 verstärkt auf dem Markt angeboten werden.

Sollte das Ziel nicht erreicht werden, drohen empfindliche Strafzahlungen für die Hersteller, was in Konsequenz die Fahrzeugpreise nach oben treiben würde

> **Hinweis**
>
> In die Verordnung ist noch ein herstellerspezifischer Anteil eingebaut, der höhere Grenzwerte vorsieht für Fahrzeughersteller mit hohem Anteil von großen Fahrzeugen (und geringeren für Hersteller mit kleinen Fahrzeugen).

Konkret heißt das beispielsweise für:

- VW einen Grenzwert von 96 g $CO_2$/km,
- BMW und Daimler von 101 g $CO_2$/km,
- Fiat dagegen mit 88 g $CO_2$/km.

Hintergrund ist, dass dadurch auch Hersteller kleiner Fahrzeuge, die heute schon einen geringen Flottenwert haben, zu verstärkter Anstrengung bei der Verminderung der $CO_2$-Emissionen gezwungen sind.

> **Modellrechnung**
>
> Ermittlung des Mittelwerts des $CO_2$-Ausstoßes Wert für das Jahr 2020
>
> Aufgabe: Es wird der Mittelwert berechnet für
>
> - 10 verkaufte konventionelle Fahrzeuge mit 140 g $CO_2$/km,
> - 2 Plug-In-Hybride mit 49 g $CO_2$/km,
> - 1 reines Elektrofahrzeug.
>
> Das ergibt folgenden Mittelwert:
>
> $$\frac{10 \cdot 140 + 4 \cdot 49 + 20}{16} g \frac{CO_2}{km} = 93,6 g \qquad (9.1)$$
>
> Fazit: Bei vergleichbarem prozentualem Verhältnis der verkauften Fahrzeuge kann der Grenzwert noch erreicht werden.

## 9.4 Ökobilanz der Mercedes-Benz-B-Klasse Electric Drive

Seit Oktober 2014 liegt die Ökobilanz der B-Klasse Electric Drive vor (Daimler AG). Besonders interessant ist dabei, dass die Ergebnisse für das Elektrofahrzeug mit den entsprechenden Werten für ein konventionelles Vergleichsfahrzeug, der B-Klasse-Benzinvariante B 180, verglichen werden.

**Bild 9.2** Mercedes-Benz B-Klasse Electric Drive

Die vorgelegte Ökobilanz wird durch eine Gültigkeitserklärung einer neutralen Prüfstelle, der TÜV SÜD Management Service GmbH, bestätigt. Tabelle 9.1 zeigt die wesentlichen Daten der beiden Vergleichsfahrzeuge:

Tabelle 9.1 Daten der Vergleichsfahrzeuge

|  | **B-Klasse Electric Drive** | **B 180** |
|---|---|---|
| Leistung (kW) | Elektromotor | Ottomotor |
| Abgasnorm (erfüllt) | EU 6 | EU 6 |
| Gewicht (ohne Fahrer und Gepäck) (kg) | 1650 | 1350 |
| NEFZ-Verbrauch (kWh bzw. l / 100km) | 16,6 | 5,4 |
| NEFZ-Reichweite (km) | 200 | – |

## Ergebnisse

Für die Ermittlung der Umwelt-Bilanzergebnisse wurde eine Gesamtlaufleistung von 160 000 km zugrunde gelegt.

Bild 9.3 zeigt wesentliche Erkenntnisse der Ökobilanz hinsichtlich der $CO_2$-Emissionen. Dort sind die $CO_2$-Emissionen des Elektrofahrzeugs mit denen des B-180-Benzin-Vergleichsfahrzeugs vergleichend dargestellt. Es wird deutlich, dass das Elektrofahrzeug einen deutlich höheren $CO_2$-Beitrag bei der Herstellung aufweist. Hauptursache ist die aufwendige Fertigung des Fahrzeugakkus. Dies wird aber mehr als kompensiert durch die günstigen Emissionswerte in der Nutzungsphase. Der $CO_2$-**Vorteil** beträgt bei Nutzung von Strom gemäß dem **EU-Strommix 24 %**, bei Nutzung von **Wasserkraft** sogar **64 %**.

> **Hinweis**
>
> Der Anteil an den $CO_2$-Emissionen bei der Kraftstoffherstellung ist bei der Benzinvariante dem Fahrbetrieb zugerechnet.

|  | B-Klasse Electric Drive (EU-Strommix) | B-Klasse Electric Drive (Strom aus Wasserkraft) | B 180 |
|---|---|---|---|
| Verwertung | 0,6 | 0,6 | 0,5 |
| Fahrbetrieb | 0 | 0 | 23,8 |
| Stromerzeugung | 11,9 | 0,2 | 0 |
| PKW Herstellung | 10,1 | 10,1 | 5,5 |

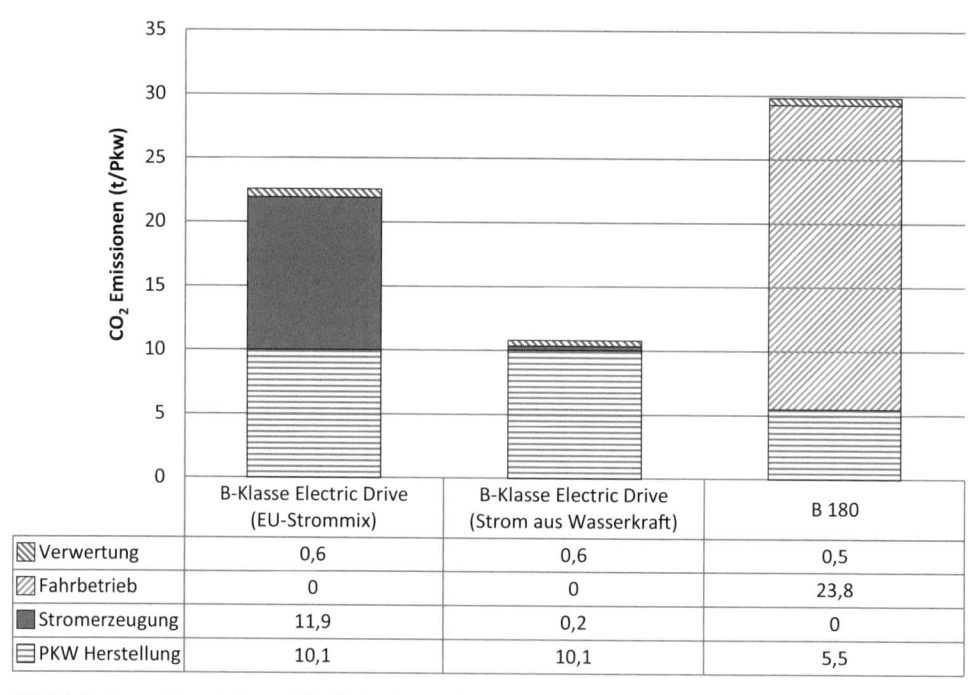

Bild 9.3 Gegenüberstellung $CO_2$-Emissionen der B-Klasse Electric Drive im Vergleich zur Benzinvariante B 180. Quelle: Daimler AG

Damit wird das Potential für eine günstige Ökobilanz von Elektrofahrzeugen belegt und die Forderung der Kopplung von Elektromobilität und erneuerbaren Energien unterstrichen.

# 10 Markt

Neben der eingeschränkten Reichweite sind die hohen Anschaffungskosten das zweite Hemmnis für eine weite Verbreitung von Elektrofahrzeugen. Daher soll in diesem Abschnitt zunächst die Kostensituation beleuchtet werden. Anschließend wird auch das Angebot an Fahrzeugen dargestellt.

## 10.1 Kostenvergleich Elektroautos – konventionelle Fahrzeuge

Betrachtet man die Anschaffung eines Fahrzeugs als Investition, so reicht ein einfacher Vergleich von Anschaffungskosten nicht aus. Vielmehr müssen für eine sinnvolle Entscheidung die gesamten Kosten über die Nutzungsdauer des Fahrzeugs betrachtet werden. Man spricht hier von den „Total Cost of Ownership": Alle während der Lebensdauer durch das Produkt ausgelösten Kosten werden in Betracht gezogen und analysiert.

### 10.1.1 Anzusetzende Kosten

Grundsätzlich sind für einen Kostenvergleich zu berücksichtigen:
- Anschaffungskosten
- laufende Fixkosten
  - Steuer
  - Versicherung
  - weitere Fixkosten (TÜV, Stellplatzkosten)
  - Wertverlust, Kreditkosten bzw. entgangene Zinsen
- laufende variable Kosten
  - Betriebskosten (Benzin oder Strom)
  - Wartungskosten (abhängig von km und Zeit)
  - Verschleißreparaturen
  - Erhaltungsaufwendungen (Reifen, …)

Konsequenterweise müssen Kosten, die in der Zukunft entstehen, in einer dynamischen Kostenrechnung abgezinst werden oder bei den Mehrkosten die entgehenden Zinsen berücksichtigt werden.

Allerdings soll in diesem Abschnitt keine dynamische Vollkostenberechnung durchgeführt werden, da nicht die absoluten Kosten im Fokus stehen, sondern die Kostenunterschiede. Die folgende Aufstellung zeigt daher die wesentlichen Kostenanteile und ihre jeweilige Differenz zwischen Elektrofahrzeug und Verbrennungsmotor-Fahrzeug, die dazu herangezogen werden:

- **Anschaffungskosten**

  Sie liegen beim Elektrofahrzeug deutlich höher. Die wesentlichen Mehrkosten werden weitgehend und maßgeblich durch die Kosten für den Fahrzeugakku verursacht. Das führt zu **Mehrkosten** von typisch mehr als 10 000,- €. Damit zusammenhängend entstehen höhere (kalkulatorische) Kreditkosten bzw. (kalkulatorisch) entgangene Zinsen.

- **Wertverlust**

  Hier liegen bei den konventionellen Fahrzeugen verlässliche Zahlen vor, während die Erfahrungsbasis bei Elektromobilen fehlt. Es kann aber davon ausgegangen werden, dass der Antriebsstrang mit den nahezu verschleißfreien Elektromotoren eine höhere Lebensdauer hat als der mit Verbrennungsmotor. Auf der anderen Seite haben die teuren Akkus der Elektroautos derzeit noch eine eingeschränkte Lebensdauer. Für einen Kostenvergleich muss dieser Umstand gesondert beachtet werden.

- **Betriebskosten**

  Hier sind in erster Linie die Kraftstoff-/Stromkosten anzusetzen. Aufgrund des besseren Wirkungsgrades hat das Elektroauto hier prinzipiell deutliche Kostenvorteile.

- **Wartungs- und Werkstattkosten**

  Konstruktionsbedingt entfallen beim Elektrofahrzeug Ölwechsel, Kosten für Auspuff- und Kupplungskosten. Aufgrund der Möglichkeit zur Rekuperation („Motorbremse") verringern sich auch deutlich die Wartungskosten für die Bremsen, auch wenn aufgrund der geringen Erfahrung der Punkt schwierig zu quantifizieren ist.

- **Steuer**

  Elektrofahrzeuge sind derzeit für 10 Jahre von der Kraftfahrzeugsteuer befreit. Das ist ein Kostenvorteil in der *Größenordnung* von sechzig Euro im Vergleich zum Benzinfahrzeug und einhundertsechzig Euro beim Dieselfahrzeug.

## 10.1.2 Vergleichsrechnung Elektrofahrzeug/Verbrennungsmotor-Fahrzeug

Grundsätzlich hängt der Preisvergleich von den spezifischen Eigenschaften der Vergleichsfahrzeuge ab. So wird bereits die Vergleichsbasis der Verbrennungsmotor-Fahrzeuge beeinflusst von folgender Auswahl:

- Bezieht man sich auf Fahrzeuge mit **Diesel- oder Otto-Motor**? Schon hier gibt es große Unterschiede bei Anschaffungspreis, Kraftstoffverbrauch, Kraftfahrzeugsteuer usw.
- Welche **Ausstattung** wird zugrunde gelegt? Zum Beispiel: Ausrüstung mit oder ohne Automatikgetriebe.

Da es in diesem Abschnitt aber nicht um Detailvergleiche von Einzelfahrzeugen geht, sondern um eine grundsätzliche Orientierungsrechnung, wird mit typischen *Anhaltswerten* gerechnet und auch auf eine Berücksichtigung der Zinsen verzichtet. Zum Einsatz kommen in dieser Betrachtung folgende **Daten** (Stand 2014):

1. **Anschaffungspreis:** Hier ist für die Elektrofahrzeuge mit deutlich höheren Preisen zu rechnen. Während sich die Kosten für den Antriebsstrang einschließlich Elektronik für E-Fahrzeuge und Verbrennern etwa die Waage halten, müssen die Akkukosten als wesentliche Zusatzkosten angesetzt werden. Es kann hier mit Mehrkosten in der Anschaffung von 10 000 Euro gerechnet werden.

2. **Restwert:** Zum Wertverlust von Elektrofahrzeugen gibt es noch keine Erfahrungen. Man kann vermutlich aber mit vergleichbaren Wertverlusten rechnen, wenn man den Akku zunächst nicht berücksichtigt. Das heißt, für den Restwert-Vergleich reicht es aus, wenn als Unterschied allein der Wertverlust des Akkus angesetzt wird.

3. **Wertverlust Akku:** Betrachtet man die Garantieleistungen der Hersteller, so darf man von einer Lebensdauer (bezogen auf die Nutzbarkeit im Fahrzeug) von acht Jahren ausgehen. Der Restwert des Akkus für eine evtl. mögliche Weiternutzung in anderen Bereichen wie Zweitnutzung als lokaler Stromspeicher, Second Life oder als Wertstoff für das Recycling, lässt sich derzeit nicht abschätzen. Hier wird von einem Restwert null ausgegangen.

4. **Betriebskosten:** Diese werden im Wesentlichen durch den Kraftstoff-/Energieverbrauch bestimmt. Zum Ansatz kommt für die folgende Rechnung (Kompaktklasse): Ein Energieverbrauch des Elektroautos von 15 kWh/100 km bei einem kWh-Preis von 29 ct. Und der Verbrauch eines Benzinfahrzeugs von 5 Liter pro 100 km: Benzinpreis 1,55 Euro pro Liter Benzin. Es wird von einer Fahrleistung von 15 000 km/Jahr ausgegangen.

   Die Kostenansätze beziehen sich auf das Kostenniveau Mitte 2014. Dass hier mit deutlichen **Schwankungen** zu rechnen ist, zeigt beispielsweise der niedrige Ölpreis, der zu Beginn des Jahres 2015 zu verzeichnen ist.

5. **Werkstattkosten:** Da bei Elektrofahrzeugen keine Kosten für Ölwechsel, Auspuff, Schaltkupplung anfallen, die Bremsbeläge weniger beansprucht werden und der Motor deutlich weniger Wartungsaufwand erfordert, wird von einer Einsparung von pauschal 200 Euro pro Jahr ausgegangen.

6. **Steuerersparnis:** Im Vergleich zum Benziner fallen wegen der Steuerbefreiung etwa 60 Euro pro Jahr geringere Kosten für das Elektrofahrzeug an.

Es ergibt sich damit folgende Übersicht zu den Kostenunterschieden, siehe Tabelle 10.1:

Tabelle 10.1 Übersicht Kostenunterschied bei Fahrzeugen mit Elektro- und Ottomotor (bezogen auf 1 Jahr, Basis: 8-jährige Nutzung):

| Kostenart | Elektrofahrzeug | Verbrennungsmotor-Fz |
|---|---|---|
| Mehrkosten Anschaffung | 10 000,- € gesamt (8 Jahre Nutzung) Bezogen auf 1 Jahr: **1250,- €** | - |
| Betriebskosten | 652,50 € | 1 162,50 € |
| Mehrkosten Werkstatt | - | 200,- € |
| Mehrkosten Steuern | - | 60,- € |
| **Summe** | **1902,50 €** | **1422,50 €** |

Es ist zu sehen, dass bei diesen Bedingungen das Elektrofahrzeug fast 500 € pro Jahr Mehrkosten verursacht.

Der Vergleich zeigt auch, dass diese Mehrkosten zum einen von den Akkukosten bestimmt sind und zum anderen von den Betriebskosten beeinflusst werden, die wiederum stark von der Jahreskilometer-Leistung abhängen. Das folgende Diagramm zeigt die Beziehung der Kostendifferenz in Abhängigkeit von den Jahreskilometern. Es werden zwei verschiedene Szenarien dargestellt: Einmal das mit den oben aufgeführten Grunddaten. Und zum Zweiten eine Berechnung, bei der davon ausgegangen wird, dass sich die **Akkukosten halbieren** könnten (Perspektive nach 2020; allerdings wurden die Kosten für Strom und Benzin nicht verändert):

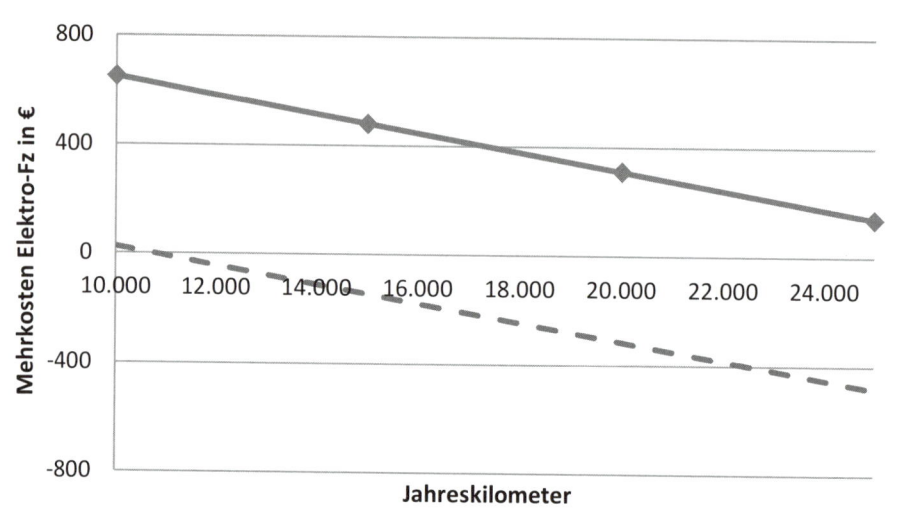

**Bild 10.1** Abhängigkeit der Mehrkosten pro Jahr für Elektrofahrzeuge von den Jahreskilometern. Obere Kurve: Stand 2014; untere Kurve: Perspektive nach 2020.

## Kosten Plug-In Hybride

Auch bei den Plug-In-Hybriden bestimmt der Akkupreis einen großen Teil der Mehrkosten. Diese sind aber wegen der geringeren Akkukapazität geringer einzuschätzen als bei den reinen Elektrofahrzeugen. Aber hier ist zusätzlich zu beachten, dass die Hybride zwei Antriebssysteme haben müssen. Einen Verbrennungs- und einen Elektromotor. Beide können zwar geringer dimensioniert werden als bei den Einzelantrieben, da sich die Gesamtleistung aus der Summe der beiden Antriebe zur Systemleistung addiert. Da aber auch die Verknüpfung beider Systeme technisch anspruchsvoll ist, werden die Kosten der Plug-In-Hybride wohl sogar noch über den Kosten der reinen Elektrofahrzeuge liegen. Das ist der Preis, den man hier für den nichtmonetären Vorteil, nämlich die große Reichweite, in Kauf nehmen muss. Eine Rechnung wird hier insofern schwierig, als es bei den Betriebskosten stark auf die Nutzung des Fahrzeugs ankommt – wird vorrangig elektrisch oder hauptsächlich konventionell gefahren.

**Fazit**

Die Kosten für Elektrofahrzeuge und Hybridfahrzeuge bei Standard-Jahreskilometer-Leistungen sind höher als die von Verbrennungsmotor-Fahrzeugen. Wesentliche Änderungen ergeben sich nur bei deutlich mehr gefahrenen Jahreskilometern. Oder mittelfristig, wenn die **Akkukosten** merklich zurückgehen. Die Tendenz sinkender Akkupreise lässt sich tatsächlich schon schneller als erwartet beobachten (VDI-Nachrichten vom 29. April 2016). Das Batterieupgrade von BMW bestätigt den Trend in der Praxis. Der neue BMW i3 (94Ah) von 2016 hat eine um 50 % höhere Akkukapazität – und dies bei vergleichbarem Bauraum und höheren Kosten von nur ca. 1200 Euro. Für diese Mehrkosten gibt es zudem noch eine verbesserte Elektronik, die den Fahrzeugverbrauch reduziert. Während diese Entwicklung die Wirtschaftlichkeit der Elektrofahrzeuge verbessert, verschieben die überraschend deutlich gesunkenen Kraftstoffkosten seit Ende des Jahres 2015 das Pendel in Richtung der Verbrenner. Den größten Einfluss auf die Kostensituation, jetzt zu Gunsten der Elektrofahrzeuge, hat aber die seit Mai 2016 in Deutschland gewährte Kaufprämie von 4000 Euro für ein rein-elektrisches Auto und 3000 Euro für Plug-In-Hybride. Mit diesem Zuschuss nähern sich die Kosten (Total Cost of Ownership) von Elektro- und Verbrennungsfahrzeugen deutlich an.

## 10.2 Angebot an Elektrofahrzeugen und Verbreitung

Bei diesen Marktbetrachtungen ist es angezeigt, wegen der internationalen Ausrichtung der Märkte, sich nicht nur die deutschen Gegebenheiten anzusehen. Vielmehr müssen auch die Verhältnisse in den anderen Ländern zur Gesamtbeurteilung herangezogen werden.

### 10.2.1 Verbreitung von Elektrofahrzeugen

Eine Studie der „Clean Energy Ministerial's Electric Vehicles Initiative (EVI) and the International Energy Agency (IEA)" zeigt für 2012 die weltweite Verteilung des Bestandes an Elektrofahrzeugen in verschiedenen Ländern (Gesamtbestand (EVI-Members): 180 000 Elektroautos, siehe Bild 10.2.

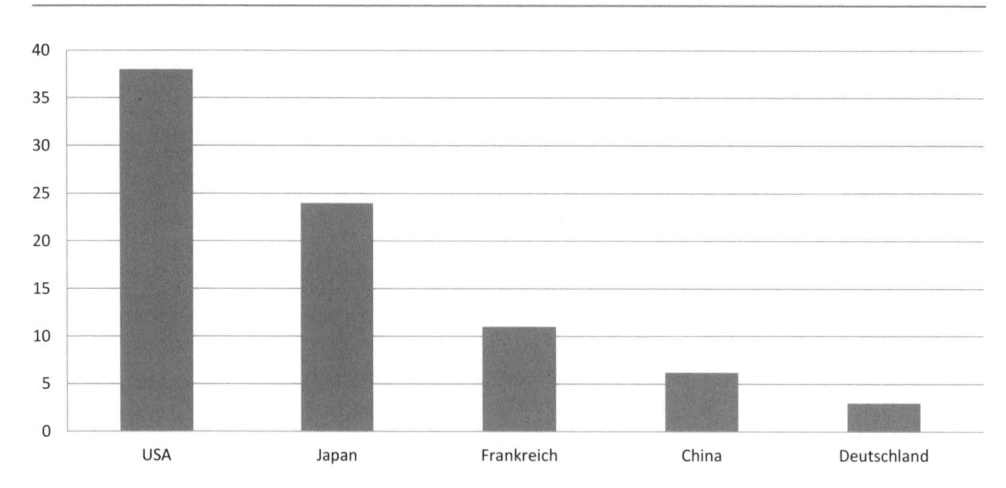

**Bild 10.2** Bestand an Elektrofahrzeugen in wichtigen Ländern, Stand 2012, prozentualer Anteil am Welt-Gesamtbestand. Quelle: Electric Vehicle Initiative

Durch staatliche Förderung und durch entsprechende Fahrzeugangebote hat China inzwischen (seit dem Jahr 2015) die USA bei den Verkaufszahlen überholt! Nach wie vor spielt Deutschland bei der Höhe der Bestandszahlen der Elektrofahrzeuge nur eine untergeordnete Rolle. Das war allerdings bevor auch in Deutschland eine direkte Kaufprämie eingeführt wurde (Mai 2016). Ob diese Förderung aber tatsächlich zu einer deutlichen Steigerung der Kaufzahlen führen wird, bleibt abzuwarten. Das folgende Diagramm zeigt anhand des Fahrzeugbestandes die dynamische Änderung des Marktes in Deutschland:

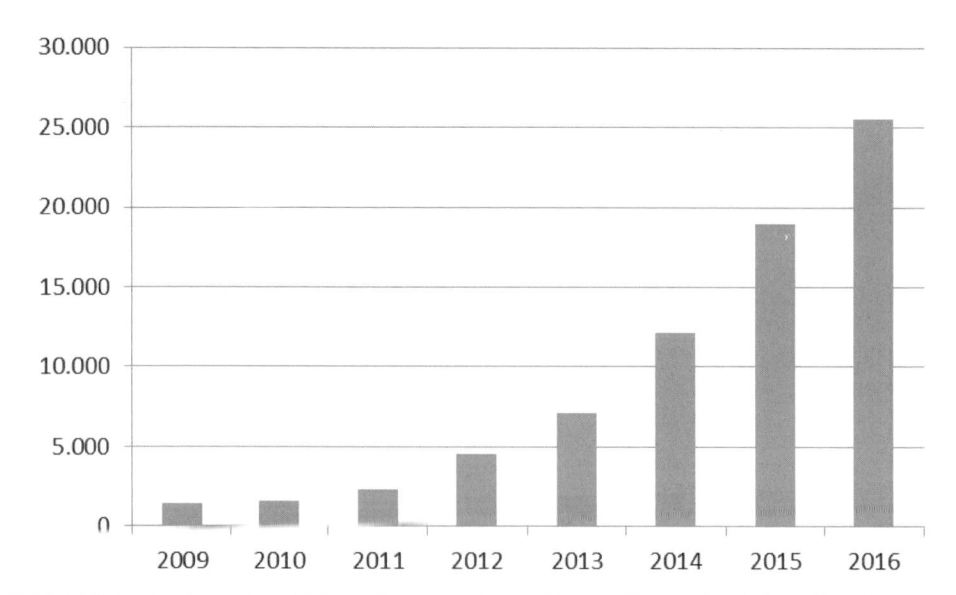

**Bild 10.3** Bestand an reinen Elektrofahrzeugen, Entwicklung in Deutschland. Stand jeweils 1. Januar des Jahres. Quelle: Kraftfahrt-Bundesamt (KBA)

## 10.2 Angebot an Elektrofahrzeugen und Verbreitung 179

Auch das folgende Bild 10.4 bestätigt das weiterhin kontinuierliche Wachstum.

> **Hinweis**
>
> Bis 2012 wurden vom Kraftfahrt-Bundesamt die Plug-In-Hybride nicht separat ausgewiesen. Daraus ergeben sich gewisse statistische Unterschiede. Diese sind aber nicht grundsätzlich gravierend, da deren Anteil bis Ende 2013 noch sehr gering war.

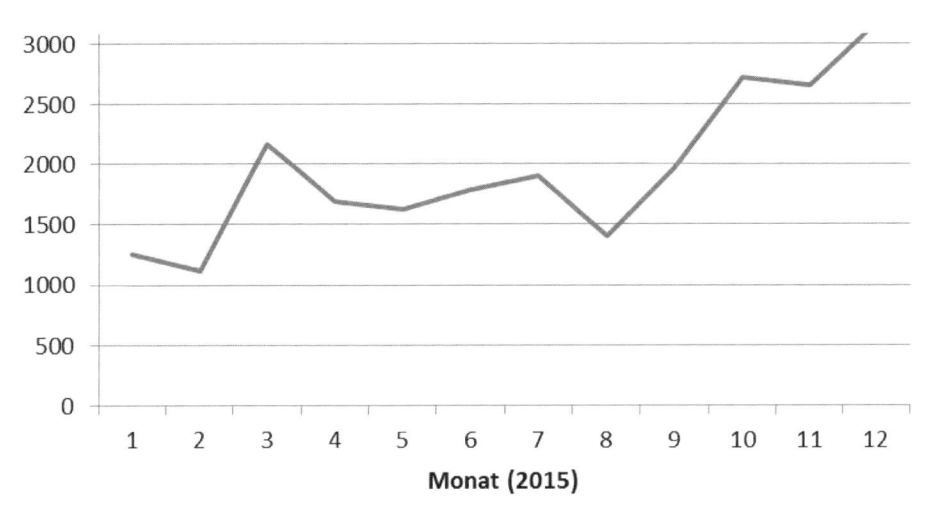

Bild 10.4 Neuzulassungen Elektrofahrzeuge (reine und Plug-Ins). Quelle: Kraftfahrt-Bundesamt (KBA)

Das anschließende Bild 10.5 macht deutlich, dass die seit 2014 vermehrt auf dem Markt verfügbaren Plug-In-Hybridmodelle einen wesentlichen Beitrag zur Gesamtzahl der Fahrzeuge mit elektrischem Antrieb liefern.

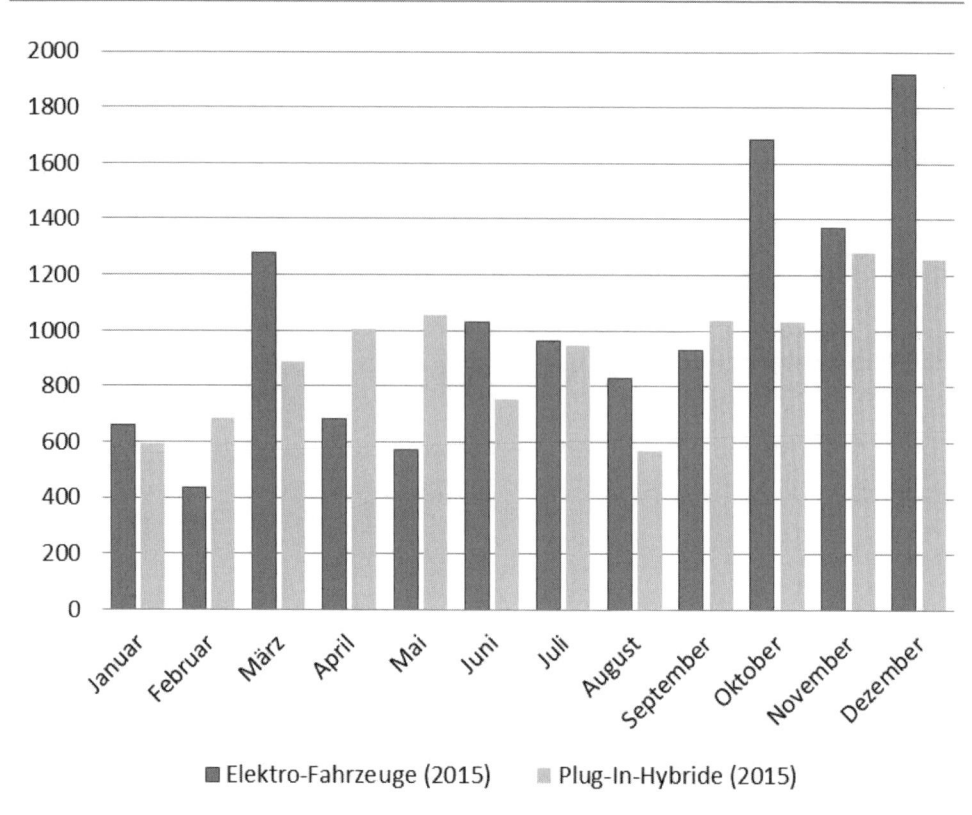

**Bild 10.5** Neuzulassungen D, gesplittet in reine Elektrofahrzeuge und Plug-In-Hybride. Diese werden erst seit 2012 separat aufgeführt. Quelle: Kraftfahrt-Bundesamt

Im Jahr 2015 wurden gemäß Bild 10.5 in Deutschland 12 363 reine Elektrofahrzeuge und 11 101 Plug-In-Fahrzeuge verkauft. Bemerkenswert: Von den mehr als 12 000 reinen Elektroautos schlagen sich nur etwa 6500 Fahrzeuge im Bestand (Bild 10.3) nieder. Da es sich beim Bestand praktisch ausschließlich um jüngere Fahrzeuge handelt, können die fehlenden ca. 5500 Autos nicht durch Verschrottung aus der Bilanz rutschen. Die Vermutung liegt nahe, dass ein Großteil davon in andere Länder weiterexportiert wurde, statistisch aber beim Flottenverbrauch in die deutsche Bilanz eingehen.

### 10.2.2 Angebote Elektrofahrzeuge

Der folgende Überblick zeigt für ausgewählte Modelle die wichtigsten Daten hinsichtlich ihrer „elektrifizierten Leistungen". Es wird nach folgenden Segmenten gegliedert:
- reine Elektro-Pkw
- Plug-In-Hybrid und Range Extender, einschließlich Brennstoffzellenfahrzeuge
- Nutzfahrzeuge

### 10.2.2.1 Reine Elektro-Pkw

Einer der Pioniere bei den Elektrofahrzeugen war der Mitsubishi iMiEV, siehe Bild 10.6, der bereits im Jahr 2010 auf dem Markt erhältlich war. Baugleich sind die Fahrzeuge Peugeot iOn und Citroën C-ZERO.

Bild 10.6 Der Mitsubishi iMiEV, gefahren auf der WAVE-Rallye 2014

Im Folgenden werden weitere, derzeit wichtige und erfolgreiche Fahrzeuge detailliert vorgestellt. Es sind folgende:

- BMW i3
- Nissan Leaf
- Renault Zoe
- smart electric drive
- Tesla Model S
- VW e-Golf und e-up

Tabelle 10.2 Daten BMW i3

| BMW i3 | |
| --- | --- |
| Drehmoment und Leistung | Leistung: 125 kW<br>Drehmoment: 250 Nm |
| Li-Ionen-Akku | Kapazität: 18,8 kWh<br>Garantie: 8 Jahre oder 100 000 km Garantie (für 70 % der Ladekapazität) |
| NEFZ-Verbrauch und Reichweite | Stromverbrauch: 12,9 kWh/100 km<br>Reichweite: 190 km |

**Tabelle 10.2** Daten BMW i3 *(Fortsetzung)*

| BMW i3 | |
|---|---|
| Laden | Mit mitgeliefertem Ladekabel: 6 bis 8 Stunden für 80 % Ladung (Mode 2, 16 A) <br> Mit Wallbox wird die Ladedauer um etwa 30 % verkürzt. <br> DC-Schnellladen, *CCS*: 30 Minuten (80 %) |
| Bemerkungen | Gewichtseinsparung durch Verwendung von Carbon und Aluminium Chasis <br> Wärmepumpe als Sonderausstattung <br> Range Extender (170 km elektrisch, plus 120 bis 150 km durch REX); als Variante erhältlich |

Der i3 besticht durch sein innovatives Design (siehe Bild 10.7). Die konsequente Verwendung von Leichtbaumaterialien führt zu einem geringen Fahrzeuggewicht. In Zusammenspiel mit dem hohen Motordrehmoment lässt das Fahrzeug eine sehr sportliche Fahrweise zu.

**Bild 10.7** BMW i3

Verschiedene Fahrzeughersteller bieten seit 2016 Batterieupgrades mit höherer Akkukapazität an. Bei BMW heißt das neue Modell BMW i3 (94 Ah) mit einer 50 % höheren Kapazität und einer entsprechend um 50 % größeren Reichweite von 300 km (NEFZ-Reichweite). Das Besondere daran ist, dass die neue Batterie auch im alten Modell nachgerüstet werden kann. Das belegt, dass die erhöhte Kapazität wegen einer deutlich höheren Speicherdichte im vergleichbaren Bauraum des Vorgängermodells untergebracht werden kann. In Tabelle

10.3 sind die Daten des Nissan Leaf dargestellt. Wie in Bild 10.8 zu erkennen ist, befindet sich die Ladebuchse als Besonderheit an der Frontseite des Autos. Das Fahrzeug ist das meistverkaufte Elektrofahrzeug der Welt, Stand Ende 2014.

Tabelle 10.3 Daten Nissan Leaf

| Nissan Leaf | |
|---|---|
| Drehmoment und Leistung | Leistung: 80 kW<br>Drehmoment: 254 Nm |
| Li-Ionen-Akku | Kapazität: 24 kWh<br>Garantie: 5 Jahre oder 100 000 km |
| NEFZ-Verbrauch und Reichweite | Stromverbrauch: 15 kWh/100 km<br>Reichweite: 199 km |
| Laden | Mit mitgeliefertem Ladekabel: 12 Stunden (10 A)<br>Mit Heimladestation: 8 Stunden<br>DC-Schnellladen, CHAdeMO: 30 Minuten (80 %) |
| Bemerkungen | Akku kann geleast statt gekauft werden. |

Bild 10.8 Nissan Leaf, mit verbundenem Ladekabel

Der in Bild 10.9 dargestellte Renault ZOE ist mit seinen fünf Sitzplätzen ein auch als Familienauto nutzbares Fahrzeug mit gutem Preis-Leistungs-Verhältnis. Er hat, wie in Tabelle 10.4 dargestellt, eine hohe nominelle Reichweite und kann dank seines Chamäleon Ladesystems flexibel unterschiedliche Ladesysteme nutzen. Das Fahrzeug hat insbesondere in Frankreich hohe Zulassungszahlen.

Tabelle 10.4 Daten Renault ZOE

| Renault ZOE | |
|---|---|
| Drehmoment und Leistung | Leistung: 63 kW <br> Drehmoment: 220 Nm |
| Li-Ionen-Akku | Kapazität: 22 kWh <br> Garantie: entfällt. Akku kann nur gemietet werden. |
| NEFZ-Verbrauch und Reichweite | Stromverbrauch: 14,6 kWh/100 km <br> Reichweite: 210 km |
| Laden | Mit mitgeliefertem Notladekabel und Schuko-Steckdose mit 10 A/14 A. Ladezeit: 10,5 Stunden <br> Standard: eBox Z.E. und an öffentlichen Ladestationen mit Typ-2-Steckern: 6 bis 9 Stunden Ladezeit <br> Schnellladung, 43 kW, Mode 3, 30 Minuten (80%) |
| Bemerkungen | **Fremd** erregter Synchronmotor <br> Wärmepumpe <br> Ladeeinheit CHAMELEON CHARGER für 5 verschiedene Lademodi |

Bild 10.9 Renault ZOE

Der in Bild 10.10 dargestellte Elektro-Smart ist durch seine kompakte Form als ideales Stadtfahrzeug geeignet. Besonderheit: Der Fahrzeugakku kann sowohl geleast als auch gekauft werden. Die technischen Daten sind in Tabelle 10.5 aufgelistet.

Tabelle 10.5 Daten: smart fortwo electric drive (smart ed)

| smart fortwo electric drive | |
| --- | --- |
| Drehmoment und Leistung | Leistung: 55 kW<br>Drehmoment: 130 Nm |
| Li-Ionen-Akku | Kapazität: 17,6 kWh |
| NEFZ-Verbrauch und Reichweite | Stromverbrauch: 15,1 kWh<br>Reichweite: 145 km |
| Laden | Standard: 7 Stunden<br>Mit Wallbox: 6 Stunden<br>Schnellladen (Wallbox, 400 V / 22 kW): 1 Stunde |
| Bemerkungen | Akku kann geleast werden. |

Bild 10.10 smart fortwo electric drive

Das in Bild 10.11 dargestellte „Tesla Model S" ist ein Elektrofahrzeug, das von einem Hersteller entwickelt wurde, der bisher nicht als etablierter Fahrzeuganbieter im konventionellen Bereich vertreten war. Die Modellvarianten des Model S sind trotz eines vergleichsweisen hohen Preises gleichwohl auf dem Markt sehr erfolgreich, was unter anderem auf die beachtlichen Reichweiten zurückzuführen ist (siehe Tabelle 10.6). Ermöglicht werden diese durch die Verwendung von Akkus mit großen Kapazitäten.

Tabelle 10.6  Daten Tesla Model S

| Tesla Model S (3 Varianten möglich) | |
| --- | --- |
| Drehmoment und Leistung | Leistung: 225 bis 310 kW<br>Drehmoment: 440 bis 600 Nm |
| Li-Ionen-Akku | Kapazität: 60 bis 85 kWh<br>Garantie: 8 Jahre oder 200 000 Kilometer (60-kWh-Akku) |
| NEFZ-Verbrauch und Reichweite | Stromverbrauch: 18,1 kWh/100 km<br>Reichweite: 390 km (60-kWh-Akku); 502 km (85-kWh-Akku) |
| Laden | Bordladegerät mit 11 kW Leistung (Adapter für Schuko-Steckdose wird mitgeliefert)<br>Supercharger: kann die Batterie in 20 Minuten rund zur Hälfte aufladen |
| Bemerkungen | Drehstrom-Asynchronmotor<br>Akkugarantie: Seit August 2014 fällt die km-Begrenzung auch für den 60-kWh-Akku (auch rückwirkend) weg. |

Bild 10.11  Tesla, Model S

Im Jahr 2016 hat TESLA für 2017 sein neues „Model 3"-Elektrofahrzeug angekündigt. Es soll eine Reichweite von ca. 340 km haben und als Basismodell etwa 35 000 US-Dollar (ca. 31 000 Euro) kosten. Die Attraktivität auf dem Markt wird dadurch belegt, dass es innerhalb der ersten drei Tage nach dessen Vorstellung mehr als 300 000-mal vorbestellt wurde – trotz einer Anzahlung von 1000 US-Dollar. In Bild 10.12 sind die beiden Elektrovarianten des VW-Konzerns, der e-up und der e-Golf, zu sehen. Beide Fahrzeuge wurden auf der Basis der bestehenden Fahrzeugpalette entwickelt. Sowohl der e-up (Tabelle 10.7) als auch der e-Golf (Tabelle 10.8) zeigen trotz relativ hoher Fahrzeugmasse einen geringen NEFZ-Verbrauch. Zur Schnellladung steht jeweils nur das Gleichstrom-Schnellladen mit dem CCS-System zur Verfügung.

Tabelle 10.7 Daten VW e-up

| VW e-up | |
|---|---|
| Drehmoment und Leistung | Leistung: 60 kW<br>Drehmoment: 210 Nm |
| Li-Ionen-Akku | Kapazität: 18,7 kWh |
| NEFZ-Verbrauch und Reichweite | Stromverbrauch: 11,7 kWh/100 km<br>Reichweite: 160 km |
| Laden | AC 2,3 kW (Haushaltssteckdose): 9 Stunden<br>Wallbox: 6 Stunden<br>Schnellladung, CCS-System, 40 kW, 30 Minuten (80%) |
| Bemerkungen | Akkumasse = 230 kg |

Tabelle 10.8 Daten VW e-Golf

| VW e-Golf | |
|---|---|
| Drehmoment und Leistung | Leistung: 85 kW<br>Drehmoment: 270 Nm |
| Li-Ionen-Akku | Kapazität: 24,2 kWh<br>Garantie: 8 Jahre, max. 160 000 km |
| NEFZ-Verbrauch und Reichweite | Stromverbrauch: 12,7 kWh/100 km<br>Reichweite: 190 km |
| Laden | AC 2,3 kW (Haushaltssteckdose): 13 Stunden<br>Wallbox (3,6 kWh): 8 Stunden<br>Schnellladung, CCS-System, 40 kW, 30 Minuten (80%) |
| Bemerkungen | Akkumasse = 318 kg |

**Bild 10.12** VW e-up und e-Golf

Folgende Grafiken zeigen **die Bandbreite der wichtigsten Kenngrößen** der Elektro-Pkw:

■ Drehmoment in Nm    ■ Leistung in kW

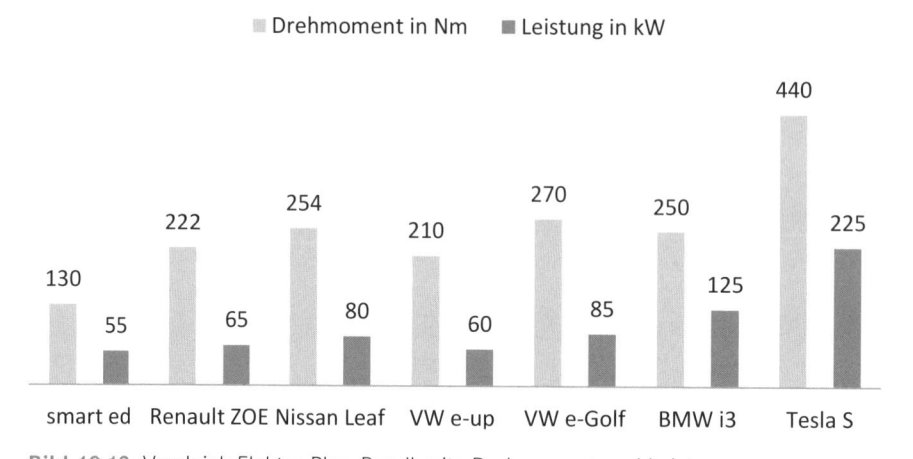

| Modell | Drehmoment in Nm | Leistung in kW |
|---|---|---|
| smart ed | 130 | 55 |
| Renault ZOE | 222 | 65 |
| Nissan Leaf | 254 | 80 |
| VW e-up | 210 | 60 |
| VW e-Golf | 270 | 85 |
| BMW i3 | 250 | 125 |
| Tesla S | 440 | 225 |

**Bild 10.13** Vergleich Elektro-Pkw, Bandbreite Drehmoment und Leistung

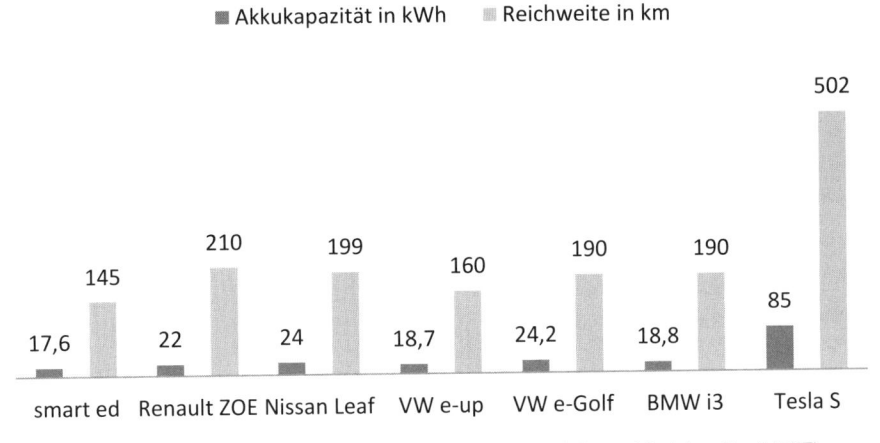

**Bild 10.14** Vergleich Elektro-Pkw, Bandbreite Akkukapazität und Reichweite (NEFZ)

Akkukapazität in kWh / Reichweite in km:
- smart ed: 17,6 / 145
- Renault ZOE: 22 / 210
- Nissan Leaf: 24 / 199
- VW e-up: 18,7 / 160
- VW e-Golf: 24,2 / 190
- BMW i3: 18,8 / 190
- Tesla S: 85 / 502

### 10.2.2.2 Plug-In-Hybride

Ab dem Jahr 2014 bieten die Hersteller verstärkt Plug-In-Fahrzeuge an. Die folgende Übersicht zeigt neben den Leistungsdaten die Angabe zur elektrischen Reichweite. Sie entscheidet, ob das Fahrzeug bei der Berechnung des Flotten-$CO_2$-Ausstoßes mit diesen Daten „Superkredit-würdig" wäre. Zudem ist die Angabe des Kraftstoffverbrauchs (NEFZ) aufgelistet, da dieser den Wert des $CO_2$-Ausstoßes bestimmt:

**Tabelle 10.9** Kenndaten Plug-In-Hybride (Stand 2014)

| Fahrzeug | Kenndaten |
|---|---|
| Audi A3 e-tron | Motorleistungen:<br>• Verbrennungsmotor: 110 kW<br>• Elektromotor: 75 kW<br>• Systemleistung: 150 kW<br><br>Reichweite Elektrobetrieb: 50 km (Akku: 8,8 kWh)<br>Kraftstoffverbrauch (NEFZ): 1,5 l / 100 km |
| BMW i8 | Motorleistungen:<br>• Verbrennungsmotor: 170 kW<br>• Elektromotor: 96 kW<br>• Systemleistung: 266 kW<br><br>Reichweite Elektrobetrieb: 37 km (Akku: 5,2 kWh)<br>Kraftstoffverbrauch (NEFZ): 2,1 l / 100 km |

Tabelle 10.9 Kenndaten Plug-In-Hybride (Stand 2014)

| Fahrzeug | Kenndaten |
|---|---|
| Mitsubishi Outlander | Motorleistungen:<br>• Verbrennungsmotor: 89 kW<br>• 2 Elektromotoren (Vorder- und Hinterachse): je 60 kW<br>• Systemleistung: 150 kW<br><br>Reichweite Elektrobetrieb: 50 km (Akku: 8,8 kWh)<br>Kraftstoffverbrauch (NEFZ): 1,5 l/100 km |
| Toyota Prius Plug-In | Motorleistungen:<br>• Verbrennungsmotor: 73 kW<br>• Elektromotor: 60 kW<br>• Systemleistung: 100 kW<br><br>Reichweite Elektrobetrieb: 25 km (Akku: 4,4 kWh)<br>Kraftstoffverbrauch (NEFZ): 2,1 l/100 km |
| VW Golf GTE | Motorleistungen:<br>• Verbrennungsmotor: 110 kW<br>• Elektromotor: 75 kW<br>• Systemleistung: 150 kW<br><br>Reichweite Elektrobetrieb: 50 km (Akku: 8,7 kWh)<br>Kraftstoffverbrauch (NEFZ): 1,5 l/100 km |

Weitere Modelle auf dem Markt im höheren Leistungssektor sind beispielsweise der **Mercedes S 500 Plug-In-Hybrid** und der **Porsche Panamera S E-Hybrid**, die trotz großer Leistungsfähigkeit und großer Fahrzeugmasse im Kraftstoffverbrauch NEFZ bei 2,8 l/100 km bzw. 3,1 l/100 km liegen.

In den Bildern 10.15 und 10.16 sind zwei markante Vertreter der Plug-In-Fahrzeuge dargestellt.

**Bild 10.15** Mitsubishi Outlander, Plug-In-Hybrid

**Bild 10.16** Plug-In-Hybrid Audi A3 e-tron. Quelle: Audi AG

### 10.2.2.3 Nutzfahrzeuge

Auch für den Güternahverkehr werden auf dem Markt bereits einige elektrisch angetriebene Nutzfahrzeuge angeboten. Beispiele sind:

- Renault Kangoo Z.E.
  - bis zu 650 kg Nutzlast und bis 4,6 m³ Laderaumvolumen
  - Energieverbrauch 15,5 kWh/100 km
  - Reichweite 170 km (NEFZ)

**Bild 10.17** Nutzfahrzeug Renault Kangoo

- Nissan ENV200
  - bis zu 770 kg Nutzlast und bis 4,2 m³ Laderaumvolumen
  - Energieverbrauch 16,5 kWh/100 km
  - Reichweite 163 km (NEFZ)
- Vito E-CELL (siehe Bild 10.18)
  - bis zu 850 kg Nutzlast (Kastenwagen, Platz für bis zu 7 Personen (Kombi))
  - Verbrauch 25,2 kWh/100 km
  - Reichweite 130 km (NEFZ)

**Bild 10.18** Nutzfahrzeug Vito E-Cell: Elektrisch angetrieben und ohne Emissionen

### 10.2.2.4 Brennstoffzellenfahrzeuge

In naher Zukunft wird es auf dem Pkw-Markt zwei Brennstoffzellenfahrzeuge geben:
- TOYOTA FCV (Fuel Cell Vehicle). Serienstart im Jahr 2015
- Mercedes-Benz B-Klasse F-CELL. Start ab Jahr 2017 in Großserie

Beide Fahrzeuge arbeiten mit 700-bar-Hochdruck-Wasserstofftanks. Damit sind Reichweiten bis 500 km möglich. Der Tankvorgang an einer geeigneten Tankstelle dauert etwa gleich lang, wie das Tanken konventioneller Kraftstoffe.

**Bild 10.19** Wasserstofftanken ähnelt aus Nutzersicht dem heutigen Tankvorgang.

## 10.3 Staatliche Förderung

Der vorangegangene Abschnitt zeigt, dass ein breites Angebot an Elektrofahrzeugen auf dem Markt ist. Mit einem weiteren Ausbau der Lade-Infrastruktur führt das zu einem beschleunigten Wachstum der Elektromobilität, wie sich anhand der Zulassungszahlen ablesen lässt. Vergleicht man allerdings die Wachstumskurve mit dem angestrebten Ziel von einer Million Elektrofahrzeuge auf Deutschlands Straßen im Jahr 2020, zeigt sich wie weit das Ziel noch entfernt ist. Staatliche Fördermaßnahmen, wie von der Bundesregierung angedacht (Freigabe der Busspur für Elektrofahrzeuge), scheinen nach Meinung von Experten noch nicht ausreichend zielführend zu sein. Um die grundsätzliche Wirksamkeit von Maßnahmen zu untersuchen, soll folgende Grafik als Ausgangspunkt genommen werden:

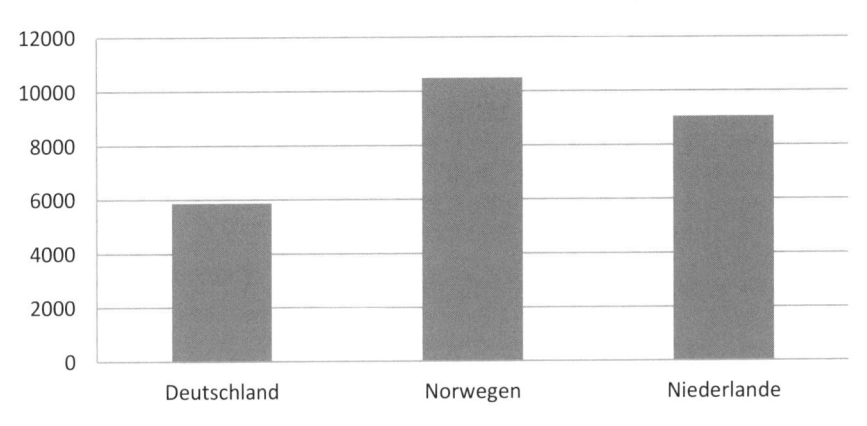

**Bild 10.20** Zulassungszahlen Elektrofahrzeuge für das erste Halbjahr 2014 in Deutschland, Norwegen und den Niederlanden

Diese Aufstellung zeigt auf den ersten Blick die deutlich höheren Zulassungszahlen in Norwegen und den Niederlanden.

Was diese Zahlen aber noch aussagekräftiger macht, wird deutlich, wenn man sich die relativen Zulassungen vor Augen führt. Sind in Deutschland nur etwa 0,3 % der Neuzulassungen Elektrofahrzeuge (reine und Plug-Ins) sind es in Norwegen und Holland etwa 6 % – also das 20-Fache! Dafür gibt es verschiedene Ursachen:

Zunächst für Norwegen: Zwar sind die Strompreise in Norwegen ähnlich hoch wie in Deutschland, Benzin ist aber deutlich teurer. Dadurch werden die relativen Betriebskosten für Elektrofahrzeuge deutlich günstiger. Außerdem wurden die Rahmenbedingungen für den Betrieb der Fahrzeuge günstig gestaltet: Kostenloses Parken für Elektrofahrzeuge, ermäßigte bis erlassene Mautgebühren oder eben auch die Erlaubnis zur Nutzung von Busspuren. Noch wichtiger dürfte aber die **direkte** Förderung beim Kauf von Elektrofahrzeugen sein: Der norwegische Staat erlässt den Käufern beim Kauf solcher Fahrzeuge die Mehrwertsteuer. Und diese beträgt hier 25 %! Damit wird die Gesamtkostensituation so günstig, dass die Verkaufszahlen entsprechend hoch sind.

Etwas anders sind die Verhältnisse in den Niederlanden: Die staatliche Förderung erstreckt sich hier auf den Erlass der K-Steuer und der Pkw-Kaufsteuer (BPM). Zusätzlich wird aber auch die Ladeinfrastruktur gestärkt. Bereits 2014 ist das Ladenetz mit 3000 öffentlich zugänglichen und über 1200 teilöffentlichen Säulen gut aufgestellt. Und es ist geplant es so zu erweitern, dass jeder Niederländer in einem Umkreis von maximal 50 Kilometern mindestens eine 50-kW-Schnell-Ladestation finden wird. Damit ist das Problem Reichweite zumindest in Holland weitgehend entschärft.

Ähnliche Wege geht auch Japan: Neben einer direkten Kaufförderung von bis zu 6500,- € pro Auto in Japan wird vom Staat in Kooperation mit vier großen japanischen Herstellern – Toyota, Honda, Nissan und Mitsubishi der flächendeckende Ausbau der Infrastruktur mit ca. 770 Millionen Euro gefördert. Vergleichbares soll dort auch bei Brennstoffzellenfahrzeugen passieren: Ab dem Jahr 2015 wird ein Subventionsprogramm mit Kaufprämien und Steuererleichterungen für Brennstoffzellen-Modelle aufgelegt werden. Zudem ist geplant, bis zum Jahr 2016 die Zahl der Wasserstofftankstellen auf 100 zu versechsfachen. Und der Preis für den Aufbau einer $H_2$-Tankstelle soll bis 2020 halbiert werden.

Auch andere Länder setzen auf Subvention des Kaufpreises zur Förderung der Elektromobile. Nach einer Studie des „International Council on Clean Transportation (ICCT)" beträgt (im Jahr 2013) dabei die Förderung in:

- USA: bis 5500,- € (+ bis 1800,- € in Kalifornien)
- Frankreich: bis 7000,- €
- Schweden: bis 4600,- €
- Großbritannien: bis 5900,- €
- China: bis 7200,- €

In China wird zudem daran gedacht, die Mehrwertsteuer für Elektrofahrzeuge zu erlassen.

In Deutschland dagegen gab es bis Mai 2016 keine direkte Förderung des Kaufes. Hier wird die Kfz-Steuer erlassen und es sollen Erleichterungen im täglichen Verkehr eingeräumt werden. Dafür werden vorrangig die Fördermittel für Forschung und Entwicklung bereitgestellt: Die Bundesregierung stellt aus dem Konjunkturpaket II etwa 500 Millionen Euro für die Förderung der Elektromobilität zur Verfügung (siehe Kapitel 12).

## ■ 10.4 Schlussfolgerungen Markt

1. Es gibt ein breites und attraktives Angebot an Elektrofahrzeugen.
2. Ab dem Jahr 2014 ist ein stark wachsendes Angebot von Plug-In-Hybriden zu verzeichnen.
3. Brennstoffzellenfahrzeuge sind die Ausnahme, werden aber von einigen Herstellern aktiv vorangetrieben. Es zeichnen sich darüber hinaus positive Synergieeffekte in Verbindung mit der Nutzung und Speicherung erneuerbarer Energien ab.
4. Die Fahrzeugpreise sind noch sehr hoch. Günstigere Kosten zeichnen sich durch sinkende Preise für die Fahrzeugakkus ab.
5. Internationale Vergleiche zeigen, dass eine direkte Förderung beim Fahrzeugkauf sich deutlich positiv auf die Zulassungszahlen auswirkt.

# 11 Mobilitätskonzepte mit Elektrofahrzeugen

Aufgrund ihrer Eigenschaften wie geringe Geräuschemissionen, vor Ort emissionsfrei, geringer Energieverbrauch können Elektrofahrzeuge eine wichtige Rolle bei derzeitigen und künftigen Mobilitätskonzepten spielen. Das fängt an bei Elektrofahrrädern und kann enden bei Elektrobussen oder Elektro-Lkw. Dabei muss sehr genau beachtet werden, für welche Randbedingungen ein Konzept optimiert werden soll. Für eine Beurteilung ist zu klären, soll das Konzept zugeschnitten sein auf:

- städtischen oder ländlichen Raum
- Personen- oder Güterverkehr
- Fern- oder Nahverkehr

Wobei der Fernverkehr bei den derzeitigen Reichweiten von Elektrofahrzeugen in diesem Kontext keine entscheidende Rolle spielt.

Dagegen gibt es für alle anderen Bereiche Anwendungsszenarien, die auch im Rahmen von Förderschwerpunkten und Projekten im Rahmen des *Nationalen Entwicklungsplanes Elektromobilität* wissenschaftlich untersucht und begleitet werden.

In diesem Kapitel werden wichtige Mobilitätskonzepte vorgestellt und ihre Verbindung zur Elektromobilität beleuchtet.

## 11.1 Carsharing

Vertiefte Erfahrungen zum Carsharing in Verbindung mit Elektromobilität wurden und werden bei den umgesetzten Geschäftsmodellen **car2go** und **DriveNow** gemacht.

### 11.1.1 car2go

car2go ist ein Carsharing-Angebot von Daimler und Europcar für den städtischen/urbanen Raum. Es ist in mehreren deutschen Städten (Ulm, Hamburg, Düsseldorf, Berlin, Köln, Stuttgart und München) und auch im europäischen Ausland und Amerika für registrierte Nutzer verfügbar. Als Fahrzeuge werden dabei nur smart fortwo-Fahrzeuge genutzt, ein

Anteil davon Elektro-Smarts (siehe Bild 11.1). In Stuttgart werden ausschließlich Elektrofahrzeuge eingesetzt.

Bild 11.1 Fahrzeug der Stuttgarter car2go-Flotte

Das Besondere an dem Konzept: Es handelt sich um ein **stationsunabhängiges Carsharing**, d. h. die Fahrzeuge können überall im Geschäftsgebiet der Stadt stehen und auch abgegeben werden. Es gibt also keine festen Mietstationen, was die Nutzung sehr flexibel macht. Um diese Flexibilität optimal nutzen zu können, lassen sich die Fahrzeuge online, über eine Smartphone-App oder eine Telefon-Hotline auffinden und mieten. Der Abgabezeitpunkt und -ort muss nicht vorab festgelegt werden, das Fahrzeug kann zum Miet-Ende auf einem Parkplatz im Geschäftsgebiet abgegeben und abgemeldet werden. Das Tanken bzw. Nachladen übernimmt ein Service-Team, kann aber auch selbst an vorhandenen Ladepunkten durchgeführt werden. Das Konzept wird seit mehreren Jahren in Pilotprojekten und seit 2012 in der Umsetzungsphase in der Praxis erprobt und optimiert.

Im Zuge der wissenschaftlichen Begleitforschung werden im Rahmen eines Projekts des Öko-Instituts e. V. und des Instituts für sozialökologische Forschung (ISOE) GmbH die kurz- und langfristigen Effekte des Carsharings auf das Verkehrsverhalten empirisch untersucht. Neben einer Quantifizierung von Umweltaspekten wird auch der Einsatz von Elektroflotten grundsätzlich mit betrachtet. Als Ergebnis des Projekts, das bis zum 29. 2. 2016 läuft, „wird eine ökologische Gesamtbewertung des Einsatzes von Elektromobilität in flexiblen Carsharing-Konzepten vorliegen und eine Einschätzung abgegeben, ob batterieelektrische Pkw ihre Vorteile im Carsharing-Betrieb gegenüber herkömmlichen Autos ausspielen und ihre vermeintlichen Einschränkungen überwinden können. Zudem kann der Einsatz von Elektrofahrzeugen im Carsharing als Baustein multimodaler Mobilitätskonzepte in Hinblick auf die Marktdurchdringung und Umwelt-Entlastungeffekte langfristig beurteilt werden." (Bundesministerium für Umwelt, Naturschutz, Bau und Reaktorsicherheit, BMUB, S. 99)

## 11.1.2 DriveNow

Ein weiteres System für den urbanen Raum ist DriveNow, das Carsharing-Angebot von BMW und Sixt (siehe Bild 11.2). Es startete 2012 im kalifornischen San Francisco mit 70 Elektrofahrzeugen des Typs BMW ActiveE (Forschungsfahrzeug). Weil die, im Vergleich zu Pkw mit Verbrennungsmotoren, geringe Reichweite ein häufiges Nachladen erfordert, begann das Angebot zunächst nicht im flexiblen, stationsunabhängigen Modus (englische Bezeichnung: **free floating system**). Vielmehr muss das Fahrzeug an einer der 14 „ParkNow" Stationen abgeholt und (ggf. an einer anderen) ParkNow-Station wieder abgestellt werden. ParkNow ist eine eigene Marke, die von der BMW Group in San Francisco mit dem weltweit größten Anbieter von elektrischen Ladestationen, Coulomb Technologies, entwickelt wurde und die entsprechende Ladestationen aufgebaut hat. Weil dadurch das Konzept des flexiblen Carsharings durchbrochen wird und der Kunde, wie bei konventionellen Carsharing-Diensten, auf feste Stationen festgelegt ist, wurden den Kunden vergleichsweise attraktive Konditionen angeboten.

Inzwischen (2014) wird DriveNow in München und Berlin mit Elektrofahrzeugen (und anderen) im free floating system angeboten. Neben den ActiveE-Fahrzeugen von BMW ist für 2014 auch der Einsatz von BMW i3-Autos geplant.

**Bild 11.2** Ladevorgang eines DriveNow-Elektrofahrzeugs. Quelle: BMW Group

Auch das DriveNow-Angebot wird wissenschaftlich begleitet. In dem vom BMU geförderten Projekt „WiMobil", Laufzeit bis Mitte 2015, werden die Wirkungen von E-Car-Sharing auf Mobilität und Umwelt in urbanen Räumen untersucht.

## 11.1.3 Carsharing im ländlichen Raum

Während in Großstädten für den Personenverkehr ein gut ausgebauter öffentlicher Nahverkehr vorhanden ist, und die gemieteten Fahrzeuge somit nur als Ergänzung beispielsweise für Einkaufsfahrten mit größerem Gepäck oder in den Nachtstunden gebraucht werden, ist die Versorgung im ländlichen Raum mit ÖPNV-Angeboten deutlich schlechter. Während in Großstädten häufig auf ein eigenes Auto verzichtet werden kann, ist dies im ländlichen Raum daher nur schwer möglich, was zu einer steigenden Zahl von Zweit- oder sogar Drittfahrzeugen geführt hat. Hier könnten gezielte Konzepte im Carsharingbereich zu einer Verminderung solcher „Mehrfahrzeuge" führen. Allerdings muss in die Überlegung einbezogen werden, dass die Nutzerdichte deutlich kleiner sein wird, als in Großstädten, so dass ein Free-floating-Konzept schwer vorstellbar wird. Als Kompromiss ist ein System denkbar, bei dem die Fahrzeuge zwar an vergebenen Ladepunkten abgeholt, nachgetankt und abgegeben werden, wobei Abhol- und Abgabestation nicht dieselbe sein müssten. Welche Konzepte dafür passen, müssen Realversuche zeigen. Erste positive Ergebnisse ergaben sich im Rahmen des Projekts „Lörrach macht elektrisch mobil".

**Bild 11.3** Carsharing, auch im ländlichen Raum möglich

## ■ 11.2 E-Taxis

Eine Studie in Berlin belegte, dass ein Taxibetrieb mit Elektrofahrzeugen grundsätzlich möglich ist. Allerdings müssen folgende Voraussetzungen gegeben sein:

- eine ausgeklügelte Ladeinfrastruktur
- Elektroautos, die sich schnell aufladen lassen
- eine Lösung für das Problem des hohen Energiebedarfs für die Heizung bei kaltem Wetter. Denn dieser mindert die Reichweite erheblich.

Dazu sollen in einem vom Bundesverkehrsministerium geförderten Projekt „GuEST" in Stuttgart die notwendigen Bedingungen für ein nachhaltiges Betriebsmodell geklärt werden. Es sollen sowohl die technischen und wirtschaftlichen Faktoren untersucht werden, aber auch die Nutzerakzeptanz. Das Projekt läuft im Rahmen des „Schaufensters Elektromobilität in Baden-Württemberg". Als Fahrzeuge werden vier Mercedes B-Klasse Electric Drive und ein Vito E-Cell als elektrische Taxis eingesetzt (siehe Bild 11.4).

Bild 11.4 E-Taxis in Stuttgart. Quelle: Rüdiger Goldschmidt

## 11.3 Elektrobusse

Elektrobusse können einen wichtigen Beitrag für den öffentlichen Nahverkehr leisten: Sie können im städtischen Bereich viele Personen abgasfrei, leise und energieeffizient durch Innenstadtbereiche fahren, die heute durch Lärm, Abgase und Feinstaub stark belastet sind.

Versuche für einen Elektrobusverkehr finden beispielsweise in Hamburg, Krefeld, Mülheim/Ruhr, Stuttgart, Berlin, Rotterdam und Mailand statt.

Es werden zum einen **Plug-In-Hybridbusse** eingesetzt, die längere Streckenanteile rein elektrisch ohne Dieselmotor fahren können. Der rein elektrische Betrieb wird vorrangig beim An- und Abfahren der Haltestellen eingesetzt und beim Fahren in besonders emissionsempfindlichen Strecken. In den anderen Streckenabschnitten wird ein Dieselmotor zur Stromerzeugung für die Elektromotoren und das Laden der Akkus zugeschaltet. Bei dieser seriellen Hybrid-Struktur kann ein kompakter, effektiver Dieselmotor eingesetzt werden, der deutlich leichter ist als herkömmliche Bus-Dieselmotoren.

Zum anderen werden auch **Hybridbusse mit Brennstoffzellenantrieb** eingesetzt (s. Bild 11.5), so dass über die gesamte Fahrstrecke ein emissionsfreier Betrieb möglich ist (ausgenommen ist die Emission von unschädlichem Wasserdampf). Da neben den Bussen auch die Infrastruktur für das elektrische Laden bzw. die Versorgung mit Wasserstoff entscheidend für den Erfolg solcher Konzepte sind, wird dieses Gesamtsystem im Rahmen von Projekten öffentlich gefördert und wissenschaftlich begleitet.

Bild 11.5 Hybridbus im Praxistest

## ■ 11.4 Güterverkehr

Neben dem Personenverkehr gibt es auch im Güterverkehr Konzepte, welche die Vorteile des Elektroverkehrs im täglichen Betrieb untersuchen. Dies soll an zwei Beispielen gezeigt werden.

### 11.4.1 Paketzustellung mit Elektrofahrzeugen

In einem durch das Bundesumweltministerium der Bundesrepublik Deutschland gefördertem Projekt stellt die Deutsche Post DHL die Zustellung in Bonn und dem Umland auf Elektrofahrzeuge um (siehe Bild 11.6). Das Pilotprojekt sieht vor, bis 2016 die Anzahl von

Elektrofahrzeugen auf insgesamt 141 Elektrofahrzeuge zu erhöhen. Dadurch können dann pro Jahr über 500 Tonnen $CO_2$ eingespart werden.

Als Fahrzeuge kommen dabei folgende Elektrotransporter zum Einsatz:
- Renault Kangoo Z. E.
- Daimler Vito E-Cell
- Iveco Daily Electric (3,5- und 5-t-Fahrzeuge)
- StreetScooter, entwickelt von der Deutschen Post DHL zusammen mit der StreetScooter GmbH

**Bild 11.6** Nachhaltige Postzustellung. Quelle: Anja Kuhfuß

Neben der Geräuscharmut und Emissionsfreiheit kommt bei der Paketzustellung der Vorteil von E-Fahrzeugen zum Tragen: Elektrofahrzeuge eignen sich insbesondere für Fahrten mit ausgeprägtem Start-Stopp-Verkehr, wie er im Zustellbereich die Regel ist (bis zu 200 Start-Stopps pro Tag)!

## 11.4.2 Elektro-Lkw

Ein Elektrofahrzeug mit deutlich größerem Transportvolumen ist der Elektro-Lkw der Firma E-FORCE ONE AG, der speziell für die regionale und städtische Warenverteilung konzipiert wurde. Die Praxistauglichkeit wurde bereits von Feldschlösschen Getränke AG und Coop in der Region Zürich für die Belieferung von Kunden und Verkaufsstellen ausgiebig getestet.

Eine mit Lidl Schweiz zusammen entwickelte Version ist auf die speziellen Anforderungen im Lebensmitteldetailhandel zugeschnitten. Damit wird ein nachhaltiger, umweltfreundlicher und $CO_2$-neutraler Warentransport ermöglicht.

# 12 Förderung der Elektromobilität in Deutschland

Die Bundesregierung unterstützt Forschungs- und Entwicklungsaktivitäten im Bereich Elektromobilität mit einem Förderprogramm im Rahmen des Regierungsplans Elektromobilität und dem „Nationalen Entwicklungsplan Elektromobilität". Die Umsetzung und Weiterentwicklung des Regierungsprogramms wird durch die *„Nationale Plattform Elektromobilität"* (NPE) und die Gemeinsame Geschäftsstelle Elektromobilität (GGEMO) unterstützt.

Mit dem Förderprogramm soll erreicht werden, dass Deutschland sich nicht nur zu einem „Leitmarkt Elektromobilität" entwickelt, sondern durch Innovationen in den Bereichen Fahrzeuge, Antrieb und Komponenten sowie durch Einbindung der Fahrzeuge in die Strom- und Verkehrsnetze zu einem „Leitanbieter Elektromobilität" entwickelt. Seit Mai 2016 gibt es zur Ankurbelung des Absatzes von Elektrofahrzeugen auch in Deutschland eine direkte Kaufprämie. Die Bundesregierung hat zu diesem Zeitpunkt die umfassende Förderung von Elektroautos beschlossen. Käufer von batteriebetriebenen Pkw erhalten seither einen Zuschuss von 4000 Euro. Für Plug-In-Hybridfahrzeuge beträgt die Prämie 3000 Euro. Außerdem werden reine Elektrofahrzeuge für 10 Jahre von der KFZ-Steuer befreit. Das Programm hat ein Volumen 1,2 Milliarden Euro. Es wird je zur Hälfte vom Staat und von der Autoindustrie getragen. Die Förderung ist beschränkt auf Fahrzeuge mit einem Listenpreis von maximal 60 000 Euro. Ergänzt wird das Förderpaket durch den Ausbau von Stromladestationen, gefördert mit rund 300 Millionen Euro. Die folgenden Abschnitte sollen einen Überblick über die wichtigen Themenfelder und die Organisation der Forschungsthemen geben.

## ■ 12.1 Förderbereiche der Bundesministerien und Leuchtturmprojekte

Die Förderbereiche sind dabei auf vier Ministerien aufgeteilt (hier aufgelistet mit Beispielen ihrer Forschungsthemen, teilweise mit Überschneidungen):

**Bundesministerium für Wirtschaft und Energie (BMWi)**
- Batteriesysteme mit Fertigungstechnologien
- stromwirtschaftliche Schlüsselelemente (Speicher, Netze)

- Ladeinfrastruktur
- Abrechnungssysteme

**Bundesministerium für Verkehr und digitale Infrastruktur (BMVI)**
- innovative Mobilitätssysteme
- Sicherheit und Effizienz von Fahrzeugflotten
- Hybridisierung von Lkw, Effizienzsteigerung Nebenaggregate
- Verkehrssicherheit
- Nutzerakzeptanz

**Bundesministerium für Bildung und Forschung (BMBF)**
- Batteriekonzepte und -management
- neue Materialien
- ausfallsichere Komponenten und Systeme
- Systemforschung
- Aus- und Weiterbildung

**Bundesministerium für Umwelt, Naturschutz, Bau und Reaktorsicherheit (BMUB)**
- Ermittlung der Umwelt- und Klimafaktoren der Elektromobilität
- Kopplung Elektromobilität und Erneuerbare Energien
- Umwelt und klimabezogene Konzepte
- Recyclingverfahren, Öko- und Energiebilanzen der Komponenten

Besonders herausragende Projekte werden in Form von **Leuchtturmprojekten** gewürdigt. Diese Leuchtturmprojekte werden in folgenden Themenfeldern definiert, die als besonders relevant angesehen werden:

- Antriebstechnik
- Energiesysteme und Energiespeicherung
- Ladeinfrastruktur und Netzintegration, Mobilitätskonzepte
- Recycling und Ressourceneffizienz
- Informations- und Kommunikationstechnologie
- Leichtbau

Die Informationen zu den Projekten (Themen, Ergebnisse/Zwischenergebnisse) werden von den jeweils zuständigen Ministerien veröffentlicht. Beispielhaft ist hier die Broschüre „Erneuerbar mobil 2014 – Marktfähige Lösungen für eine klimafreundliche Elektromobilität" zu nennen (Bundesministerium für Umwelt, Naturschutz, Bau und Reaktorsicherheit, BMUB).

## 12.2 Schaufenster für Elektromobilität

Mit dem Förderprogramm der Bundesregierung „Schaufenster Elektromobilität" soll in ausgewählten, groß angelegten regionalen Demonstrations- und Pilotvorhaben die Kompetenz in den Bereichen Elektrofahrzeuge, Energieversorgung und Verkehrssystem gebündelt und sichtbar gemacht werden. Dabei sollen in den Projekten die öffentliche Hand, Industrie und Wissenschaft kooperieren und innovative Elemente der Elektromobilität erprobt werden.

Von der Bundesregierung wurden dazu im April 2012 folgende vier „Schaufenster" ausgewählt:

- LivingLab BWe mobil (Baden-Württemberg)
- Internationales Schaufenster Elektromobilität Berlin-Brandenburg
- Unsere Pferdestärken werden elektrisch (Niedersachsen)
- Elektromobilität verbindet (Bayern-Sachsen)

In diesen vier Schaufensterregionen werden zwischen 2012 und 2016 90 Verbundprojekte mit 334 Teilvorhaben durch die Bundesregierung gefördert. Weitere Projekte werden durch die Landesregierungen und weitere Partner unterstützt. Themen kommen aus folgenden Bereichen:

- Intermodalität (Nutzung mehrerer Verkehrsmittel-Kombinationen für eine Reise-/Transportkette)
- urbane und ländliche Mobilität
- Vernetzung von Verkehrssystemen
- Fahrzeugtechnologie
- Vernetzung Elektromobilität und erneuerbare Energien
- Infrastruktur und IKT (Informations- und Kommunikationstechnik)
- Geschäftsmodelle für Elektromobilität
- Stadt- und Verkehrsplanung
- Ausbildung und Qualifikation

Die Zusammenstellung macht die gesamte Breite des Themas Elektromobilität deutlich.

## 12.3 NPE-Fortschrittsbericht 2014

Im Fortschrittsbericht 2014 (Bilanz der Marktvorbereitung) zieht die Nationale Plattform Elektromobilität (NPE) eine Zwischenbilanz der Entwicklung der Elektromobilität. Beurteilt wird dabei die als **Marktvorbereitung** bezeichnete Phase von 2010 bis 2014 (Nationale Plattform Elektromobilität).

Im Bericht wird festgestellt, dass die Elektromobilität international an Bedeutung gewinnt und weltweit eine hohe **Marktdynamik** zu erkennen ist. Ausgehend von den ambitionierten politischen Zielen in Deutschland bis zum Jahr 2020 werden im Bericht die erforderlichen Maßnahmen abgeleitet, die für eine Zielerreichung erforderlich sind. Die Forderungen beziehen sich im Wesentlichen auf die Markthochlaufphase bis Ende 2017. Die angesprochenen politischen Ziele bis 2020 sind:

- Die deutsche Industrie ist internationaler Leitanbieter.
- Deutschland ist internationaler Leitmarkt.
- Auf deutschen Straßen fahren eine Million Elektrofahrzeuge.

Nach der **Markthochlaufphase** wird im Bericht folgende Zwischenbilanz gezogen:

- Die deutsche Industrie ist auf einem guten Weg, internationaler Leitanbieter zu werden. Basis dafür ist ihre Produktpalette mit einer großen Zahl an Elektrofahrzeugmodellen. Ende 2014 sind auf dem Markt 17 Modelle erhältlich, weitere 12 Modelle sind für 2015 vorgesehen.
- Die Konzentration auf die Förderung von Forschung und Entwicklung, auf Standardisierung und Normung sowie auf Bildung und Qualifizierung hat sich bewährt.
- Auf dem Weg zum Leitmarkt liegt Deutschland derzeit im Mittelfeld. Ende 2014 sind etwa 24 000 Fahrzeuge zugelassen, es gibt etwa 2400 öffentliche AC-Ladestandorte und rund 100 Schnellladepunkte.

Allerdings sind trotz der aufgezeigten Erfolge weitere, verstärkte Anstrengungen notwendig. Im Bericht der NPE werden dazu sieben **Maßnahmen** vorgeschlagen:

1. Zum Ziel „Leitmarkt"

   - Es soll eine Sonder-AfA für gewerbliche Nutzer eingeführt werden.
   - Das Gesetzespaket zur Förderung der Elektromobilität soll zügig umgesetzt werden. Das Gesetz beinhaltet unter anderem die Möglichkeit, für Elektrofahrzeuge besondere Parkplätze an Ladestationen im öffentlichen Raum zu reservieren.
   - Investitionspartnerschaften zum Aufbau öffentlich zugänglicher Ladeinfrastruktur sollen gefördert und gestärkt werden.
   - Der Aufbau der Ladeinfrastruktur gemäß den Empfehlungen der Normungs-Roadmap soll umgesetzt werden (BMUB Bundesministerium für Umwelt, Naturschutz, Bau und Reaktorsicherheit).
   - Private und öffentliche Beschaffungsinitiativen sollen umgesetzt werden.

2. Zum Ziel „Leitanbieter"

   - Die Forschung und Entwicklung soll mit neuen Themen fortgeführt werden. Die Sicherstellung durch den Bund soll mit einem Fördervolumen von etwa 360 Millionen Euro pro Jahr erfolgen. Im Bericht wird ein Gesamtprojektvolumen für Forschung und Entwicklung von 2,2 Milliarden Euro bis zum Abschluss der Markthochlaufphase Ende 2017 identifiziert.
   - Eine Etablierung einer **Akku-Zellfertigung** in Deutschland für Li-Ionen-Zellen der künftigen Generationen 3 und 4 soll erforscht und vorangetrieben werden.

Aus dem Bericht lässt sich ableiten, dass die ehrgeizigen Ziele dann erreicht werden können, wenn alle Akteure konsequent weiter an der Umsetzung der erforderlichen Maßnahmen arbeiten.

# 13 Schlussfolgerungen und Gesamtbeurteilung

Die vorangegangenen Ausführungen zeigen, dass Elektromobilität ein zentrales und zukunftsträchtiges Thema in Politik, Gesellschaft, Industrie und bei der Energiewende ist.

Das Buch hat Folgendes gezeigt:

- **Angebot** reine Elektrofahrzeuge: Die Industrie bietet seit 2013/2014 auf breiter Front alltagstaugliche Elektromobile an. Die Anschaffungspreise sind um etwa 10 000 Euro höher als vergleichbare Fahrzeuge mit Verbrennungsmotoren. Der Mehrpreis wird maßgeblich durch die Akkukosten bestimmt. Zwar werden in den nächsten Jahren die Akkukosten sinken. Allerdings gibt es keine gesicherte Prognose, in welchem Ausmaß. Eine Reduktion um 30 % bis zum Jahr 2020 darf aber mit einiger Wahrscheinlichkeit erwartet werden.
- Elektrofahrzeuge haben **niedrige Verbrauchswerte** und damit niedrige Betriebskosten. Ein wirtschaftlicher Betrieb ist allerdings nur bei hoher Jahreskilometer-Leistung (mehr als 25 000 km pro Jahr) zu erwarten. Sinkt der Akkupreis, sinkt auch die notwendige Laufleistung für den wirtschaftlichen Betrieb entsprechend.
- Angebot **Plug-In-Hybride**: Es gibt ein stark wachsendes Angebot an Plug-In-Hybriden, häufig so ausgelegt, dass sie für die überwiegende Anzahl von Fahrten (Reichweite bis 50 km) rein elektrisch betrieben werden können. Für längere Fahrten und höheren Leistungsbedarf springt der Verbrennungsmotor an. Zwar kommt man bei diesen Fahrzeugen mit geringeren Akkukapazitäten aus, da jedoch zwei unterschiedliche Antriebssysteme notwendig sind, sind die Plug-Ins nicht billiger als die reinen E-Versionen.
- Die **Reichweite** der reinen Elektrofahrzeuge ist mit typischen 150 bis 200 km (NEFZ-Reichweite) gering. Das Nachladen kann in der Regel zu Hause und über Nacht erfolgen. Eine Standardlösung für Interessenten, die keinen eigenen Garagenplatz haben, gibt es noch nicht flächendeckend.
- Für Fernfahrten entsteht derzeit eine Ladeinfrastruktur mit öffentlich zugänglichen Ladesäulen, zunehmend mit Schnellademöglichkeit, so dass ein Nachladen in einer halben Stunde möglich wird. Auf der einen Seite ist das Netz (im Jahr 2014) noch grobmaschig, auf der anderen Seite ist die Zahl der nutzenden Elektrofahrzeuge noch gering, so dass ein wirtschaftlicher Betrieb der Ladesäulen noch nicht absehbar ist.
- Die in der EU besonders strengen Vorgaben zu $CO_2$-Ausstoß und Flottenverbrauch können mit herkömmlichen Fahrzeugen mit Verbrennungsmotoren nicht erreicht werden. Daher werden künftige Fahrzeuggenerationen vermehrt mit einem elektrifizierten Antriebsstrang ausgestattet sein. Zumindest Start-Stopp-Funktion und ein Mindestmaß an

Rekuperation wird zunehmend eingesetzt werden. Für große Fahrzeuge lassen sich die notwendigen niedrigen Verbrauchswerte nur mit einer verstärkten Hybridisierung erreichen. Hier geht die Tendenz hin zu Plug-In-Hybriden.
- Der Strom für Elektrofahrzeuge kann problemlos mit dem derzeitigen Stromangebot bereitgestellt werden. Vorteilhaft und gefordert wird die Erzeugung aus erneuerbaren Quellen. Es gibt deutliche Synergiemöglichkeiten zwischen Elektromobilität und der Energiewende.
- Während viele andere Nationen auf eine direkte Bezuschussung zum Kauf eines Elektrofahrzeugs setzen, fördert die Bundesrepublik vorrangig Forschung und Entwicklung des Gesamtsystems. Daher sind die Wachstumsraten der Elektrofahrzeuge noch geringer als in anderen Ländern. Dabei muss es, das zeigen Zahlen zum Carsharing, auch bei der individuellen Mobilität nicht immer das eigene Auto sein (siehe auch Bild 13.1).

Wie dynamisch sich die verschiedenen Stränge entwickeln, hängt nicht nur von Förderung ab, sondern auch vom Marktgeschehen. Und folglich auch von anderen Einflussfaktoren, wie beispielsweise der Höhe des Strom- und Benzinpreises.

### Fazit

Elektromobilität bietet die Möglichkeit für eine nachhaltige Mobilität. Aus diesem Grund setzt nicht nur Europa auf die Förderung dieser Verkehrsform. Da sich in diesem Fall Politik, Gesellschaft und Industrie, national und international, in der grundsätzlichen Zielrichtung einig sind, scheint der Vorgang unumkehrbar.

**Bild 13.1** Mobilität nicht nur mit dem Auto. Auch Fahrräder und der öffentliche Nahverkehr gehören zu einem Gesamtkonzept.

# 14 Workshop Simulation

Ein Fahrzeug ist, physikalisch gesehen, ein komplexes, dynamisches System. Sein Verhalten ist aufgrund von vielen Einflussgrößen mit häufig nichtlinearen Abhängigkeiten nur sehr schwer (wenn überhaupt) rein formelmäßig berechenbar. Der Ausweg, der sich hier anbietet, ist die Berechnung des dynamischen Verhaltens auf numerischem Weg in Form der **Simulation** auf Basis eines zu bildenden **Modells**.

In diesem Kapitel soll am Beispiel der Berechnung der Fahrzeugbeschleunigung die Modellbildung und die Simulation des dynamischen Verhaltens erarbeitet werden.

> Das Thema in diesem Workshop ist die Berechnung der Fahrzeugbeschleunigung unter Berücksichtigung der nichtlinearen, geschwindigkeitsabhängigen Fahrwiderstände.
>
> **Ziel** des Workshops ist die Anwendung der Simulationsmethode. Im Workshop wird eine solch große Simulationsschrittweite verwendet, dass der Simulationsverlauf mit einfachen Hilfsmitteln (Taschenrechner) durchgeführt werden kann. Dies gilt als **Vorstufe** zur verfeinerten, allgemeinen Anwendung des Verfahrens mithilfe von Tabellenkalkulationsprogrammen.

### Konkrete Aufgabenstellung:

Aufgabe ist die Berechnung der Beschleunigungswerte für den Geschwindigkeitsbereich von 0 bis 50 km/h und die daraus resultierende Zeit für diesen Beschleunigungsvorgang.

In der folgenden Tabelle sind die für die Berechnung relevanten Basisdaten des Fahrzeuges aufgelistet:

Tabelle 14.1 Basisdaten für die Berechnung der Fahrzeugbeschleunigung

| Fahrzeugmasse (inkl. Fahrer) | m = 1600 kg<br>+ 10 % Drehmassenzuschlag (für den Anteil Massenträgheit der rotierenden Teile) zur Berechnung der Beschleunigung<br>Also $m_{ges\_dyn}$ = 1760 kg |
|---|---|
| Max. Antriebskraft des Fahrzeugs $F_A$ (Vereinfachter Verlauf, ermittelt aus dem Drehmomentverlauf des Antriebsmotors) Angelehnt an den Kraftverlauf in Bild 5.13 | $F_A$ = 8000 N, konstanter Verlauf bis zu einer Eckgeschwindigkeit von 35 km/h. Von v = 35 km/h bis 50 km/h fällt die Antriebskraft auf 6000 N ab. Hier vereinfacht als linearer Abfall angesetzt |
| Rollreibungsfaktor $f$ | 0,01 (feinrauer Asphaltbeton) |
| Stirnfläche des Fahrzeugs | 2,1 m² |
| cw-Wert (Luftwiderstandsfaktor des Fahrzeugs) | 0,3 |

### 1. Schritt: Berechnung der maximal möglichen Anfangsbeschleunigung

Die maximale Beschleunigung errechnet sich nach Newton zu

$$a_{max} = \frac{F_A}{m_{ges}} = \frac{8000\,\text{N}}{1760\,\text{kg}} = 4,55\,\text{m}/\text{s}^2 \tag{14.1}$$

Die entspricht knapp der Hälfte der Erdbeschleunigung $g$.

Um diesen etwas abstrakten Wert anschaulicher zu machen, soll ergänzend die Zeit errechnet werden, die (theoretisch) benötigt wird, um das Fahrzeug mit dieser (als konstant angenommenen) Beschleunigung von 0 auf 50 km/h (= 13,9 m/s) zu beschleunigen. Es gilt:

$$t = \frac{v}{a} = \frac{13,9\,\text{m}/\text{s}}{4,55\,\text{m}/\text{s}^2} = 3,05\,\text{s} \tag{14.2}$$

### 2. Schritt: Berücksichtigung der (geschwindigkeitsabhängigen) Fahrwiderstände

Als Fahrwiderstände sind dabei zu berücksichtigen (vgl. Kapitel 7):

- Reibung, im Wesentlichen durch die Rollreibung bestimmt. Es gilt:

$$F_R = f \cdot m \cdot g = 0,01 \cdot 1600\,\text{kg} \cdot 9,81\,\text{N} = 157\,\text{N} \tag{14.3}$$

- Luftwiderstand, hier gilt:

$$F_L = 0,5 \cdot \rho \cdot c_w \cdot A_{Stirn} \cdot v^2 \tag{14.4}$$

- Steigung: In diesem Workshop wird von ebenen Verhältnissen ausgegangen, eine Steigung muss nicht berücksichtigt werden.

Aus der Differenz der zur Verfügung stehenden Antriebskraft und den Fahrwiderständen ergibt sich die für die Beschleunigung des Fahrzeugs zur Verfügung stehende Kraft $F_B$:

$$F_B = F_A - (F_R + F_L) \tag{14.5}$$

Somit lässt sich die Fahrzeugbeschleunigung wie folgt errechnen:

$$a = \frac{F_B}{m_{ges}} = a(v) \tag{14.6}$$

Da sowohl die Antriebskraft als auch der Luftwiderstand (nichtlinear) von der Fahrzeuggeschwindigkeit abhängen, ist auch die Beschleunigung nicht konstant sondern geschwindigkeitsabhängig.

### 3. Schritt: Berechnung der Geschwindigkeit

Die Abhängigkeit der Beschleunigung von der Geschwindigkeit bedeutet für die Berechnung der Fahrzeuggeschwindigkeit, dass diese nicht mit der einfachen Formel $v = a \cdot t$ ermittelt werden kann, da diese nur für konstante Beschleunigungen gilt! Vielmehr muss die Geschwindigkeit mittels Integration aus der Beschleunigung berechnet werden. Es gilt:

$$v = \int a(v) \, dt \tag{14.7}$$

In dieser Formel 14.7 hängt der Integrand nicht nur von der Integrationsvariablen t ab, sondern zusätzlich noch (nichtlinear) von dem Ergebnis der Integration! Damit ist eine einfache formelmäßige Auflösung des Integrals nicht möglich. Auch die numerische Integration geht nicht, da der Integrand nicht in Abhängigkeit von der Zeit gegeben ist.

Als Abhilfe lässt sich eine **Näherungslösung** ermitteln, indem man abschnittsweise **mit konstanter Beschleunigung** rechnet, und damit numerisch integriert. Die Fehler, die sich aus einer solchen numerischen Integration ergeben, werden klein, wenn die Abschnitte klein gemacht werden.

Um das Verfahren transparent zu machen und den Rechenaufwand überschaubar zu halten, soll hier, unter Verzicht auf hohe Genauigkeit, die Integration in relativ großen Schrittweiten durchgeführt werden.

Konkret: Es soll die Zeit ermittelt werden, die ein Fahrzeug benötigt, um von 0 auf 50 km/h beschleunigt zu werden. Dabei soll die Beschleunigung in Intervallen von 10 km/h als konstant angesehen werden.

## 4. Schritt: Abschnittsweise Berechnung der Fahrzeugbeschleunigung

Für die numerische Integration wird der betrachtete Geschwindigkeitsbereich von 50 km/h in fünf Abschnitte unterteilt. Die Schrittweite beträgt folglich 10 km/h.

Mit den oben angegebenen Randbedingungen ergibt sich die folgend dargestellte Übersicht (Tabelle 14.2):

Tabelle 14.2 Beschleunigungsberechnung bei vorgegebenen Geschwindigkeitsschritten

| $v$ in km/h | $F_A$ in N | $F_R$ in N | $F_L$ in N | $F_B = F_A - (F_R + F_L)$ in N | $a$ in m/s² | $a$ (Abschnitt) in m/s² | $t$ (Abschnitt) in s: |
|---|---|---|---|---|---|---|---|
| 0  | 8000 | 157 | 0  | 7843 | 4,46 |      |      |
| 10 | 8000 | 157 | 3  | 7840 | 4,45 | 4,46 | 0,62 |
| 20 | 8000 | 157 | 12 | 7831 | 4,45 | 4,45 | 0,62 |
| 30 | 8000 | 157 | 26 | 7817 | 4,44 | 4,45 | 0,62 |
| 40 | 7333 | 157 | 47 | 7130 | 4,05 | 4,25 | 0,65 |
| 50 | 6000 | 157 | 73 | 5770 | 3,28 | 3,66 | 0,76 |

Mit:

- Abschnittsbeschleunigung, $a$ (Abschnitt), der linear gemittelten Beschleunigung zwischen der Beschleunigung zu **Beginn** des Abschnitts und der zum **Ende** des Abschnitts,
- Abschnittszeit, $t$ (Abschnitt), der Zeit, die das Fahrzeug vom vorangegangen bis zum aktuellen Abschnitt benötigt, berechnet mit der (mittleren) Abschnittsbeschleunigung.

**Ergebnis**: Summiert man alle Abschnittszeiten auf, so erhält man die Gesamtzeit für die Beschleunigung auf 50 km/h mit $t$ = **3,28 s**

In vergleichbarer Art kann das für alle anderen Geschwindigkeitsbereiche berechnet werden.

## 5. Schritt: Berechnung mithilfe der Simulation

Mit dem Vorgehen des vorangegangenen Schritts lassen sich zwar die wesentlichen Parameter numerisch berechnen. Allerdings ist die Vorgabe von Geschwindigkeitsschritten nur bedingt realitätsnah. In der Praxis soll vielmehr der zeitliche Verlauf der physikalischen Größen unter den verschiedenen Randbedingungen berechnet werden. Daher werden in der Simulation die Berechnungen zwar wiederum abschnittsweise mit konstanten Werten durchgeführt. Allerdings werden statt Geschwindigkeitsschritten konstante Zeitschritte vorgegeben.

Das **Problem**: Zu einem vorgegebenen Zeitschritt ist die aktuelle Geschwindigkeit nicht bekannt. Diese soll ja erst errechnet werden. Damit gibt es auch noch nicht die Größen, die von diesem aktuellen Wert der Geschwindigkeit abhängen, wie beispielsweise den Luftwiderstand. Daher kann auch die aktuell wirkende Beschleunigung nicht errechnet werden. Diese wiederum ist aber für die Berechnung der Geschwindigkeit notwendig.

**Abhilfe**: Zur Geschwindigkeitsberechnung wird die Beschleunigung des **vorangehenden** Zeitschritts genutzt. Dadurch entsteht ein Fehler, wenn die Beschleunigung sich ändert (das ist der Normalfall). Der Fehler kann aber klein gehalten werden, wenn die Zeitschritte nur klein genug gewählt werden. Das stellt vom Rechenaufwand kein Problem dar, wenn ein **Tabellenkalkulationsprogramm** genutzt wird.

Um das Vorgehen hier transparent zu zeigen, wird für die vorgegebene Aufgabe eine relativ große Schrittweite von 0,5 Sekunden verwendet, bei der die Ergebnisse noch von Hand gerechnet werden können.

In Tabelle 14.3 sind die berechneten Größen dargestellt.

Tabelle 14.3 Simulation von Beschleunigung und Geschwindigkeit in Abhängigkeit von vorgegebenen Zeitschritten

| Zeit $t$ in s | $v$ in km/h | $F_B$ in N | $a$ in m/s² |
|---|---|---|---|
| 0 | 0,00 | 7843 | 4,46 |
| 0,5 | 8,03 | 7841 | 4,46 |
| 1 | 16,05 | 7836 | 4,45 |
| 1,5 | 24,06 | 7826 | 4,45 |
| 2 | 32,07 | 7813 | 4,44 |
| 2,5 | 40,06 | 7122 | 4,05 |
| 3 | 47,34 | 6132 | 3,48 |
| 3,5 | 53,61 | 5278 | 3,00 |

Es ist zu erkennen, dass nun der **zeitliche Verlauf** der Größen vorliegt und es kann herausgelesen werden, dass die Geschwindigkeit von 50 km/h zwischen 3 und 3,5 s erreicht wird. Als Ergebnis noch etwas grob. Aber durch die Wahl kleinerer Zeitschritte in der Genauigkeit noch nahezu beliebig zu steigern (abhängig vom Rechenaufwand).

Hiermit ist ein **Berechnungsinstrument** gegeben, bei dem auch alle weiteren **linearen und nichtlinearen Einflussgrößen** berücksichtigt werden können.

# Glossar

| | |
|---|---|
| Battery Electric Vehicle (BEV) | (Reines) Elektrofahrzeug. Antrieb mittels Elektromotor, der ausschließlich aus dem Fahrzeugakku mit Strom versorgt wird. |
| Brennstoffzelle | Galvanische Zelle zur Stromerzeugung aus dem Energieträger Wasserstoff. |
| Brennstoffzellenfahrzeug | Elektrofahrzeug, das den Strom für den Elektromotor (und ggf. zum Laden des Fahrzeugakkus) aus einer On Board-Brennstoffzelle erzeugt. |
| CCS | Combined Charging System. Gleichstromschnellladesystem, von der European Automobile Manufacturers Association (ACEA) favorisiert. |
| CHAdeMO | Gleichstromschnellladesystem, von den japanischen Herstellern favorisiert. |
| $CO_2$ | Kohlenstoffdioxid. Gilt als Hauptverursacher vom Treibhauseffekt. |
| E-Bike | Können ohne Mittreten elektrisch bis 20 km/h fahren. Motorleistung max. 500 Watt. E-Bikes gelten als Kleinkraftrad; Versicherungskennzeichen, Betriebserlaubnis und mind. Mofa-Prüfbescheinigung erforderlich. |
| Electric Vehicle (EC) | Elektrofahrzeug (Überbegriff), mittels Elektromotor angetriebenes Fahrzeug. |
| Elektrifizierung des Antriebsstrangs | Nutzung von Elektromotoren als Antriebsquelle. |
| Elektrofahrzeug | Durch Strom angetriebenes Fahrzeug. Auch Elektroauto, Elektro-Kfz, E-Fahrzeug genannt. |
| Fuel Cell Electric (Hybrid) Vehicle (FCEV, FCHV) | Brennstoffzellenfahrzeug |
| Hybrid Electric Vehicle (HEV) | Hybridfahrzeug. Kombiniert zwei Antriebskonzepte, in der Regel Verbrennungs- und Elektromotor. |
| Hybridfahrzeug | Kombiniert zwei Antriebskonzepte. In der Regel aus Verbrennungsmotor und Elektromotor. Es wird je nach Hybridisierungsgrad unterschieden zwischen Micro-, Mild- und Vollhybrid. |
| In-Cable Control Box (ICCB) | Im Ladekabel integrierte Steuerelektronik, die Steuer- und Kommunikationsfunktionen zwischen Stromnetz und Fahrzeug wahrnimmt. |
| Induktives Laden | Beim induktiven Laden wird die Energie zum Laden des Fahrzeugakkus berührungslos von einer im Boden eingelassenen Primärspule in die im Fahrzeug befindliche Sekundärspule induktiv übertragen. |

| | |
|---|---|
| Intermodale Verkehrskonzepte | Verkehrsmittelübergreifende Konzepte. Nutzung von Elektrofahrzeugen, Bus, Bahn, Flugzeugen, Carsharing-Angebote und (Elektro-)Fahrrädern. |
| Internal Combustion Engine (ICE) | Verbrennungsmotor |
| Konduktives, kabelgebundenes Laden | Beim konduktiven Laden wird die elektrische Energie zum Laden des Fahrzeugakkus über Ladekabel und geeignete Steckverbindungen zwischen Ladestation und Fahrzeug übertragen. |
| Li-Luft-Akku | Weiterentwicklung der Li-Technologie zur Energiespeicherung. Als Anode wird Lithium, als Kathode Luft verwendet. Dadurch deutlich höhere Energiedichte möglich. |
| Lithium-Ionen-Akku, Li-Ionen-Akku | Akkumulator, elektrochemische Zelle auf Li-Ionen-Basis. Wird als Energiespeicher in Elektrofahrzeugen verwendet. Bezeichnung dort auch: Fahrzeugakku, Antriebsbatterie. |
| Memoryeffekt | Kapazitätsverlust bei bestimmten Akkuarten, wenn sie vor dem Laden nicht vollständig entladen wurden. Trifft nicht auf Li-Ionen-Akkus zu. |
| Micro-, Mild und Vollhybride | Hybridfahrzeuge mit steigendem Hybridisierungsgrad (Elektrifizierungsgrad). |
| Mischhybrid | Kombination zwischen serieller und paralleler Hybridstruktur |
| Nationaler Entwicklungsplan Elektromobilität (NEP) | Der NEP legt Ziele und Rahmenbedingungen der Bundesregierung zur Förderung der Elektromobilität fest (verabschiedet im August 2009). |
| NEDC | New European Driving Cycle. Englische Bezeichnung für NEFZ |
| NEFZ | Neuer europäischer Fahrzyklus, der von der EU für Europa vorgeschriebene Fahrzyklus zur Ermittlung des Energieverbrauchs und der $CO_2$-Emission. |
| Null-Emissions-Fahrzeug | Fahrzeuge, die während der Fahrt keine schädlichen Abgase abgeben. |
| Paralleler Hybrid | Verbrennungsmotor und Elektromotor können gleichzeitig das Fahrzeug antreiben. |
| Pedelec (Pedal Electric Cycle) | Elektrofahrrad, das den Fahrer mittels Elektromotor mit max. 250 Watt bis 25 km/h unterstützt. Ist dem normalen Fahrrad rechtlich gleichgestellt. |
| PEM-FC | Proton Exchange Membrane Fuel Cell, Protonenaustauschmembran-Brennstoffzelle. |
| Plug-in Hybrid Electric Vehicle (PHEV) | Plug-In-Hybridfahrzeug, Hybridfahrzeug, dessen Fahrzeugakku am Netz aufladbar ist. |
| Range Extended Electric Vehicle (REEV) | Elektrofahrzeug mit Reichweitenverlängerer. |
| Range Extender (REX) | Reichweitenverlängerer. In der Regel wird ein kleiner Verbrennungsmotor verwendet, der mittels Generator Strom zum Laden des Fahrzeugakkus erzeugt. Auch die Stromerzeugung mittels Brennstoffzelle wird in der Praxis eingesetzt. |
| Rekuperation | Rückgewinnung von Bremsenergie (durch aktives Bremsen oder beim Schubbetrieb). Die kinetische Energie wird in elektrische Energie gewandelt und im Fahrzeugakku gespeichert. Im Elektrofahrzeug wird der Antriebsmotor in den Generatorbetrieb geschaltet. |

| | |
|---|---|
| Schnelle Pedelecs | Elektrofahrrad, das den Fahrer mittels Elektromotor mit max. 500 Watt bis 45 km/h unterstützt. Es ist eine Fahrerlaubnis und ein Versicherungskennzeichen notwendig. Siehe Pedelec. |
| Serieller Hybrid | Verbrennungsmotor wird mittels Generator zur Stromerzeugung genutzt. Das Fahrzeug wird nur mit dem Elektromotor angetrieben. |
| Smart Grid | Intelligentes Stromnetz, das Lastmanagement und ggf. Energiemanagement beim Kunden optimieren kann. |
| Tank-to-Wheel | Vom Tank (bzw. von der Steckdose) bis zum Rad: Ausnutzung des zugeführten Kraftstoffs bzw. der zugeführten Energie im Fahrzeug. Vgl. Well-to-Wheel. |
| Vehicle-to-Grid | Bei Bedarf und Möglichkeit wird die Energie des Fahrzeugakkus in das Stromnetz zur Netzpufferung zurückgespeist. |
| Vollhybrid | Sowohl Elektromotor als auch der Verbrennungsmotor können als Fahrzeugantrieb genutzt werden. |
| Wasserstoff-Fahrzeug | Brennstoffzellenfahrzeug |
| Well-To-Wheel | Von der Quelle bis zum Rad: gesamter Energieverbrauch einschließlich des Verbrauchs bei der Kraftstoffbereitstellung bzw. bei der Energieerzeugung. Vgl. Tank-to-Wheel. |
| Zero-Emission-Vehicle (ZEV) | Null-Emissions-Fahrzeug |
| Zyklenfestigkeit | Anzahl der zulässigen Lade- und Entladezyklen eines Akkus. Als Grenze wird eine bestimmte Restkapazität des Akkus in Relation zur Anfangskapazität festgelegt. |

# Verzeichnis Bildquellen

| Bildnummer | Quelle |
|---|---|
| 1.1 | Robert Bosch GmbH |
| 2.1 | Archiv Fam. Lohner |
| 2.2 | Tesla Motors |
| 2.4 | BMW GROUP |
| 2.7 | Daimler AG |
| 3.1 | Renault Deutschland AG |
| 3.3 | Volkswagen Aktiengesellschaft |
| 3.4 | Toyota |
| 3.8 | Daimler AG |
| 3.9 | Daimler AG |
| 3.10 | Toyota |
| 3.11 | Daimler AG |
| 3.13 | E-FORCE ONE AG, Oskar Moyano |
| 4.1 | Ernst Klett Verlag GmbH |
| 4.2 | Ernst Klett Verlag GmbH |
| 4.8 | Toyota |
| 5.1 | BMW GROUP |
| 5.4 | Initiative Energie-Effizienz der Deutschen Energie-Agentur (dena), Stromeffizienz.de |
| 5.5 | Audi AG |
| 5.6 | Initiative Energie-Effizienz der Deutschen Energie-Agentur (dena), Stromeffizienz.de |
| 5.11 | Robert Bosch GmbH |
| 5.12 | Daimler AG |
| 5.15 | VIAVSION |
| 5.17 | Volkswagen Aktiengesellschaft |
| 5.18 | Johnson Matthey Battery Systems |
| 5.21 | Audi AG |
| 5.22 | Volkswagen Aktiengesellschaft |
| 5.23 | Toyota |
| 6.2 | MENNEKES |
| 6.3 | MENNEKES |
| 6.4 | BMW GROUP |
| 6.6 | MENNEKES |
| 6.7 | MENNEKES |
| 6.8 | Toyota |
| 6.9 | E-FORCE ONE AG |
| 7.2 | Volkswagen Aktiengesellschaft |
| 7.11 | EU |
| 8.7 | BMW GROUP |
| 8.16 | Audi AG |
| 8.17 | ASUE |
| 8.18 | Audi AG |
| 8.19 | Total/Pierre Adenis |
| 10.16 | Audi AG |
| 11.2 | BMW GROUP |
| 11.4 | Rüdiger Goldschmidt |
| 11.6 | Anja Kuhfuß |

# Literatur

Acatech – Deutsche Akademie der Technikwissenschaften (2010): Wie Deutschland zum Leitanbieter für Elektromobilität werden kann. Status Quo – Herausforderungen – Offene Fragen. Berlin, Heidelberg: Springer Berlin Heidelberg.

AGEB, Stromerzeugung: 20140207_brd_stromerzeugung 1990 – 2013. Online verfügbar unter *http://www.ag-energiebilanzen.de/*, zuletzt geprüft am 10.10.2014.

ageb_infografik_02_2014: stromerzeugung_2013. Online verfügbar unter *http://www.ag-energiebilanzen.de/21-0-Infografik.html*, zuletzt geprüft am 07.10.2014.

ASUE: Erdgas aus Ökostrom. Online verfügbar unter *http://www.erdgas-mobil.de/fileadmin/downloads/magazin/ASUE_Erdgas_aus_%C3%96kostrom.pdf*, zuletzt geprüft am 29.08.2014.

Audi-egas: Power to Gas. Online verfügbar unter *http://www.powertogas.info/power-to-gas/interaktive-projektkarte/audi-e-gas-projekt.html*, zuletzt geprüft am 29.08.2014.

Babiel, Gerhard (2014): Elektrische Antriebe in der Fahrzeugtechnik. Lehr- und Arbeitsbuch. 3. Auflage. Wiesbaden: Springer Vieweg.

bdew: Erneuerbare Energien und das EEG: Zahlen, Fakten, Grafiken (2014). Anlagen, installierte Leistung, Stromerzeugung, EEG-Auszahlungen, Marktintegration der Erneuerbaren Energien und regionale Verteilung der EEG-induzierten Zahlungsströme. Online verfügbar unter https://*www.bdew.de/internet.nsf/id/DE_Erneuerbare-Energien*, zuletzt geprüft am 28.07.2014.

Becks, Thomas (2010): Wegweiser Elektromobilität. Berlin, Offenbach: VDE Verlag.

Bertram, Mathias und Bongard, Stefan (2014): Elektromobilität im motorisierten Individualverkehr. Grundlagen Einflussfaktoren und Wirtschaftlichkeitsvergleich. Wiesbaden: Springer Vieweg.

BMVI – Elektromobilität – Nationale Plattform Elektromobilität (NPE). BMVBS. Online verfügbar unter *http://www.bmvi.de/SharedDocs/DE/Artikel/IR/nationale-plattform-elektromobilitaet-npe.html*, zuletzt geprüft am 25.07.2014.

BMWi: Entwicklung der erneuerbaren Energien in Deutschland im Jahr 2013. Online verfügbar unter *http://www.bmwi.de/DE/Themen/Energie/Energiedaten-und-analysen/arbeitsgruppe-erneuerbare-energien-statistik.html*, zuletzt geprüft am 16.08.2014.

Bozem, Karlheinz, Nagl, Anna, Rath, Verena und Haubrock, Alexander (2013): Elektromobilität: Kundensicht, Strategien, Geschäftsmodelle. Ergebnisse der repräsentativen Marktstudie FUTURE MOBILITY. Wiesbaden: Springer Vieweg.

Bozem, Karlheinz, Nagl, Anna und Rennhak, Carsten (2013): Energie für nachhaltige Mobilität: Trends und Konzepte. Wiesbaden: Springer Gabler.

Braess, Hans-Hermann und Seiffert, Ulrich (2013): Vieweg Handbuch Kraftfahrzeugtechnik. 7., aktual. Aufl. 2013. Wiesbaden: Springer Vieweg.

Bundesministerium für Umwelt, Naturschutz, Bau und Reaktorsicherheit, BMUB: Erneuerbar mobil 2014 – Marktfähige Lösungen für eine klimafreundliche Elektromobilität. Online verfügbar unter *www.bmub.bund.de*, zuletzt geprüft am 28.07.2014.

Bundesministerium für Wirtschaft und Technologie: Energie in Deutschland. Online verfügbar unter *http://www.bmwi.de/dateien/energieportal/pdf/energie-in-deutschland*, zuletzt geprüft am 15.08.2014.

Bundesministerium für Wirtschaft und Technologie, Bundesministerium für Verkehr, Bau und Stadtentwicklung, Bundesministerium für Umwelt, Naturschutz und Reaktorsicherheit, Bundesministerium für Bildung und Forschung: Regierungsprogramm Elektromobilität.

Bundesregierung: 20130523_neue_Leuchtturmprojekte_Zusammenfassung_NEU. Online verfügbar unter *http://www.erneuerbar-mobil.de/de/mediathek*, zuletzt geprüft am 18.08.2014.

BUNR: BMU_PM CO2 Go Green, zuletzt geprüft am 18.08.2014.

BUNR: Erneuerbar Mobil – Marktfähige Lösungen. Online verfügbar unter *http://www.erneuerbar-mobil.de/de/mediathek*, zuletzt geprüft am 18.08.2014.

Clean Energy Ministerial's Electric Vehicles Initiative (EVI) and the International Energy Agency (IEA): globalevoutlook_2013. Understanding the Electric Vehicle Landscape to 2020, April 2013. Online verfügbar unter *http://www.iea.org/topics/transport/electricvehiclesinitiative/*, zuletzt geprüft am 28.07.2014.

Daimler, AG: Lifecycle – Umweltzertifikat Mercedes-Benz B-Klasse Electric. 2582746_final_UZ_B_Kl_ED_dt_15_12. Online verfügbar unter *http://media.daimler.com/Projects/c2c/channel/documents/2582746_final_UZ_B_Kl_ED_dt_15_12.pdf*, zuletzt geprüft am 30.12.2014.

dena: Ratgeber_Motorenarten_Industrie_und_Gewerbe. *http://www.dena.de/fileadmin/user_upload/Publikationen/Stromnutzung/Dokumente/Ratgeber_Motorenarten_Industrie_und_Gewerbe.pdf*, zuletzt geprüft am 28.07.2014.

e-mobil BW: Energieträger der Zukunft. Online verfügbar unter *http://www.e-mobilbw.de/de/innovative-mobilitaet/energietraeger-wasserstoff.html*, zuletzt geprüft am 31.07.2014.

eu: eu_verordnung_co2_emissionen_pkw. Online verfügbar unter *http://www.bmub.bund.de/fileadmin/bmu-import/files/pdfs/allgemein/application/pdf/eu_verordnung_co2_emissionen_pkw.pdf*, zuletzt geprüft am 25.07.2014.

Fachagentur Nachwachsende Rohstoffe e.V. (FNR): Basisdaten Bioenergie Deutschland (August 2013). Online verfügbar unter *http://mediathek.fnr.de/broschuren/bioenergie/biogas/basisdaten-bioenergie.html*, zuletzt geprüft am 16.08.2014.

FfE Forschungsstelle für Energiewirtschaft e.V.: Basisdaten von Energieträgern. Online verfügbar unter *https://www.ffe.de/die-ffe/die-personen/186-basisdaten-energietraeger*, zuletzt geprüft am 15.08.2014.

FIS-Syntheseberich-349763: Ökobilanz nach DIN EN ISO 14040 und 14044. Online verfügbar unter *http://www.forschungsinformationssystem.de/servlet/is/349763/?clsId0=0&clsId1=0&clsId2=0&clsId3=0*, zuletzt geprüft am 30.12.2014.

Gemeinsame Geschäftsstelle Elektromobilität der Bundesregierung (GGEMO): Fortschrittsbericht der Nationalen Plattform Elektromobilität (Dritter Bericht). Online verfügbar unter *www.bmwi.de/DE/presse/pressemitteilungen/did=326894.html*, zuletzt geprüft am 25.07.2014.

Giesecke, Jürgen, Heimerl, Stephan und Mosonyi, Emil (2014): Wasserkraftanlagen. Planung, Bau und Betrieb. 6., aktualisierte u. erw. Aufl. Berlin, Heidelberg: Springer Vieweg.

Hagl, Rainer (2015): Elektrische Antriebstechnik. 2., neu bearbeitete Auflage. München: Hanser Verlag.

Haken, Karl-Ludwig (2015): Grundlagen der Kraftfahrzeugtechnik. Online-Ausg. München: Hanser Verlag.

http://ev-sales.blogspot.co.uk/ (2014): EV Sales. Online verfügbar unter *http://ev-sales.blogspot.co.uk/*, zuletzt aktualisiert am 02.08.2014, zuletzt geprüft am 02.08.2014.

Hüttl, Reinhard F., Pischetsrieder, Bernd und Spath, Dieter (2010): Elektromobilität. Potenziale und wissenschaftlich-technische Herausforderungen. Berlin, Heidelberg: Springer.

IEA (International Energy Agency) 2007 (2007): IEA Energy Technology Essentials Hydrogen Production & Distribution.

IFEU (2011): UMBRELA; Wissenschaftlicher Grundlagenbericht. Online verfügbar unter *http://www.emobil-umwelt.de/images/pdf/ifeu_%282011%29_-_UMBReLA_grundlagenbericht.pdf*, zuletzt zugegriffen am 23.12.2014.

IFEU: Ergebnisbericht UMBReLA IFEU final.doc. Online verfügbar unter *http://www.emobil-umwelt.de/images/ergebnisbericht/ifeu_(2011)_-_UMBReLA_ergebnisbericht.pdf*, zuletzt zugegriffen am 23.12.2014.

JEC – Joint Research Centre-EUCAR-CONCAWE collaboration: TANK-TO-WHEELS Report Version 4.0. Online verfügbar unter *http://iet.jrc.ec.europa.eu/about-jec*, zuletzt geprüft am 31.07.2014.

JEC Joint Research Centre-EUCAR-CONCAWE collaboration: WTT_Report_v4a_APRIL2014, zuletzt geprüft am 31.07.2014.

Johnson Matthey Battery Systems: Axeon-Guide-to-Batteries-2nd-edition.

Johnson Matthey Battery Systems: Lithium-ion cells. Hg. v. Johnson Matthey Battery Systems. Online verfügbar unter *http://www.jmbatterysystems.com/de/technologien/zellen/lithium-ionen-zellen*, zuletzt geprüft am 28.07.2014.

Kampker, Achim (2014): Elektromobilproduktion. Berlin, Heidelberg: Springer Vieweg.

Kampker, Achim, Vallée, Dirk und Schnettler, Armin (2013): Elektromobilität. Grundlagen einer Zukunftstechnologie. Berlin, Heidelberg: Springer.

Keichel, Marcus und Schwedes, Oliver (2013): Das Elektroauto. Mobilität im Umbruch. Wiesbaden: Springer Vieweg.

Klaus, Thomas, Vollmer, Clara und Werner, Kathrin: Energieziel 2050: 100 % Strom aus erneuerbaren Quellen. Modellierung einer vollständig auf erneuerbaren Energien basierenden Stromerzeugung im Jahr 2050 in autarken, dezentralen Strukturen. Online verfügbar unter *http://www.umweltbundesamt.de/publikationen/energieziel-2050*, zuletzt geprüft am 25.07.2014.

Korthauer, Reiner (Hrsg.): Handbuch Elektromobilität 2014. ZVEI.

Korthauer, Reiner (2013): Handbuch Lithium-Ionen-Batterien. Berlin, Heidelberg: Springer Vieweg.

Lienkamp, Markus (2012): Elektromobilität. Hype oder Revolution? Berlin, Heidelberg: Springer.

Nationale Plattform Elektromobilität: Fortschrittsbericht 2014 – Bilanz der Marktvorbereitung. Online verfügbar unter *http://www.bmwi.de/DE/Mediathek/publikationen*,did=672614.html, zuletzt geprüft am 31.12.2014.

Proff, Heike, Pascha, Werner, Schönharting, Jörg und Schramm, Dieter (2013): Schritte in die künftige Mobilität. Technische und betriebswirtschaftliche Aspekte. Wiesbaden: Springer Gabler.

Schaufenster Elektromobilität (2014). Online verfügbar unter *http://schaufenster-elektromobilitaet.org/de/content/ueber_das_programm/foerderung_schaufensterprogramm/foerderung_schaufensterprogramm_1.html*, zuletzt aktualisiert am 26.08.2014, zuletzt geprüft am 28.08.2014.

Schott et al.: Entwicklung der Elektromobilität in Deutschland im internationalen Vergleich und Analysen zum Stromverbrauch. ZSW.

Schramm, Dieter und Koppers, Martin (2014): Das Automobil im Jahr 2025. Vielfalt der Antriebstechnik. Wiesbaden: Springer Vieweg.

Todsen, Uwe (2012): Verbrennungsmotoren. München: Hanser Verlag.

Umweltbundesamt: Entwicklung der spezifischen Kohlendioxid-Emissionen des deutschen Strommix in den Jahren 1990 bis 2013. Online verfügbar unter *http://www.umweltbundesamt.de/sites/default/files/medien/376/publikationen/climate* change 2 3 2014 komplett.pdf, zuletzt geprüft am 15.08.2014.

Umweltbundesamt: Entwicklung der spezifischen Kohlendioxid-Emissionen des deutschen Strommix in den Jahren 1990 bis 2012. Online verfügbar unter *http://www.umweltbundesamt.de/sites/default/files/medien/461/publikationen/climate* change 0 7 2013 icha co2emissionen des dt strommixes webfassung barrierefrei.pdf, zuletzt geprüft am 10.10.2014.

van Basshuysen, Richard (Hg.) (2012): Handbuch Verbrennungsmotor. Grundlagen, Komponenten, Systeme, Perspektiven; mit mehr als 1300 Literaturstellen. 6., aktualisierte und erw. Aufl. Wiesbaden: Vieweg + Teubner (ATZ-MTZ-Fachbuch).

VDE: VDE-Studie: Elektrofahrzeuge. Online verfügbar unter https://www.vde.com/de/InfoCenter/Seiten/Details.aspx?eslShopItemID=25a487ae-1fe9-4b2c-84bf-abe1489db1f1, zuletzt geprüft am 27.07.2014.

Wallentowitz, Henning und Freialdenhoven, Arndt (2011): Strategien zur Elektrifizierung des Antriebsstranges. Technologien Märkte und Implikationen. 2., überarbeitete Auflage. Wiesbaden: Vieweg+Teubner Verlag.

Wirtschaftskommission der Vereinten Nationen für Europa: Regelung Nr. 101 der Wirtschaftskommission der Vereinten Nationen für Europa (UN/ECE). Online verfügbar unter https://www.bmvi.de/SharedDocs/DE/Anlage/static/ECE/r-101-messung-co2-und-kraftstoffverbrauch-pdf.pdf?__blob=publicationFilezuletzt geprüft am 12.08.2014.

ZSW: $H_2$ Energieträger der Zukunft. Online verfügbar unter http://www.zsw-bw.de/infoportal/downloads/studien.html?tx_nfcmedialibrary_pi1%5Buid%5D=1593&tx_nfcmedialibrary_pi1%5Belement%5D=0, zuletzt geprüft am 29.08.2014.

# Index

## A

Abbremsen 123
Abhol- und Abgabestation 198
Abrechnungsmodalitäten 102
Abrechnungssystem 102
Abwärme 138
AC-Laden 100
AC-Schnellladung 102
ADAC-Autobahnzyklus 141
ADAC ECOTest 141
Akku 78
- Kosten 176 f.
- Wechsel 42, 106
- Zellfertigung 206
aktiver Bremswiderstand 113
Alterung 85
amorpher Kohlenstoff 79
Amperestunden 92
Anfangsbeschleunigung 210
Angebot Elektrofahrzeuge 180, 207
Anschaffungskosten 173
Anschaffungspreis 25, 175
Antriebsakku 85
Antriebsenergie 112
Antriebskonzepte 113
Antriebskraft 72, 76, 110, 116
Antriebsmoment 76, 110
Antriebsstrang 22
Asynchronmaschine 63
Asynchronmotor 61, 65
Auslassventil 53
Ausrollversuche 126
Automatikgetriebe 24

## B

Ballungsräume 140
Batterieelektrische Fahrzeuge 28
Batteriegehäuse 82
Batterieherstellung 167
Batterie-Management-System 46, 85, 95
Batteriewechsel 42
battery electric vehicles 78
Beschleunigung 110
- Kraft 110
- Profil 120
- Werte 125
- Widerstand 118
Bestpunkt 55
Bestpunkt-Drehzahl 57
Betriebskosten 26, 173 ff.
Betriebsszenarien 119
Bilanzierungsregeln 146
Bildung und Qualifizierung 206
Bioethanol-Betrieb 140
Biogasanlagen 152 f.
Biomasse 152 f.
Bleiakku 19
Blockheizkraftwerke 153
Braunkohle 146
Bremsen 114
Bremsenergie 39, 128
Brennstoff 140
Brennstoffzelle 39
Brennstoffzellenfahrzeug 38, 164, 192
Brennstoffzellen-Hybridbus 42
Bruttostromerzeugung 144

## C

car2go 195
Carbon Footprint 165
Carsharing im ländlichen Raum 198
Carsharing-Konzepte 196
CCCV-Ladeverfahren (Constant Current, Constant Voltage) 94
CCS-Ladedose 101

CCS-System 187
CHaDemo 96
CHAdeMO-System 101
Chamäleon Ladesystem 184
Citaro Fuel-Cell-Hybrid 41
$CO_2$
- Ausstoß 27, 207
- Bilanz 136, 165, 167
- Emissionen 147
- Flottenausstoß 136
- Grenzwerte 27
- Reduktion 26
Coefficient of Performance 140
Combined Charging System (CCS) 96, 101
Combo-2-Stecker 101
Combo-System 98
Conversion Design 21
Coulomb-Wirkungsgrad 92
Crashtests 86
cw-Wert 132

### D

Dauerleistung 68
Dauermagneten 62
DC-High-Ladung 98, 101
DC-Low-Ladung 98
Dieselmotor 51, 55
Differentialgetriebe 29
Differenzial 71
Direkteinspritzer 53
Drehbeschleunigung 109
Drehmassen 112
Drehmassenzuschlagsfaktor 115
Drehstrom 67
Drehstrommotor 63, 67
Drehstromnetz 28
Drehzahlbereich 69
Drehzahl-Drehmomentverhalten 68
Drehzahl- und Drehmomentsteuerung 61
DriveNow 195, 197
Druckleitungen 159
dynamisches Kräftegleichgewicht 110
dynamisches Verhalten 209

### E

E-Bikes 43
Eckdrehzahl 69
Effizienz des Elektroantrieb 130
e-gas 163
Einsparpotential 131
Einspritzzeitpunkt 53

elektrifizierter Antriebsstrang 60
elektrische Reichweite 135 f.
elektrische Speicher 157
Elektroantrieb 17
Elektrobusse 42
Elektrobusverkehr 199
elektrochemische Speicher 157
Elektrofahrräder 43
Elektrofahrzeuge 15, 17
Elektroflugzeuge 50
Elektroinfrastruktur 96
Elektro-Lkw 202
Elektrolyse 39, 161
Elektromagnet 62
Elektromotor 60
Elektromotorräder 49
Elektro-Pkw 28
Elektro-Scooter 49
energetische Amortisationszeit 166
Energiebilanz 56, 122
Energie des Kraftstoffs 56
Energiedichte 81, 84
Energieeffizienz 31, 89
Energieerhaltungssatz 71, 74
Energiegehalt 56, 130
Energiespeicher 31, 78, 107, 134, 157
Energieverbrauch 17, 113, 119
Energiewandler 31
Energiewende 207
Entlade-Schlussspannung 94
Entsorgung 167
Erdgas (CNG)-Motoren 51
Erdgasfahrzeuge 162
Erdgasspeicher 160
Erdölangebot 18
Erhaltungsaufwendungen 173
erneuerbare Energien 144, 148
Erneuerbare-Energien-Richtlinie 147
Erntefaktor 166
Erzeugungskosten 157
E-Taxis 198
EU-Ladestecker 100
EU-Strommix 172
Eutrophierung 166

### F

Fahrkomfort 29
Fahrmodus 46
Fahrprofil 142
Fahrstabilität 22
Fahrwiderstand 110
Fahrwiderstandskurven 118

Fahrzeugakku 78
Fahrzeugbeschleunigung 77, 115
Fahrzeugbremse 121
Fahrzeugelektronik 88
Fahrzeugflotten 106
Fahrzeugheizung 26
Fahrzeugklassen 125
Fahrzeugmasse 132
Fahrzeugpalette 187
Fahrzeugspule 105
Fahrzyklus 125
F-Cell-Modell 41
Feinstaubbelastung 168
FI-Schalter 102
Fixkosten 173
Flotten-Grenzwert 147
Flottenverbrauch 207
Flottenwert 170
Fördermaßnahmen 108
Fördermittel 194
Förderprogramm 203
Formel 1 37
Forschungsthemen 203
Forschungs- und Entwicklungsaktivitäten 203, 206
fossile Energiequellen 143
Free-floating-Konzept 198
free floating system 197
Frequenz 67
Frontmotor 44

**G**

Garantiebedingungen 85
Gasinfrastruktur 161
Gaskraftwerke 161
Gasmotoren 161
Gasmotor-Generator-Kombination 153
Gemeinsame Geschäftsstelle Elektromobilität (GGEMO) 203
Genehmigung 124
Generator 29, 35
Generatorbetrieb 23
Geräuschemissionen 195
Gesamtintegration 87
Gesamtreichweite 46
Gesamtverbrauch 134
Gesamtwirkungsgrad 142
Geschäftsmodelle für Elektromobilität 205
Geschwindigkeitsbereich 69
Getriebeabstimmungen 69
Getriebeübersetzung 73
Gewicht 131

Gigafactory 88
Gleichstrom-Ladestationen 98
Gleichstrommotoren 61
Gleichstrom-Schnellladen 96, 187
Global Warming Potential 165
Grafit 79
Graphen 88
Güterverkehr 42, 191, 200

**H**

Halbleitermaterial 89
Haushaltssteckdose 99
Heckmotor 45
Heizleistung 138 f.
Heizung 137, 198
Herstellung 172
Hochdrucktanks 39
Hochdruck-Wasserstofftank 192
Höchstdrehzahl 72
Hochtemperaturelektrolyse 40
Hochvoltbatterien 29
Hybridantriebe 51
Hybridfahrzeuge 31
Hybridisierung 32, 208
Hybridmotor 66

**I**

In-Cable Control-Box (ICCB) 97
Induktion 65
induktives Laden 105
Infrastruktur 18, 95
Innenwiderstand 79, 93
innovatives Design 182
Intermodalität 205
Inverter 29, 88
Isolation 139

**K**

Kapazität 91
Kastenwagen 192
Kaufprämie 178, 194, 203
Kenndaten Plug-In-Hybride 189
KERS 37
Kfz-Antriebe 51
kinetische Energie 122
Klimaanlage 137
Klimaschädlichkeit 169
Klimatisierung 82, 139
Kollektor 63

Kommunikationsmodul 98
Kommutator 62
Kompaktklasse 116, 130
Komponententests 86
konduktives Laden 105
konventionelle Kraftwerke 157
kostenloses Parken 193
Kosten Plug-In Hybride 176
Kräftegleichgewicht nach d'Alembert 118
Kraftfahrt-Bundesamt 169, 179
Kraftstoffeinsparungen 34
Kraftstofftank 22
Kraftstoffverbrauch 34
Kraft-Wärmekopplung 153
Kraft-Wärmekopplungstechnik 161
Kraftwerkspark 144
Kreisfrequenz 72
Kühlbedarf 140
kumulierter Energieaufwand 166
Kurbelwelle 52 f.
Kurbelwellen-Startergenerator 33

**L**

Ladearten 96
Ladegeräte 29, 89
Lade-Gleichspannung 89
Ladeinfrastruktur 194, 198
Ladekabel 91, 95, 98
Ladekontrolle 86
Ladeleistung 99
Lademodi 96
Laderate 92
Laderaumvolumen 192
Ladesäulen 207
Ladeschlussspannung 85, 94
Ladespule 105
Ladestationen 108
Ladestrom 80
Ladeszenarien 99
Lade- und Entladekurve 92
Ladeverfahren 93
Ladeverluste 137
Ladevorgang 85
Ladezyklen 80, 88
Lärm 167 f.
Lastanhebung 57
Lastmanagement 86
Lastspitzen 157
Laufwasserkraftwerke 155
Lautstärke 24
Lebensdauer 85, 174
Lebenszyklus 167

Leerlaufdrehzahl 69
Leichtbaumaterialien 182
Leistungselektronik 88
Leistungsverlauf 129
Leistungsverzweiger Hybrid 36
Leistungszahl 140
Leitanbieter 205 f.
Leitanbieter Elektromobilität 203
Leitmarkt 205 f.
Leitmarkt Elektromobilität 203
Leuchtturmprojekte 203 f.
Li-Ionen-Akku 20
Li-Luft-Akku 88
Lithium-Ionen-Akku 51, 78
Lohner-Porsche 19
lokal emissionsfreie Fahrzeuge 169
Luftschadstoffe 167
Luftwiderstand 77, 111, 118
Luftwiderstandsbeiwert 131

**M**

Magnetfeld 63, 65
Marktdynamik 205
Markthochlaufphase 206
Marktvorbereitung 205
Mautgebühren 193
maximales Drehmoment 69, 116
mechanische Antriebsenergie 23
mechanische Nutzarbeit 56
mechanischer Antriebsstrang 131
mechanische Speicher 157
Mehrwertsteuer 193 f.
Memoryeffekt 79, 94
Messzyklen 134
Methangas 152
Methanisierung 162
MGU-H 37
MGU-K 37
Mikrohybrid 33
Mildhybrid 33
Mischhybrid-Struktur 35
Mittelmotoren 45
Mobilitätskonzepte 195
Mode-4-Gleichstromladung 101
Modellbildung 209
Modellrechnungen 18
Modul 81
Momentengleichgewicht 75
Motor
– Auslegung 71
– Drehmoment 57, 59
– Geräusch 168

- Leistung 59
- Reibung 121
multimodales Verkehrssystem 16
Muschel-Diagramm 55

## N

nachhaltige Mobilität 147, 208
nachwachsende Rohstoffe 153
Näherungslösung 211
Nationaler Entwicklungsplan Elektromobilität 15 f., 147, 195, 203
Nationales Innovationsprogramm Wasserstoff- und Brennstoffzellentechnologie (NIP) 40
Natrium-Nickelchlorid-Batterie 78
NEFZ 124, 134
NEFZ-Test 127
NEFZ-Verbrauch 133
Nennkapazität 137
Netzstörungen 157
Neuer Europäischer Fahrzyklus 124
Neuwagenflotte 169
Neuzulassungen 193
Newton'sches Gesetz 109
Nickel-Metallhydrid-Akku 78
Niederspannungs-Bordnetz 89
Nippon Charge Service 104
Nockenwelle 53
Nullemissionsfahrzeuge 169
Nutzfahrzeuge 42, 191
Nutzungsdauer 173
Nutzungsfrequenz 108
Nutzungsphase 165
Nutzungsverhalten 158

## O

Offshore-Anlagen 152
Ökobilanz 171 f.
Ökosysteme 166
Ölressourcen 147
ÖPNV-Angebote 198
Ottomotor 19, 51, 55

## P

Paketzustellung 200
parallele Struktur 35
Pedal Electric Cycle 43
permanentmagneterregte Synchronmotoren 64
Photoelektrischer Effekt 149

Photovoltaik 149
Photovoltaik-Anlagen 150
Pkw-Kaufsteuer (BPM) 193
Planetengetriebe 74
Plug-In-Hybride 17, 34, 135, 207
Polymer 80
Pouch-Zellen 82
Power-to-Gas 161
Primärenergiequellen 143
Prinzip von d'Alembert 109
prismatische Zellen 82
Proton exchange membrane fuel cell 39
Prüffahrzeug 126
Prüfstelle 171
Prüfzyklus 127
PTC 139
Pufferung 158
Pumpspeicherkraftwerke 155, 159
Purpose-Design 21
Purpose-System 22

## Q

Querschnittsfläche 131

## R

Radnabenmotoren 19, 67
Rahmenbedingungen 193
Range Extender 30, 35
Range-Extender-Motor 30
Realfahrten 141
Real-Reichweite 137
Recycling 70, 167
Regelbarkeit 63
Regelung Nr. 101 124
Regelung Nr. 101 (ECE R101) 134
regenerativ erzeugter Strom 17
Reibung 77, 111
Reibungsverluste 114
Reichweite 17, 84, 207
Reichweitenverlängerung 31
Reichweitenverminderung 139
Reichweite von Elektrofahrrädern 46
Reifen-Fahrbahngeräusche 168
Rekuperation 23, 29, 61, 34, 120, 128
Restkapazität 123
Restwert 175
Rollreibung 118
Rotation 71, 109
Rotor 61
Rückgewinnung von Energie 114
Rundzellen 82

## S

Schadstoffbelastung 168
Schadstoffe 24
Schaltgetriebe 24
Schaltkupplung 24
Schaufenster Elektromobilität 204
Schleifkontakte 63
schnelle Pedelecs 43
Schnellademöglichkeit 207
Schrittweite 77
Schubbetrieb 114
Schutzschaltung 94
schwarzstartfähig 159
Second Life 159
Segway 47
Selbstentladung 79
Selbstzündung 53
serielle Struktur 35
Service-Aufwand 25
Service-Kosten 25
Sicherheit 85 f.
Sicherheitsüberwachung 86
Silizium 88
Siliziumkarbid 89
Simulation 112, 130, 209, 212
SLAM 103
smart grid 158
Solarstrom 150
Solarzellen 140
Sommersmogpotenzial 166
Speicherbecken 159
Speicherseen 155
Speichertank 40
spezifischer Kraftstoffverbrauch 54
Spitzenschwankungen 158
staatliche Förderung 193
Stadtfahrzeug 185
Startdrehzahlen 69
Starterbatterie 33
Startergenerator 33
Start-Stopp-Automatik 33, 126
stationsunabhängiges Carsharing 196
Stator 61
Staustufen 155
Steckverbindung 100
Steckvorrichtung 98
Steigung 111
Steigungswiderstand 77, 118
Steuer 174
Steuererleichterungen 194
Steuerungselektronik 25
Stirnradgetriebe 74
Stoppzeiten 125

Strafzahlungen 170
Strahlungswärmeeintrag 139
Stromangebot 208
Strombedarf 156 f.
stromerregte Synchronmotoren 64
Stromerzeugung 24, 157
Strommarkt 156
Strommix Deutschland 144
Stromspeicher 158
Stromtankstellen 40
Stromüberschuss 157
Stromversorger 156
Subventionsprogramm 194
Supercharger 103
Supercredits 170
Synchronmaschine 63
Synchronmotor 61, 63, 66
synthetisches Gas 162
Systemkosten 88
Systemleistung 176

## T

Tank-to-Wheel 24
Tank-to-Wheel-Betrachtung 143
Tankvorgang 40, 192
Terrestrische Solarkonstante 150
thermische Massen 139
Tiefentladen 80
Tiefentladungspunkt 85
Toleranzausgleich 82
Total Cost of Ownership 173
Trägheitskraft 77
Translation 71, 109
Translationsbeschleunigung 109
Translations-Energie 111
Treibhaus-Effekt 140
Treibhausgase 165
Treibhauspotential 165
Tretlagermotor 45
Turbinen 155
Typ 2 100
Typ-2-Stecker 100
Typen für Steckverbindungen 100

## U

Überlastschutz 102
Überschussstrom 161
UMBReLa 167
Umfangsgeschwindigkeit des Rades 73
Umrichter 29
umrichtergespeister Drehstrommotor 29

Umweltbelastung 143
Umweltbilanz 165
Umweltmanagement 166
Untersetzungsgetriebe 24, 29
Untertagespeicher 160

### V

Vehicle to Grid 107
Verbrauch
- Berechnungen 142
- Kennfeld 54 f.
- Messungen 136
- Simulationen 116
- Vorteile 54
- Wert 130, 207
Verbrauchsangabe 126
Verbreitung von Elektrofahrzeugen 173, 177
Verbrennungsgase 53
Verbrennungsmotor 17, 19, 51
Verdichtung 54
Vereinte Nationen 127
Verfügbarkeit 158
Vergleichsfahrzeug 171
Verluste 122
Versauerungspotenzial 166
Verschleißreparaturen 173
Verwertungsphase 165
Verzögerungsphasen 126
Viertaktmotor 52
Viertakt-Zyklen 53
Vollhybrid 33
Vorkonditionierung 140
Vor-Ort-Betrachtung 169

### W

Wachstum 179
Wallbox 97
Wärmepumpe 140
Wärmeregelsystem 126
Wärmetauscher 139
Wärmeverluste 93
Warngeräusche 24
Wartungs- und Werkstattkosten 173 f.

Wasserkraft 155
Wasserkraftwerke 155
Wasserstoff 38 f., 161
Wasserstoffgewinnung 40
Wasserstofftankstellen 40
Wattstunden 92
Wechselakku 30, 106
Wechselrichter 29, 149
Wegfahrsperre 102
Weiterentwicklung Akkus 88
Well-to-Wheel 24
Well-To-Wheel-Betrachtung 141
Werkstattkosten 175
Wertverlust 174
Widerstandskurven 117
Wiederverwendung 167
Windanlagen an Land 152
Windeinflüsse 126
Windenergieanlagen 151
Wirkungsabschätzungen 166
Wirkungsgrad 57, 131
Wirtschaftlichkeit 18, 108
Wirtschaftskommission für Europa 124
World Light Duty Test Procedure (WLTP) 127, 141

### Z

Zeitschritte 212
Zellenherstellung 87
Zentralmotoren 67
Zero Emission Vehicle 23
Zugangsberechtigung 102
Zulassungszahlen 170, 193
Zündkerze 53
Zusatzheizung 139 f.
Zusatzverbraucher 137
Zwangsbelüftung 140
Zweitnutzung 159
Zweit- oder Drittfahrzeuge 198
Zwischenspeicherung 114
Zyklen-Alterung 85
Zyklus 125
Zylinder 52